高等职业技术教育提质培优行动计划成果系列精品课程配套丛书

MySQL 网络数据库项目化教程

（新形态活页式）

主　编　侯文亚　李　奎

副主编　吴　翔　马　瑾　王鸿燕

参　编　程文智　王　拓

配套资料

西南交通大学出版社

·成　都

图书在版编目（CIP）数据

MySQL 网络数据库项目化教程：新形态活页式 / 侯文亚，李奎主编. --成都：西南交通大学出版社，2023.11
ISBN 978-7-5643-9550-6

Ⅰ. ① M… Ⅱ. ①侯… ②李… Ⅲ. ①关系数据库系统 – 高等职业教育 – 教材 Ⅳ. ①TP311.132.3

中国国家版本馆 CIP 数据核字（2023）第 221176 号

MySQL Wangluo Shujuku Xiangmuhua Jiaocheng（Xinxingtai Huoye Shi）
MySQL 网络数据库项目化教程（新形态活页式）

主编　　侯文亚　李　奎	责任编辑 / 赵永铭
	封面设计 / 吴　兵

西南交通大学出版社出版发行
（四川省成都市金牛区二环路北一段 111 号西南交通大学创新大厦 21 楼　610031）
营销部电话：028-87600564　　　　028-87600533
网址：http://www.xnjdcbs.com
印刷：四川玖艺呈现印刷有限公司

成品尺寸　　185 mm×260 mm
印张　18.25　　字数　456 千
版次　2023 年 11 月第 1 版　　印次　2023 年 11 月第 1 次

书号　ISBN 978-7-5643-9550-6
定价　50.00 元

课件咨询电话：028-81435775
图书如有印装质量问题　本社负责退换
版权所有　盗版必究　举报电话：028-87600562

前言
PREFACE

在这个数字化时代，数据已成为企业发展的重要资产，而数据库则是对这些数据进行存储和管理的工具。数据库技术一直是信息科技领域的核心技术之一，随着互联网应用的普及和企业信息系统的不断演进，其重要性也日益凸显。数据库技术在计算机领域的发展速度极快，应用范围广泛，已经成为各行各业与计算机融合不可或缺的基础技术之一。MySQL作为一款开源的关系型数据库管理系统，因其小巧、高效、低成本等特点，在中小型网站中得到了广泛的使用。MySQL不断升级和完善，其功能越来越强大，更能够满足各种需求。

随着互联网技术的发展，以"互联网+现代农业"的新型农村经济发展成为我国农村繁荣的新动力，而服务于农产品销售管理的数据库也是其中不可或缺的生产力。

本书以李小明和他的团队完成农产品销售管理系统开发为目标，模拟校企合作过程并描述真实工作案例，采用项目导向、任务驱动的方式编写而成。教学内容以农产品销售管理系统数据库为主线，从数据库设计与管理入手，由浅入深地逐一介绍数据库的认知、数据定义、数据操作、数据查询、数据视图、数据库编程等相关内容。最终，通过使用PHP动态开发语言，实现了农产品销售管理系统。

本书特别注重实践操作，通过实例帮助读者快速掌握MySQL数据库的相关操作。此外，我们还提供了大量的练习题和实战项目，希望读者能够通过实践不断巩固MySQL数据库的知识。通过本书的学习，读者可以全面了解数据库设计、操作和系统开发。从基础概念开始，逐步深入到MySQL的高级应用和优化技巧，并详细介绍如何有效地设计、管理和优化MySQL数据库。除此之外，本书还提供了完整的项目解决方案，供学生进行系统性学习。值得一提的是，本教材编写内容涵盖了全国计算机等级考试二级"MySQL数据库程序设计"和"1+X"Web前端开发（中级）职业技能等级证书中有关数据库技术的内容，可作为等级考试辅导教材。

本教材的目的是为初学者、对数据库开发有兴趣的开发人员和有经验的开发人员提供较全面的MySQL数据库知识和技能教学。为了方便学习，本书提供了微课、课件、课程源程序文件、教学示例数据库和使用PHP+MySQL开发的应用系统文件的配套资源。所有读者都可以免费下载这些资源。

本书由侯文亚、李奎任主编，吴翔、马瑾、王鸿燕任副主编，程文智、王拓任参编，其中吴翔老师是企业专家，担任东软教育科技集团云南技师学院东软信息产业学院教学副院长，同时是技工教育和职业培训教学指导委员会–人工智能与云计算专业群分委会委员（国家级），具有丰富企业实践经验和教学经验，在教材编写过程中给予了宝贵建议和大力帮助。

同时，我们由衷感谢贵州大学管理学院市场营销与电子商务系支部书记兼副主任、副教授、硕士生导师王军博士，为课程的思政设计给出宝贵建议和意见，让课程建设在思政方面具有特色和进步。

最后，我们要衷心感谢所有为本书撰写和出版付出努力的人员，以及所有使用本书的读者。我们的目标是为您提供帮助，让您能够快速掌握 MySQL 数据库的相关知识和技能，并在实践中不断提升自己的技术水平。虽然编写过程中我们做出了巨大努力，但由于水平有限、时间紧迫，书中难免存在疏漏。我们深刻理解读者的需求和期望，如果您在阅读过程中遇到问题或有任何意见和建议，请不要犹豫，随时与我们联系。我们会全力提供帮助。

编　者

2023 年 8 月

数字资源目录
CONTENTS

序号	名　称	类型	页码
1	设计农产品销售管理系统数据模型	视频	033
2	设计农产品销售管理系统关系模型	视频	044
3	运用范式理论规范化农产品销售管理系统	视频	050
4	综合实例——农产品销售管理系统设计	视频	057
5	创建农产品数据表的约束条件	视频	088
6	运用图形化工具管理数据表	视频	100
7	综合实例——农产品销售管理系统数据表管理	视频	106
8	数据表数据插入	视频	115
9	数据表数据修改	视频	123
10	数据表数据删除	视频	128
11	综合实例——农产品销售管理系统数据操作	视频	134
12	复杂查询	视频	153
13	特殊查询	视频	158
14	多表连接查询	视频	163
15	子查询	视频	169
16	分类汇总与排序	视频	174
17	综合实例——农产品销售管理系统数据查询管理	视频	180
18	创建和管理数据库表视图	视频	188
19	创建数据库存储过程	视频	195
20	创建数据库触发器	视频	200
21	综合实例——农产品销售管理系统数据视图及编程	视频	203
22	使用 PHP 操作 MySQL 数据库	视频	236
23	系统登录	视频	253
24	商品管理	视频	269
25	订单管理	视频	280

目 录
CONTENTS

项目一　数字中国——认识数据库 ·· 001
　　任务一　认识数据库 ·· 003
　　任务二　安装和配置 MySQL 数据库 ··· 013

项目二　数字农业——设计和实现数据库 ·· 030
　　任务一　设计数据库概念模型 ·· 032
　　任务二　设计数据库关系模型 ·· 043
　　任务三　运用范式理论规范化数据库 ·· 049
　　任务四　综合实例——农产品销售管理系统设计 ·························· 057

项目三　数字工匠——创建和管理数据表 ·· 063
　　任务一　创建和管理数据库 ··· 065
　　任务二　创建和管理数据表 ··· 071
　　任务三　创建数据表的约束条件 ·· 087
　　任务四　运用图形化工具管理数据表 ·· 099
　　任务五　综合实例——农产品销售管理系统数据表管理 ················ 106

项目四　数字法规——数据操作 ·· 112
　　任务一　数据表数据插入 ·· 114
　　任务二　数据表数据修改 ·· 122
　　任务三　数据表数据删除 ·· 127
　　任务四　综合实例——农产品销售管理系统数据操作 ··················· 133

项目五　数字实践——数据查询 ·· 144
　　任务一　列查询 ··· 146
　　任务二　复杂查询 ·· 152
　　任务三　特殊查询 ·· 157
　　任务四　多表连接查询 ··· 162
　　任务五　子查询 ··· 168
　　任务六　分类汇总与排序 ·· 173

  任务七 综合实例——农产品销售管理系统数据查询管理 ……………………… 179

项目六 数字规划——数据视图、存储过程和触发器 …………………………… 185
  任务一 创建和管理数据库表视图 ……………………………………………… 187
  任务二 创建数据库存储过程 …………………………………………………… 194
  任务三 创建数据库触发器 ……………………………………………………… 199
  任务四 综合实例——农产品销售管理系统数据视图及编程 ………………… 202

项目七 数字安全——管理系统开发预备技术 ………………………………………… 210
  任务一 认识数据库 ………………………………………………………………… 212
  任务一 PHP 小程序 ……………………………………………………………… 222
  任务二 操作 MySQL 数据库 …………………………………………………… 232

项目八 数字管理——农产品销售管理系统实现 ……………………………………… 244
  任务一 分析系统功能 …………………………………………………………… 246
  任务二 实现用户管理模块 ……………………………………………………… 251
  任务三 实现农产品管理模块 …………………………………………………… 268
  任务四 实现订单管理模块 ……………………………………………………… 279

参考文献 ……………………………………………………………………………………… 284

项目一
数字中国——认识数据库

项目综述

"网络数据库"是一门结合理论和实践的课程,需要学生既掌握理论知识,又能够进行实际操作。本学期电商学院计算机专业积极推进课程改革,大力探索和推进校企合作。在此次改革中,学院与企业合作开发了该课程,从数据库技术岗位需求出发,引入真实工作项目,由企业和学校共同培养学生,企业专家进入学校指导和教学,学生和老师进入企业学习锻炼。

通过这种方式,学生可以在真实案例的实践教学活动中将所学所识融会贯通,并拉近专业学习与市场、行业的距离。学生不仅可以掌握一定的数据库基础知识,而且还具备一定的分析和解决问题的能力以及团队合作意识,有利于他们更快地适应工作岗位。这种课程改革思路将理论与实践相结合,为电商学院的学生提供了更加优质的学习体验,使他们能够更好地面对未来的挑战。

同学们对这种学习方式既期待又忐忑,他们从未拥有过相关工作经验,因此不确定是否能够顺利完成工作任务。为了帮助同学们尽快适应基于工作任务的教学模式,熟悉工作环境、职责和角色,并提高工作效率,负责本次课程项目的企业人事部张经理为大家组织了一周的参观学习和培训。

在张经理的带领下,同学们通过各种任务,认识到数据库在系统中扮演着重要的角色,并掌握了一定的数据库基础知识,了解了市场对数据库技术岗位需求及其应用,以及数据库服务器的安装等知识。这种参观学习与实践培训相结合的方式,帮助同学们更好地融入工作环境,更快地适应工作任务,提高工作效率,具备更强的团队合作精神和创新意识。

项目任务

任务一　认识数据库
任务二　安装和配置 MySQL 数据库

素养目标

(1) 引导学生积极参与"数字中国";
(2) 培育国家认同感与爱国情怀;
(3) 培养团队协作能力。

思维导图

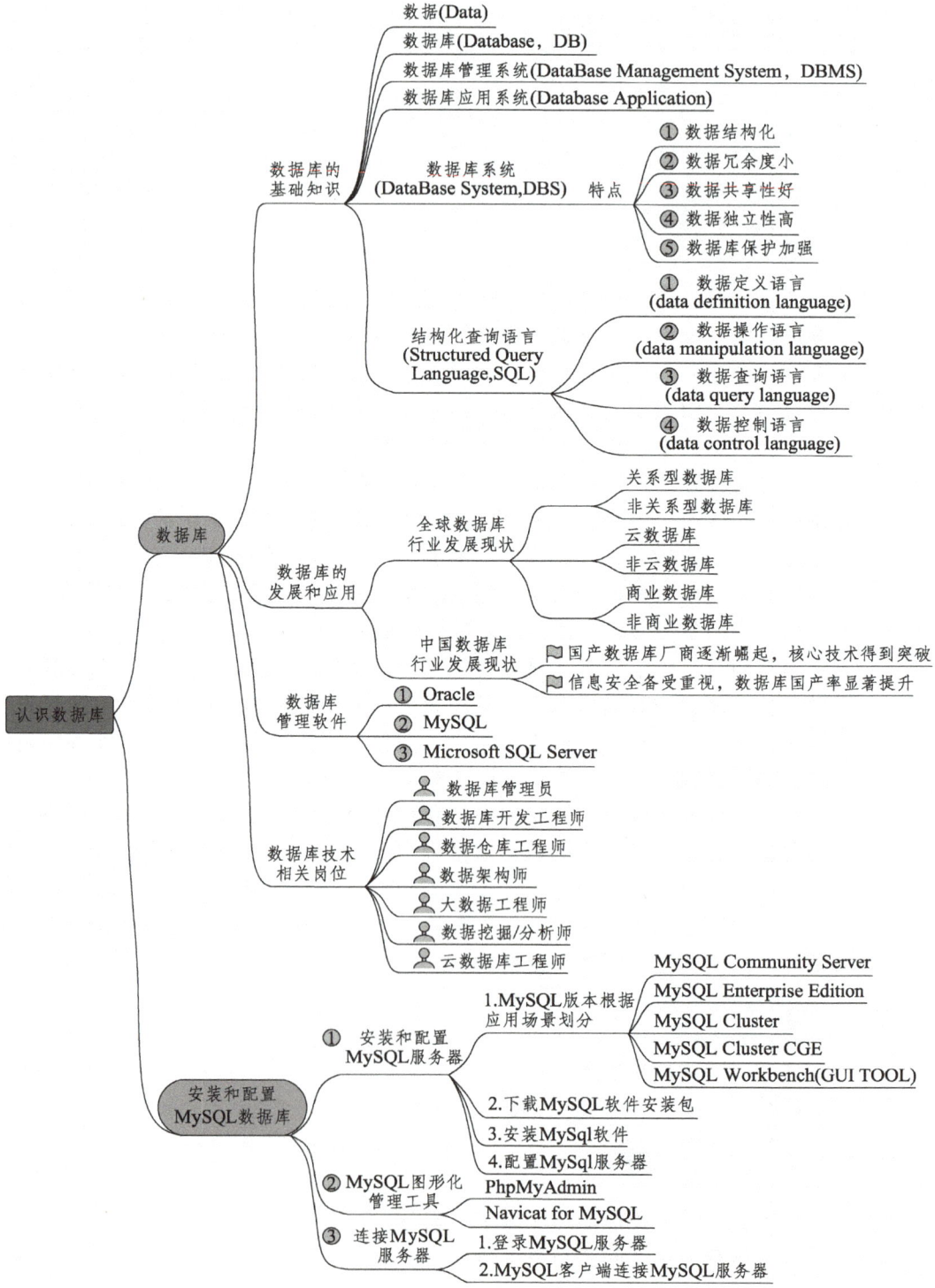

任务一
认识数据库

【情景导入】

培训的第一天,张经理带领同学们参观了电商直播项目,这个项目正在进行中的是农产品直播专场。近几年来,直播带货变得越来越流行,而通过直播帮助农民推广家乡特产并打开销路,不仅可以带动乡村经济的发展,同时还能帮助农民提高自己的收入,这让许多来自农村的同学们感到非常有意义,大家都充满了激情和浓厚的兴趣。

大家看到直播屏幕前的销售同事们在精神百倍地介绍产品,与此同时,后台的产品库存和客户订单数据在不断变化。张经理指出:"同学们,管理平台中的数据是如何变化的呢?销售额、库存量和客户订单量都需要进行数据维护和处理操作。请大家思考几个问题:这些产品信息和订单信息记录在哪里?当卖出一件产品时,库存量减少,相应的销售量增加,它们之间是如何通过技术关联起来的?又是通过什么信息工具实现的呢?"

学生李小明感叹道:"原来表面上看起来简单的操作,竟然涉及这么多的学问。"于是张经理要求同学们先去学习并解决这些问题,第二天再向大家展示学习成果。大家能不能做好呢?

【任务分解】

张经理告诉大家要想做好数据维护和处理的工作,应首先具备以下常识:
(1)有数据思维,弄清楚数据、数据库、数据库管理系统等基本概念;
(2)熟悉常用的数据库管理软件;
(3)了解数据库行业的发展及其应用;
(4)了解市场对数据库技术相关岗位的要求。

【任务目标】

(1)了解数据库的基础知识;
(2)了解数据库的应用;
(3)了解数据库管理软件;
(4)了解数据库技术相关岗位。

【任务实施】

步骤一 小组讨论,根据张经理的任务分解提示确定任务内容并搜索信息。
过程1:对成员进行分组,讨论确定数据、数据库、数据库管理软件、数据库技术相关岗位等任务内容。
过程2:小组成员分工合作搜索信息。
步骤二 甄别整理。

过程 1：各小组组长将组内成员搜索的内容整合到一个 Word 文档或者 PPT 中。
过程 2：小组成员一起讨论甄别，留下符合要求的任务信息。
步骤三　展示成果。
过程 1：各小组派成员代表上台展示学习成果。
过程 2：教师讲解任务并点评各小组成果。
过程 3：各小组展开自评和互评，并完成技能评价表。

表 1-1-1　技能评价表

序号	任务目标与评价内容	评价等级
1	掌握数据、数据库、数据库管理系统、数据库系统概念，并区分不同	A B C D
2	了解常用的数据库管理软件，并简要说明其优缺点	A B C D
3	了解数据库技术相关岗位，并根据自身情况制定学习计划和职业规划	A B C D

【知识链接】

一、数据库的基础知识

数据库技术诞生于 20 世纪 60 年代末期。经过几十年的发展，数据库相关的理论研究、应用技术都有了非常大的发展。数据库技术主要研究如何科学地组织和存储数据，以及如何高效地获取和处理数据。

数据库技术是信息系统的基础与核心技术，是计算机科学的重要分支，它能有效地帮助一个组织或企业科学有效地管理各类信息资源，如今得到了广泛的应用。越来越多的应用领域都采用数据库技术进行数据的存储与处理。数据库的建设规模、数据库信息量的规模及使用频度已成为衡量一个企业、组织乃至一个国家信息化程度的重要标志。

数据、数据库、数据库管理系统、数据库应用程序、数据库用户、数据库系统等，都是数据库技术中的基本概念。理解这些基本概念，有助于更好地学习和掌握数据库技术。

1. 数　据

数据（Data）是描述客观事物的符号，数据有多种表现形式，可以是包括数字、字母、文字、特殊字符组成的文本数据，也可以是图形、图像动画、影像声音、语言等多媒体数据，经过数字化后存入计算机。数据是数据库中存储的基本对象。

例如，日常生活工作中使用的员工信息档案记录、商品销售订单记录等都是数据。各种形式的数据经过数字化处理后可存入计算机，以便于进一步加工、处理、使用。

2. 数据库

简言之，数据库（Database，DB）是长期储存在计算机内的、有组织的、可共享的数据集合。数据库中的数据按一定的数据模型组织、描述和储存，具有较小的冗余度、较高的数据独立性和易扩展性，并可为各种用户共享。

数据库可以看作一个存储数据对象的容器，这些对象包括数据表、视图、触发器、存储过程等。数据表是最基本的数据对象，是存放数据的实体。首先应创建数据库，然后才能建立数据表及其他的数据对象。

3. 数据库管理系统

数据库管理系统（DataBase Management system，DBMS）是位于操作系统与用户之间的一层数据管理软件，是个负责对数据库进行数据组织、数据操纵、维护、控制以及数据保护和数据服务等的软件系统，是数据库系统的核心。能够让用户定义、创建和维护数据库以及控制对数据的访问。它对数据库进行统一的管理和控制，以保证数据库的安全性和完整性。用户通过 DBMS 访问数据库中的数据，数据库管理员也通过 DBMS 进行数据库的维护工作。数据库管理系统如图 1-1-1 所示。

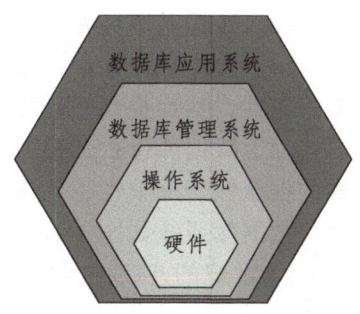

图 1-1-1　数据库管理系统

4. 数据库应用系统

数据库应用系统(Database Application)，虽然已经有了 DBMS，但是在很多情况下，DBMS 无法满足对数据管理的要求。数据库应用程序是指利用某种程序设计语言，为实现某些特定功能而编写的程序，如查询程序、报表程序等，为最终用户提供方便使用的可视化界面。它的使用可以满足对数据管理的更高要求，还可以使数据管理过程更加直观和友好。数据库应用程序负责与 DBMS 进行通信，访问和管理 DBMS 中存储的数据，允许用户插入、修改、删除 DB（Database，数据库）中的数据。数据库应用系统和数据库、数据库管理系统之间的关系如图 1-1-2 所示。

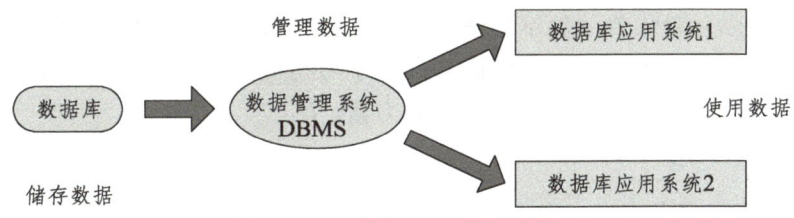

图 1-1-2　数据库应用系统和数据库、数据库管理系统之间的关系

5. 数据库系统

数据库系统（DataBase System，DBS）是指引入数据库技术的计算机应用系统。一个完整的数据库系统不仅包含数据、数据库，还包含支持数据库的硬件、数据库管理系统及数据库应用程序、数据库管理员和用户。数据是构成数据库的主体，是数据库系统的管理对象。数据库是存放数据的仓库，数据库管理系统是数据库系统中的核心软件，数据库应用系统是数据库管理系统支持下由数据库用户根据实际需要开发的应用程序。数据库用户包括应用程序员、数据库管理员和最终用户。硬件是数据库系统的物理支撑，包括 CPU、内存、硬盘及 I/O 设备等。

数据库系统的特点：

（1）数据结构化：在数据库系统中，数据不再针对某一应用，而是面向全局应用，具有整体的结构化。

（2）数据冗余度小：用户的逻辑数据文件和具体的物理数据文件不必一一对应，它们存在着"多对一"的重叠关系，有效地节省了存储资源。例如，学生教务管理、学校图书管理、学生学籍管理、学生就业管理等系统都要使用学生的信息，即学生信息被这些系统共享，由数据库管理系统统一进行管理。这种数据共享节约了存储空间，避免数据之间的不相容性与不一致。

（3）数据共享性好：即允许多个用户同时存取数据而互不影响。

（4）数据独立性高：指应用程序不随数据存储结构的改变而变动。增强了数据处理系统的稳定性，从而提高了程序维护的效率。

（5）数据库保护加强：数据库管理系统具有对数据的统一管理和控制功能，主要包含数据的安全性、完整性、并发控制与故障恢复等，即数据库保护。

数据库系统如图 1-1-3 所示。

21 世纪的互联网时代来临成为中国赶超西方国家的关键节点，经过国家 20 多年的倾力扶植，互联网技术与经济的发力，我国成功成为全球最大的互联网经济体，并打造出我国自有的数据库。

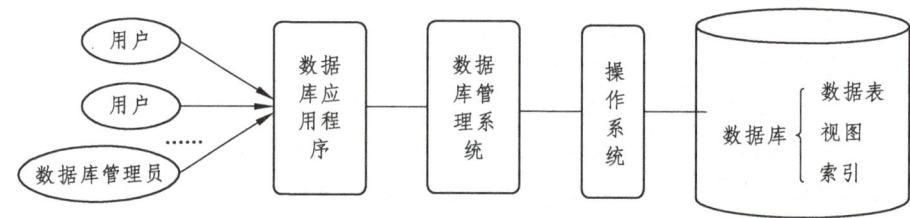

图 1-1-3　数据库系统

2023 年，中国数据库终于迎来黄金时代，两会期间，最新组建的国家数据局引发了人们的特别关注。它的成立意味着"数字中国"将进入快车道，以数据库技术为核心的数据领域将成为中国经济发展的新动力。对于我们来说，学习与应用数据库不但能提升自身工作与就业能力，也能为"数字中国"的发展贡献个人力量。

6. 结构化查询语言 SQL

结构化查询语言（Structured Query Language，SQL）是一种专门用来与数据库通信的标准语言，是一种应用最为广泛的关系数据库语言。SQL 语言定义了操作关系数据库的标准语法，几乎所有的关系数据库管理系统都支持 SQL。1974 年，博伊斯（Boyce）和钱柏林（Chamberlin）研究出了一种称为 Sequel 的结构化查询语言，1976 年，在 IBM 公司圣约瑟研究实验室研制的大型关系数据库管理系统 System R 中，在 Sequel 语言的基础上发展了 SQL 语言。

SQL 语言包含四个部分：数据定义语言（data definition language）、数据操作语言（data manipulation Lnanguage）、数据查询语言（data query Lyanguage）和数据控制语言（data control language）。

二、数据库的发展和应用

我们生活在数字化时代，数据库技术应用非常广泛，可以说应用在各行各业。无论是家庭、公司或大型组织、企业，还是政府部门，无论是传统软件，还是互联网网站、移动端应用等，都需要处理数据，数据库技术研究如何有效地管理和存取大量的数据信息。只要涉及存储大量数据，一般都需要数据库的支撑。

传统数据库很大一部分用于商务领域，如金融行业、银行、销售、医院、公司或企业单位，以及国家政府部门、国防军工领域和科技发展领域等。随着信息时代的发展，数据库也相应地产生了一些新的应用领域，如人工智能、计算机辅助设计、多媒体数据库、空间数据库、分布式信息检索和专家决策系统等领域。数据库的建设规模，数据库信息量的规模及使用频度已成为衡量一个企业、一个组织乃至一个国家信息化程度高低的重要标志。

1. 全球数据库行业发展现状

在全球数据库软件市场中，不同数据结构、设计架构与商业模式的数据库产品对数据库软件行业产生了多样的影响。

（1）关系型数据库与非关系型数据库。

相较于主流的关系型数据库，非关系型数据库在表达非严格模式的数据类型方面具有一定优势，尤其适用于互联网领域的大规模数据处理需求。据 IDC 数据分析，2022 年全球数据库市场规模将超过 400 亿美元，而其中关系数据库将占据 80% 以上的市场份额。在可预见的数据库软件市场中，关系型数据库仍将占据主导地位。

（2）云数据库与非云数据库。

近年来，随着云计算的发展，云数据库（云化的数据库服务）的概念被逐渐提出与应用。在形态上，云数据库采用了云计算基础设施作为承载数据库服务的基座；在商业模式上，其可简单划分为公有云和私有云模式，前者多采用按规模、按服务时长的租赁模式，后者在商业模式上则接近传统的自建数据中心。虽然技术上具有共通性，但公有云数据库和私有云数据库模式仍具备着较大的差异。由于云厂商显著的商业平台特性，其公有云数据库多以云厂商自有产品和开源产品为主；而私有云数据库模式具有更加典型的传统数据中心特点，能够为用户提供更丰富的选择。

（3）非商业数据库与商业数据库。

根据商业模式是否收费，数据库可分为非商业数据库与商业数据库。非商业数据库以开源数据库为主；而商业数据库中，既有基于非开源的自有数据库产品，也有基于开源数据库开发后的商业化产品。开源数据库目前在互联网、电子商务、大数据领域有着较为广泛的应用，同时，开源软件由于其源代码开放的特点，在技术研究和学术领域也有着大量的应用研究。当前全球开源关系型数据库主要有 MySQL 和 PostgreSQL，开源非关系型数据库主要有 MongoDB、Hbase、Cassandra、CouchDB、Redis 等。

2. 中国数据库行业发展现状

中国数据库市场总体情况与全球市场基本一致，即在关系型商业数据库占据市场主体地位情况下，产生了非关系型数据库、云数据库、非商业数据库等类型。中国数据库市场还存在以下特点：

（1）国产数据库厂商逐渐崛起，核心技术得到突破。

中国数据库市场总体规模在全球数据库市场占比较低，但数据库厂商数量显著多于全球其他国家和地区。根据墨天轮统计，2022 年 6 月，中国数据库厂商已超过 200 家。大量中国数据库厂商的出现，为挑战传统数据库巨头带来了更多可能。

（2）信息安全备受重视，数据库国产率显著提升。

随着互联网的深度发展，信息安全成为国家和全社会的关注热点。在此背景下，中国数据库市场正在产生显著的结构性变化。

长期以来，以 Intel、Microsoft、Apple、Oracle、IBM、Qualcomm、Google、Cisco 等国际巨头为首的国外 IT 厂商在操作系统、数据库、芯片、服务器、办公软件、智能终端等领域占据了市场的较大份额，深入了政府、海关、邮政、金融、铁路、民航、医疗等各行业环节。与此同时，近年来信息泄露事件层出不穷，信息安全和供应链安全越来越得到国家、公众的重视。为保证信息安全，信息化安全建设势在必行。

从整体 IT 产业链来看，我国数据库产业属于较具竞争力的一环，初步迈向"好用"阶段。从技术水平来看，经过多年的研发和实践，国产数据库已经走过了学习摸索的阶段，进入到了服务市场乃至引领创新的全新阶段，在集群技术、安全技术、分布式技术等领域取得了显著进展。从市场收入来看，国产厂商近年来得到快速发展。据赛迪顾问数据，2011 年主要中国数据库厂商市场收入总和仅 1.56 亿元，而 2020 年主要中国数据库厂商市场收入已达到 16.43 亿元，增长逾 10 倍。

中国数据库行业发展蒸蒸日上、前景广阔。国家数据库作为新型生产要素，已经快速融入生产、分配、流通、消费和社会服务管理等各个领域，极大地改变了社会生产和生活方式，并成为了国家发展和安全的重要保障，由此可见数字技术在国家发展中的重要作用。每个中国人都应积极支持国家数据库的建设和发展，让中国制造成为民族骄傲。

三、数据库管理软件

1. 数据库管理软件流行度排行

DB-Engines 数据库流行度排行榜 2022 年 12 月更新为如图 1-1-4 所示（排名标准包括搜索系统名称时搜索引擎结果数量、Google 趋势、Stack Overflow 网站、LinkedIn、Twitter 等社交网络中提及的情况，综合比较、排名）。从图中可以看到，在关系数据库中，排名第一名的是甲骨文 Oracle，第二名是甲骨文旗下的开源数据库 MySQL，第三名是微软公司的 Microsoft SQL Server，流行度远远超过其他数据库。在非关系型数据库中，比较流行的是 MongoDB、Redis、Elasticsearch 等。

402 systems in ranking, January 2023

Rank Jan 2023	Rank Dec 2022	Rank Jan 2022	DBMS	Database Model	Score Jan 2023	Score Dec 2022	Score Jan 2022
1.	1.	1.	Oracle	Relational, Multi-model	1245.17	-5.14	-21.72
2.	2.	2.	MySQL	Relational, Multi-model	1211.96	+12.56	+5.91
3.	3.	3.	Microsoft SQL Server	Relational, Multi-model	919.39	-4.96	-25.43
4.	4.	4.	PostgreSQL	Relational, Multi-model	614.85	-3.13	+8.29
5.	5.	5.	MongoDB	Document, Multi-model	455.18	-14.15	-33.38
6.	6.	6.	Redis	Key-value, Multi-model	177.56	-5.01	-0.43
7.	7.	7.	IBM Db2	Relational, Multi-model	143.57	-3.05	-20.63
8.	8.	8.	Elasticsearch	Search engine, Multi-model	141.16	-3.76	-19.59
9.	9.	9.	Microsoft Access	Relational	133.36	-0.47	+4.41
10.	10.	10.	SQLite	Relational	131.49	-0.94	+4.06

图 1-1-4　数据库流行度排行榜

图 1-1-5 所示是数据库趋势流行度排名，从图中可以看出，MySQL 的人气直逼 Oracle，Microsoft SQL Server 紧随其后。

数据库发展的早期，几乎都是集中式的关系型数据库的天下，如商业型数据库 Oracle、SQL Server、IBM DB2、Sybase 等，尤其是 Oracle，几乎占到了大型数据库大部分市场份额的 70%以上，后来发展起来的开源数据库有 MySQL、PostgreSQL。MySQL 使用用户群非常广，但也是甲骨文的旗下产品，互联网行业大厂如谷歌、Facebook、阿里、腾讯、京东及国内电信、银行、联通、移动等国资企业，都有大规模应用 MySQL。

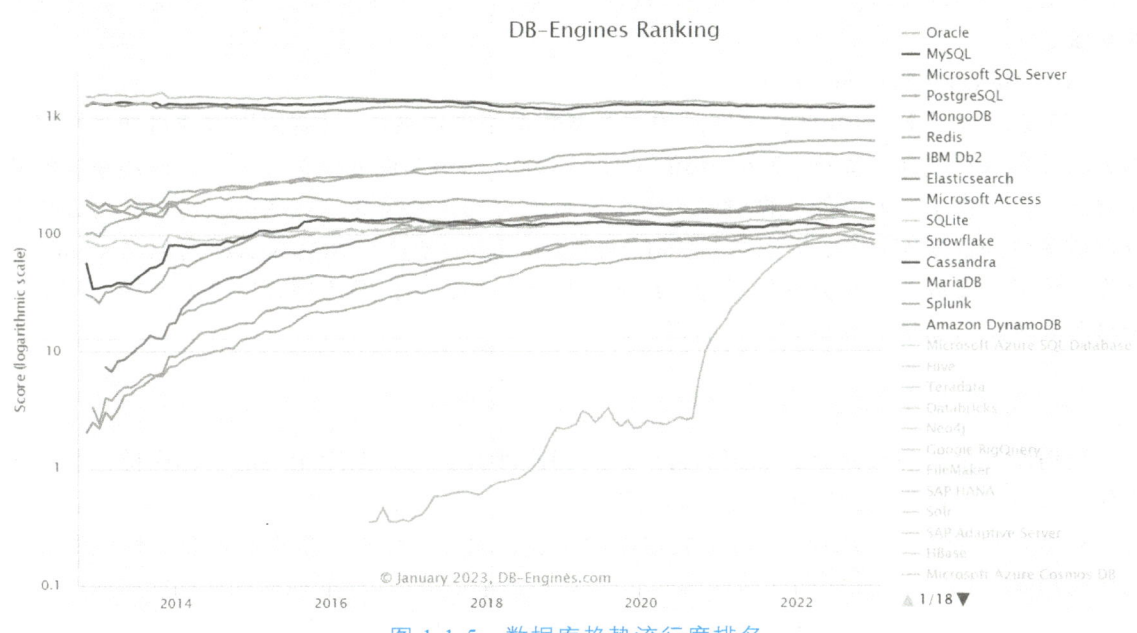

图 1-1-5　数据库趋势流行度排名

2. 常见的关系型数据库管理系统

（1）Oracle。

Oracle Database，又名 Oracle RDBMS，或简称 Oracle，是甲骨文公司的一款关系数据库管理系统。它是在数据库领域一直处于领先地位的产品。可以说 Oracle 数据库系统是世界上流行的关系数据库管理系统，系统可移植性好、使用方便、功能强，适用于各类大、中、小微机环境。Oracle 主要用于满足银行、金融、保险等企事业单位开发大型数据库的需求。它是一种高效率的、可靠性好的、适应高吞吐量的数据库方案。Oracle 数据库系统是美国 ORACLE 公司（甲骨文）提供的以分布式数据库为核心的一组软件产品，是最流行的客户/服务器（CLIENT/SERVER）或 B/S 体系结构的数据库之一。

（2）MySQL。

MySQL 是一个关系型数据库管理系统，由瑞典 MySQL AB 公司开发，属于 Oracle 旗下产品。MySQL 是最流行的关系型数据库管理系统之一，在 WEB 应用方面，MySQL 是最好的应用软件之一。MySQL 将数据保存在不同的表中，而不是将所有数据放在一个大仓库内，这样就增加了速度并提高了灵活性。

MySQL 所使用的 SQL 语言是用于访问数据库的最常用标准化语言。与其他的大型数据库例如 Oracle、DB2、SQL Server 等相比，MySQL 自有它的不足之处，但是这丝毫也没有减少它受欢迎的程度，由于其体积小、速度快、总体拥有成本低，尤其是开放源码这一特点，一般中小型和大型网站的开发都选择 MySQL 作为网站数据库。对于一般的个人使用者和中小型企业来说，MySQL 提供的功能已经绰绰有余，而且由于 MySQL 是开放源码软件，因此可以大大降低总体拥有成本。目前互联网上流行的网站架构方式是 LAMP（Linux+Apache+ MySQL+PHP）和 WAMP（Windows+Apache+MySQL+PHP）。由于 LAMP 架构中的 4 个软件都是免费或开放源码软件，因此，可以轻松建立起一个稳定、免费的网站系统。

（3）Microsoft SQL Server。

SQL Server 是 Microsoft 公司推出的关系型数据库管理系统。具有使用方便可伸缩性好与相关软件集成程度高等优点，Microsoft SQL Server 是一个全面的数据库平台，使用集成的商业智能工具提供了企业级的数据管理。SQL Server 功能比较全面，效率高，可以作为大中型企业或单位的数据库平台，缺点是只能在 Windows 系统下运行。SQL Server 可以与 Windows 操作系统紧密集成，能充分利用操作系统所提供的特性，不论是应用程序开发速度，还是系统事务处理运行速度，都得到较大的提升。

四、数据库技术相关岗位

数据库技术在现代社会的应用非常广泛，因此涉及到与数据库相关的工作岗位也非常多样化，以下是一些常见的数据库技术相关岗位：

- 数据库管理员（DBA）：负责数据库的安装、配置、维护、备份和恢复、性能调优和安全管理等工作。
- 数据库开发工程师：负责数据库设计、开发和实现，包括数据建模、SQL 编写、存储过程、触发器和函数等。
- 数据仓库工程师：负责数据仓库的设计、开发和实现，包括 ETL 开发、数据挖掘和报表设计等。
- 数据架构师：负责设计和规划企业级数据库系统，需要对数据库技术和企业架构有深刻的理解。
- 大数据工程师：负责大数据平台的设计、开发和实现，需要掌握 Hadoop、Spark 等大数据技术和相关工具。
- 数据挖掘/分析师：负责数据分析和挖掘工作，需要熟练掌握 SQL 语言和数据分析工具。
- 云数据库工程师：负责在云环境下搭建和管理数据库系统。

除了以上几种常见的数据库技术相关岗位，还有很多其他类型的数据库岗位。此外，很多领域的从业者也需要掌握一定的数据库技术，例如软件开发人员、系统管理员、网络工程师、网站开发工程师、数据分析师、商业智能分析师、金融分析师、医疗信息工程师等，因为他们都需要用到数据库存储、处理和管理大量的数据信息。

总之，在现代化的企业管理中，数据库技术已成为数据处理和信息管理的重要工具，因此需要用到数据库技术的岗位越来越多。对于很多领域的从业者来说，掌握一定的数据库技术已经成为了非常重要的职业技能。

接下来进行一个活动，旨在帮助同学们更深入地了解数据库岗位，并结合自身情况制定明确的学习目标和计划。通过这个活动，希望能够提高同学们的职业素养，包括团队协作、知识搜索筛选、归纳总结能力，促进同学们在未来的职业发展中实现更好的表现。

【活动背景】

张经理强调，对于每家企业而言，数据的存储和管理都非常重要，因此各个企业都会有大量的数据库技术相关岗位，并且这些岗位名称可能存在差异性。针对不同企业的需求，可以通过表格的方式进行统计，并提炼出数据库技术的知识清单。

李小明和团队成员通过网络搜集招聘信息，并将其汇总到表格中，通过数据分析找出数据库技术相关岗位所需要的知识和技能点。接着，他们与自身的知识结构进行对比，识别出自身的不足和需要努力补充的知识，最终确定了自己需要学习和掌握的数据库技术内容。

【活动实施】

步骤一　利用互联网搜索数据库技术相关岗位。

过程 1：对同学们进行分组，小组成员团队协作，可以利用教材、微课、互联网搜索等各种方式展开学习，搜索数据库技术相关岗位、具体岗位职责要求、对应薪金标准等内容。

过程 2：小组成员对搜索内容进行筛选，并总结归纳，填写表 1-1-2。

表 1-1-2　数据库相关岗位要求

组　名							
任务名称	了解数据库技术相关岗位						
岗位名称	岗位职责	学历要求	经验	技术要求	素质要求	薪金待遇	

过程 3：小组每位成员对照表格，从技术层面、素质层面找出自身差距以及以后的努力方向，制定各自的学习规划。

步骤二　将填写好的表格展示出来，并由小组代表讲解汇报。

步骤三　小组同学间互相讨论自身不足及努力方向，将各自的学习规划讲解给同学们听。

【活动总结】

这些数据库技术相关岗位的招聘需求可以提供很好的参考和指引。通过这个过程，团队成员们更加深入地理解了数据库技术相关岗位所需要的专业知识和能力，并明确了自己未来的学习方向和计划。相信通过不断的学习和实践，同学们一定会成为优秀的数据库技术人才。

【任务评价】

在本次任务中,同学们完成张经理所安排任务,了解数据、数据库等基本常识,了解数字中国、数据库行业发展和数据库技术相关岗位,最重要的是了解市场对数据库技术人才的需求,对照自身不足,制定学习计划和职业规划,明确目标对同学们来说意义重大。看着同学们在台上神采飞扬地与大家分享学习成果、自身不足和需要努力的方向,张经理感到很满意,他决定尽可能全面地对大家此次工作内容进行评价。

信息搜索能力	☆☆☆☆☆
总结归纳能力	☆☆☆☆☆
分工协作能力	☆☆☆☆☆
沟通表达能力	☆☆☆☆☆
分析问题能力	☆☆☆☆☆
制定计划能力	☆☆☆☆☆

任务二
安装和配置 MySQL 数据库

【情景导入】

经过培训，李小明和团队成员对数据库相关知识有了一定的理解和认识，并明晰了数据库技术相关岗位的职责范围。现在，大家都迫不及待想要一展身手，接下来张经理指定技术助理王组长带领大家继续学习。

在王组长的带领下，大家开始着手安装和配置软件。虽然这项任务看起来简单，但对于初出茅庐的小明和其他团队成员来说，实际上需要付出许多努力。

【任务分解】

王组长提示李小明和团队成员需要做以下工作：
（1）先从 MySQL 官网下载安装包；
（2）然后逐步安装软件，并按照相关工作要求配置软件；
（3）安装数据库图形管理软件；
（4）需要掌握登录连接数据库服务器的方法，为下一步数据管理做准备。

【任务目标】

（1）掌握安装和配置 MySQL 服务器的方法；
（2）掌握 MySQL 图形化管理工具；
（3）掌握连接 MySQL 服务器的方法。

【任务实施】

步骤一　下载安装包。对成员进行分组，小组成员分工合作，从 MySQL 官网下载安装包。
步骤二　安装软件，小组成员按照工作要求进行配置。
步骤三　下载数据库图形管理软件，并安装配置。
步骤四　尝试连接数据库服务器。
步骤五　收集问题，总结归纳。
过程1：各小组组长将各步骤遇到问题进行收集。
过程2：小组成员一起讨论，并总结归纳解决办法，并形成汇报PPT。
步骤六　展示成果。
过程1：各小组派成员代表上台展示学习成果。
过程2：教师讲解任务并点评各小组成果。
过程3：各小组展开自评和互评，并完成技能评价表。

表 1-2-1　技能评价表

序号	评价内容与目标	评价等级
1	下载 MySQL 安装包	A B C D
2	掌握安装和配置 MySQL 服务器的方法	A B C D
3	掌握安装和配置 MySQL 图形化管理工具的方法	A B C D
4	掌握连接 MySQL 服务器的方法	A B C D

【知识链接】

一、安装和配置 MySQL 服务器

1. MySQL 版本根据应用场景划分

（1）MySQL Community Server：社区版本，开源免费，但不提供官方技术支持。遵循 GPL 协议。MySQL Community Server 也是通常用的 MySQL 的版本。根据不同的操作系统平台细分为多个版本。

（2）MySQL Enterprise Edition：企业版本，需付费，可以试用 30 天。

（3）MySQL Cluster：集群版，开源免费。可将几个 MySQL Server 封装成一个 Server。

（4）MySQL Cluster CGE：高级集群版，需付费。

（5）MySQL Workbench（GUI TOOL）：一款专为 MySQL 设计的 ER/数据库建模工具，分为两个版本：社区版（MySQL Workbench OSS）和商用版（MySQL Workbench SE）。

2. 下载 MySQL 软件安装包

在 MySQL 官网首页"DOWNLOADS"下方找到并点击"MySQL Community (GPL) Downloads"，如图 1-2-1 所示，选择"MySQL Community Server"。

MySQL Community Downloads

- MySQL Yum Repository
- MySQL APT Repository
- MySQL SUSE Repository
- MySQL Community Server
- MySQL Cluster
- MySQL Router
- MySQL Shell
- MySQL Operator
- MySQL NDB Operator
- MySQL Workbench
- MySQL Installer for Windows
- C API (libmysqlclient)
- Connector/C++
- Connector/J
- Connector/NET
- Connector/Node.js
- Connector/ODBC
- Connector/Python
- MySQL Native Driver for PHP
- MySQL Benchmark Tool
- Time zone description tables
- Download Archives

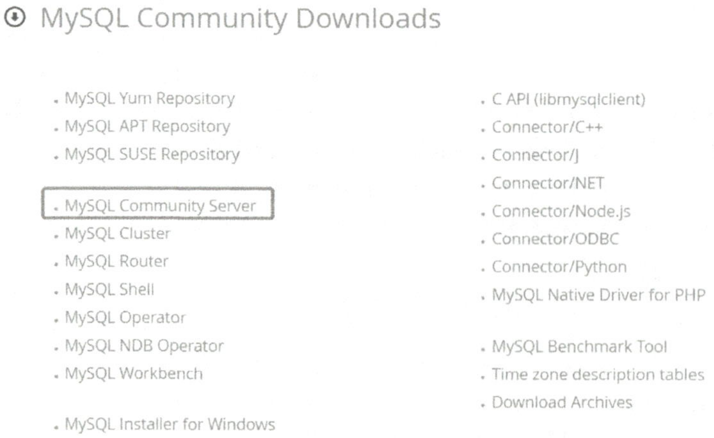

图 1-2-1　安装包下载界面 1

由于 Windows 操作系统更易使用，因此，在开发 MySQL 数据库时一般选择 Windows 操作系统作为开发平台。由于 MySQL 具备跨平台支持，因此，在部署 MySQL 数据库时，通常

选用 Linux 操作系统作为发布平台。为了便于读者学习，本书选用 Windows 操作系统作为开发平台。如图 1-2-2 所示，点击"Go to Download Page"按钮后，在图 1-2-3 所示界面中单击"mysql-installer-community-8.0.31.0.msi"→"Download"超链接即可下载 MySQL 安装包。

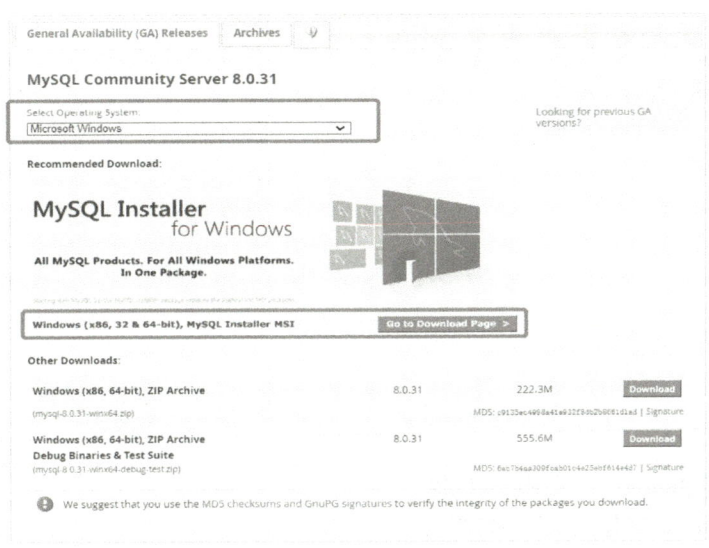

图 1-2-2　安装包下载界面 2

图 1-2-3　安装包下载界面 3

安装程序有两个版本，分别为 mysql-installer-web-community 和 mysql-installer-community，其中 mysql-installer-web-community 为在线安装版本，mysql-installer-community 为离线安装版本。

3. 安装 MySQL 软件

双击下载的安装包"mysql-installer-community-8.0.31.0.msi"，运行后跳转到 MySQL 安装向导界面，如图 1-2-4 所示，根据个人需求，选择其中一个安装类型：

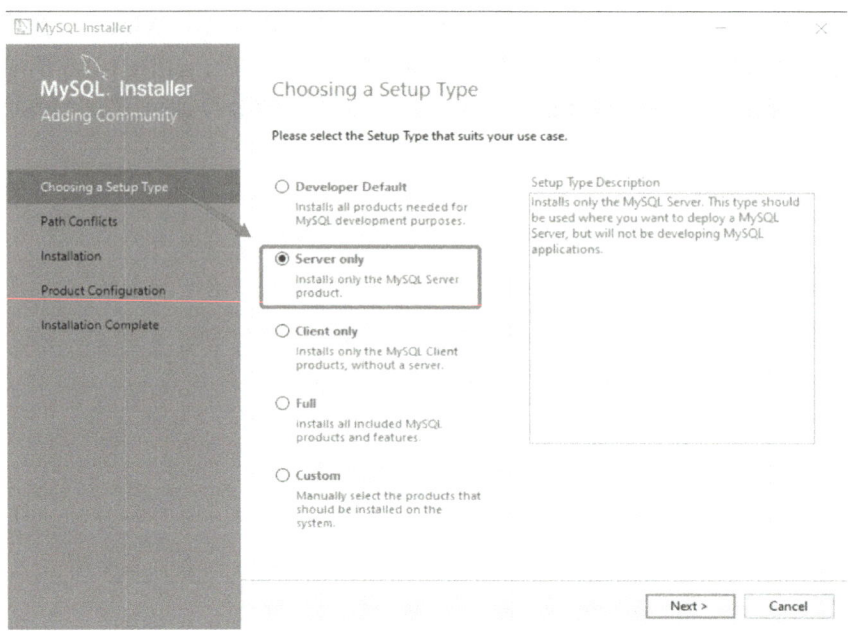

图 1-2-4　MySQL8.0 安装向导——选择安装类型

- Developer Default 开发者默认安装；
- Server only 仅安装服务端（推荐）；
- Client only 仅安装客户端；
- Full 安装所有内容；
- Custom 自定义安装（推荐）。

本教材考虑读者初学 MySQL，选择 Server only（仅安装服务器），点击"Next"，进入安装路径选择界面，如图 1-2-5 所示，需要选择安装路径和数据存放路径。

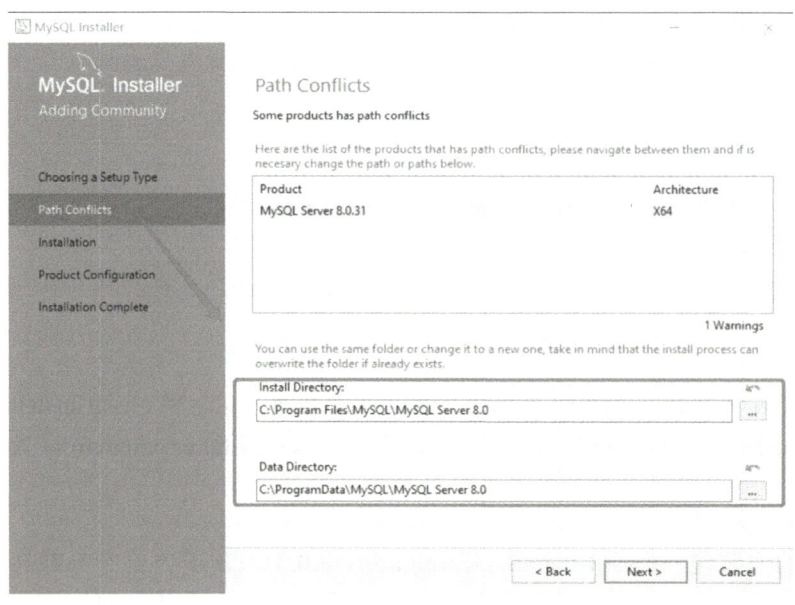

图 1-2-5　MySQL8.0 安装向导——选择安装路径和数据存放路径

接下来，点击"Next"，进行 MySQL 服务安装。MySQL8.0 安装完成界面如图 1-2-6、图 1-2-7 所示。

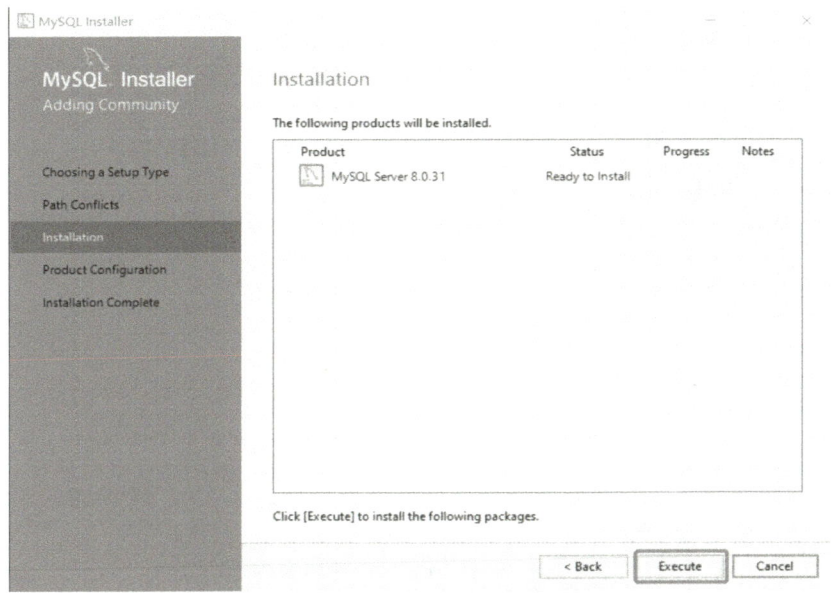

图 1-2-6　MySQL8.0 安装向导——执行安装

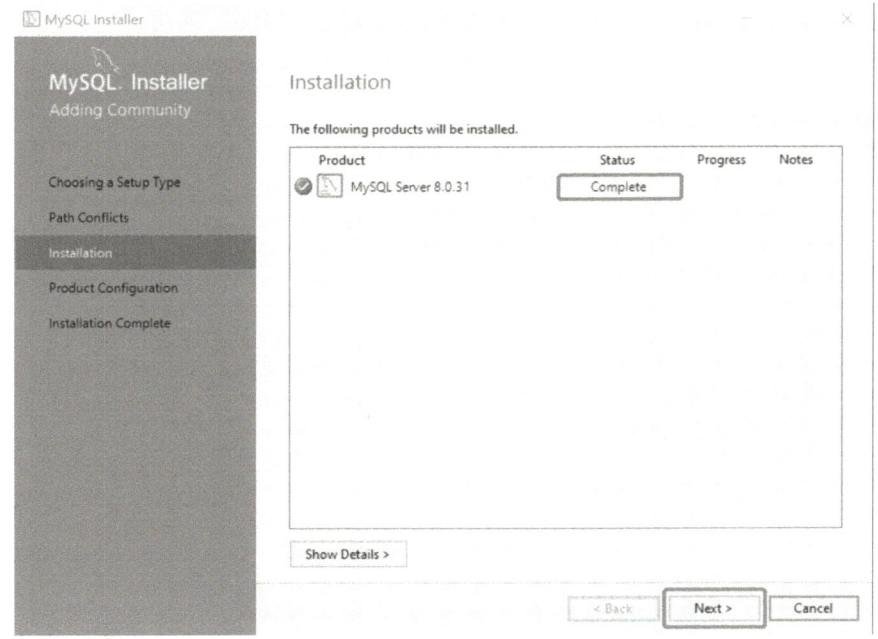

图 1-2-7　MySQL8.0 安装向导——完成安装

4. 配置 MySQL 服务器

完成安装后，点击图 1-2-8 中"Next"按钮，进入服务器配置向导界面，开始进行服务器参数配置。

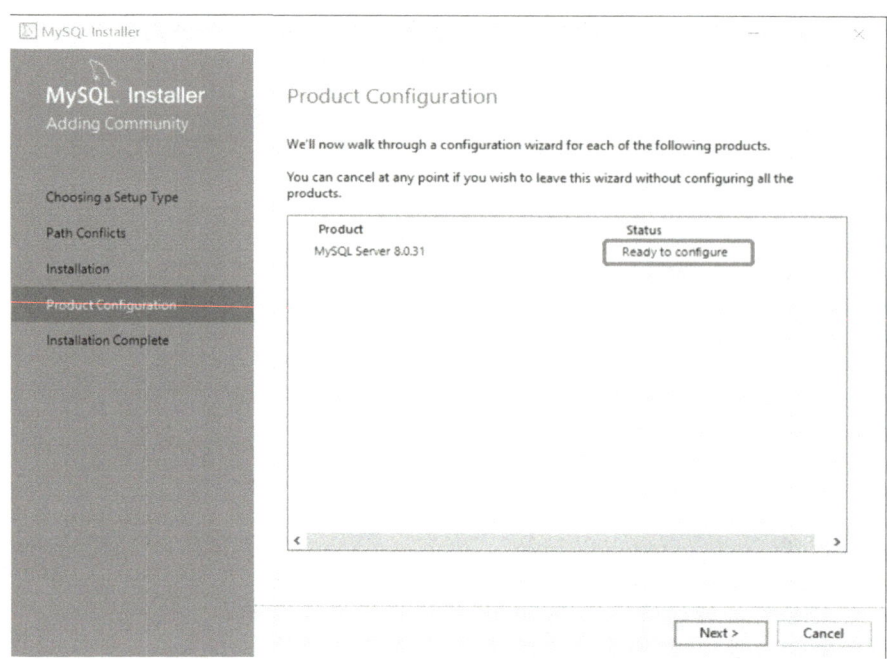

图 1-2-8　MySQL8.0 配置向导界面

如图 1-2-8 所示点击"Next",进入图 1-2-9 产品类型和网络配置界面,注意产品类型选择"Server Computer",端口如果没有冲突选择默认设置"3306"即可。

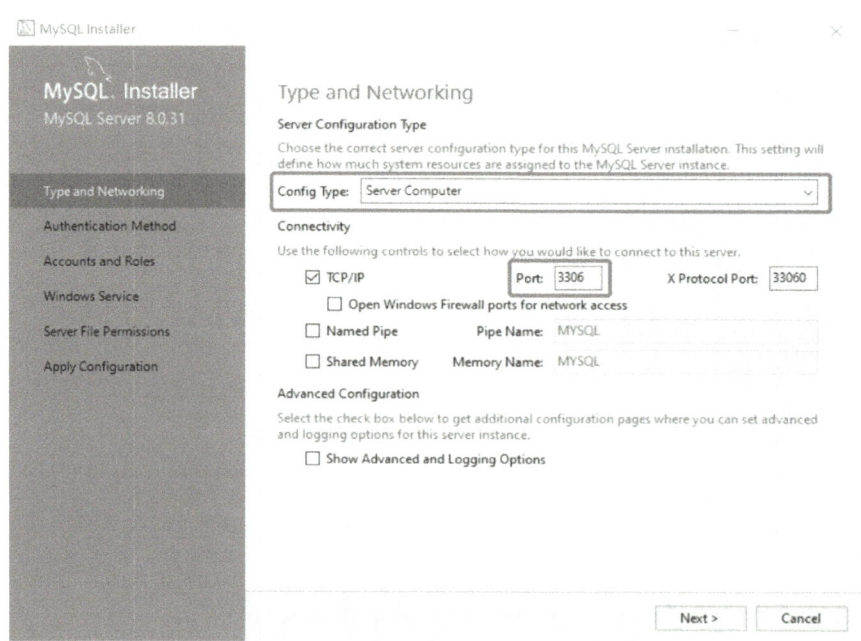

图 1-2-9　MySQL8.0 配置向导界面——产品类型和网络配置

点击图 1-2-9 中"Next"按钮,进入图 1-2-10 身份验证方式配置界面,选择默认设置即可。

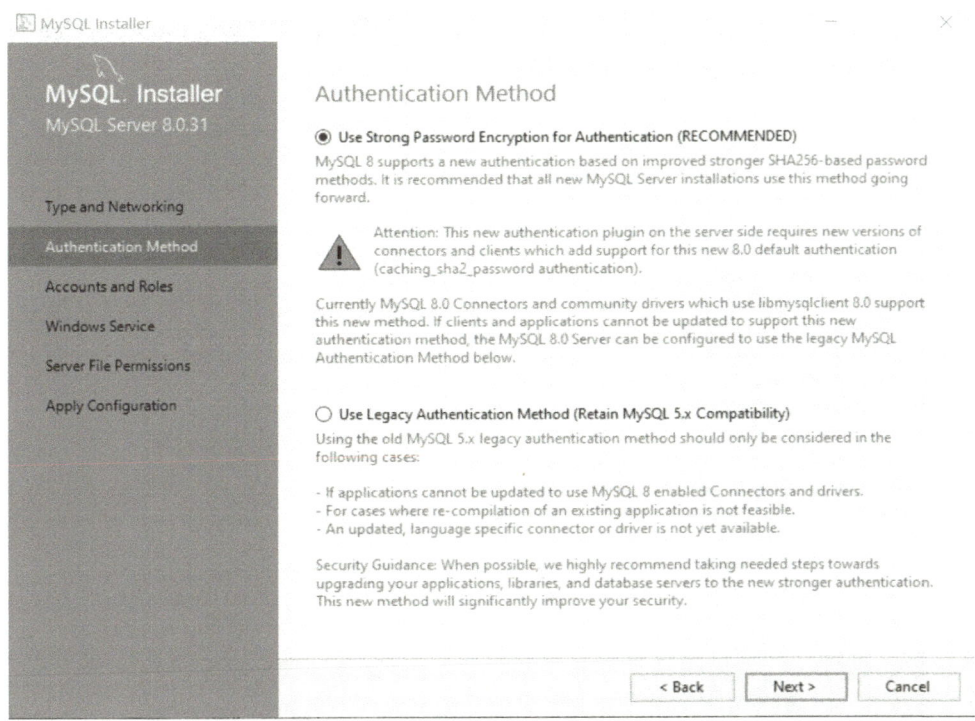

图 1-2-10　MySQL8.0 配置向导界面——身份验证方式配置

点击图 1-2-10 中"Next"按钮，进入图 1-2-11 所示的账号和角色配置界面，需要为 MySQL 管理员用户 root 设置密码。

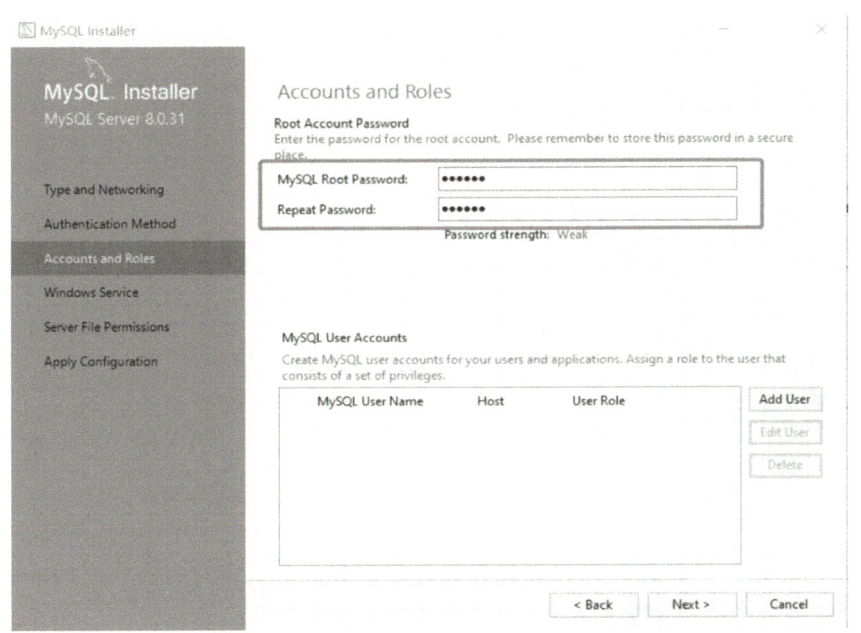

图 1-2-11　MySQL8.0 配置向导界面——账号和角色配置

点击图 1-2-11 中"Next"按钮，进入图 1-2-12 所示配置 Windows 服务界面，将 MySQL

Server 配置为 Windows Service，选择默认设置即可。可以更改"Windows Service Name"，默认为"MySQL80"，选择是否开机自启等。

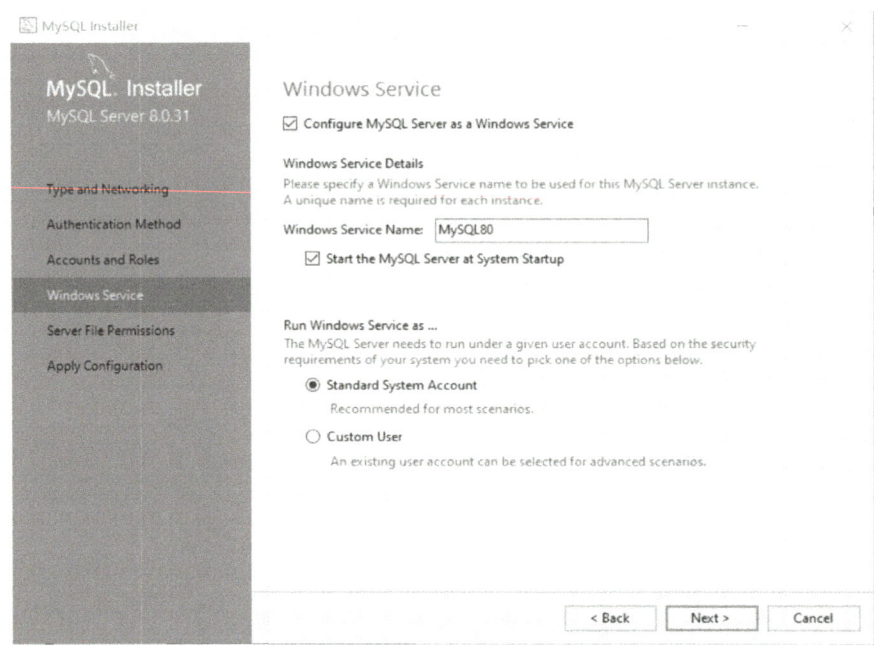

图 1-2-12　MySQL8.0 配置向导界面——Windows 服务配置

点击图 1-2-12 中"Next"按钮，进入图 1-2-13 所示服务器文件权限配置界面，选择默认设置即可。

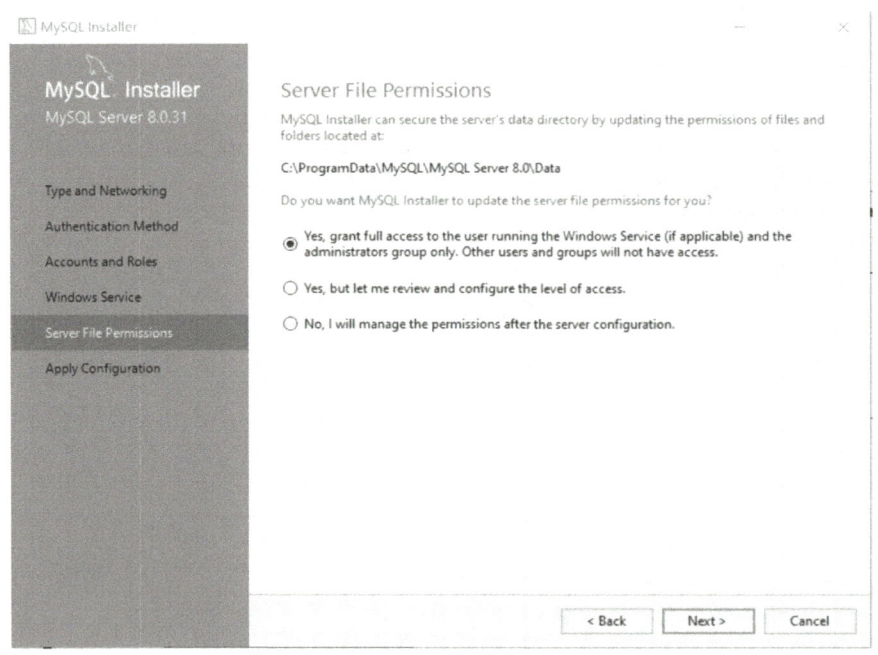

图 1-2-13　MySQL8.0 配置向导界面——服务器文件权限配置

点击图 1-2-13 中"Next"按钮，进入图 1-2-14 所示应用配置界面，点击"Execute"执行按钮进行逐项应用配置。完成界面如图 1-2-15 所示。

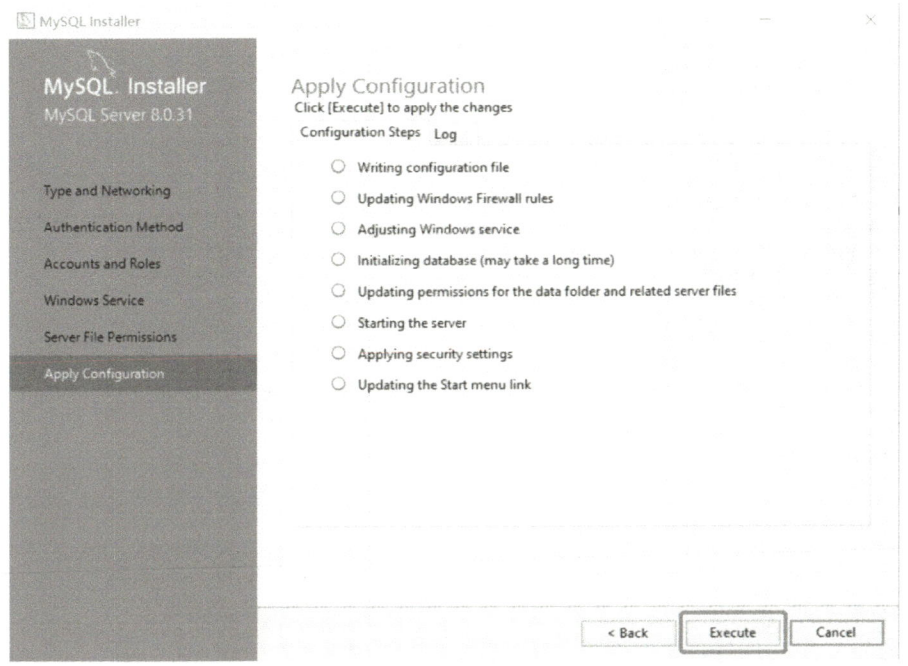

图 1-2-14　MySQL8.0 配置向导界面——应用配置

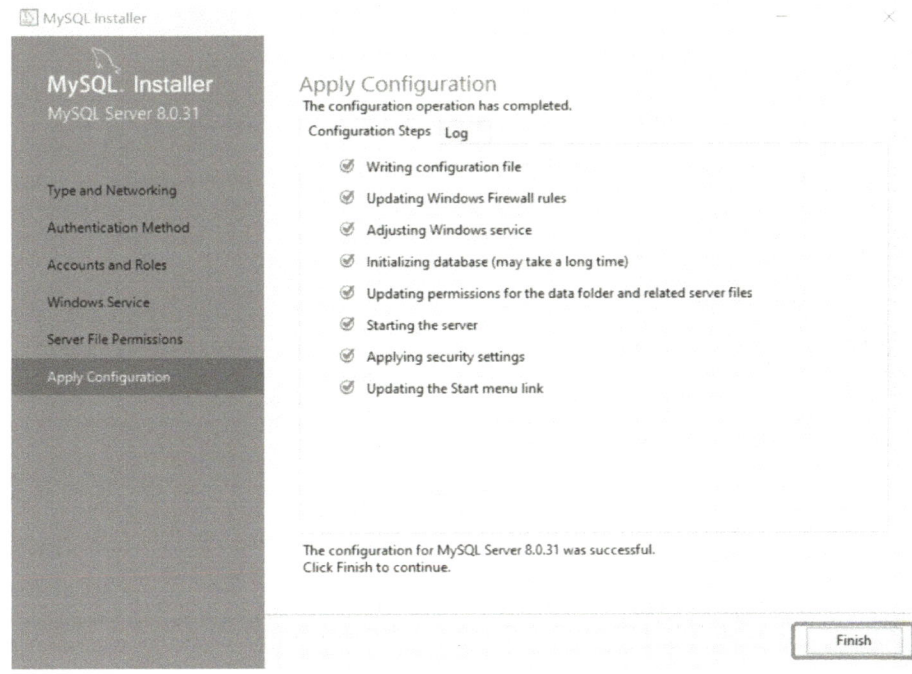

图 1-2-15　MySQL8.0 配置向导界面——完成配置

点击"Finish"按钮，进入产品配置界面，如图 1-2-16 所示，直接点击"Next"按钮，进入 MySQL8.0 服务器配置完成界面，如图 1-2-17 所示，点击"Finish"按钮，完成 MySQL8.0 服务器安装与配置工作。

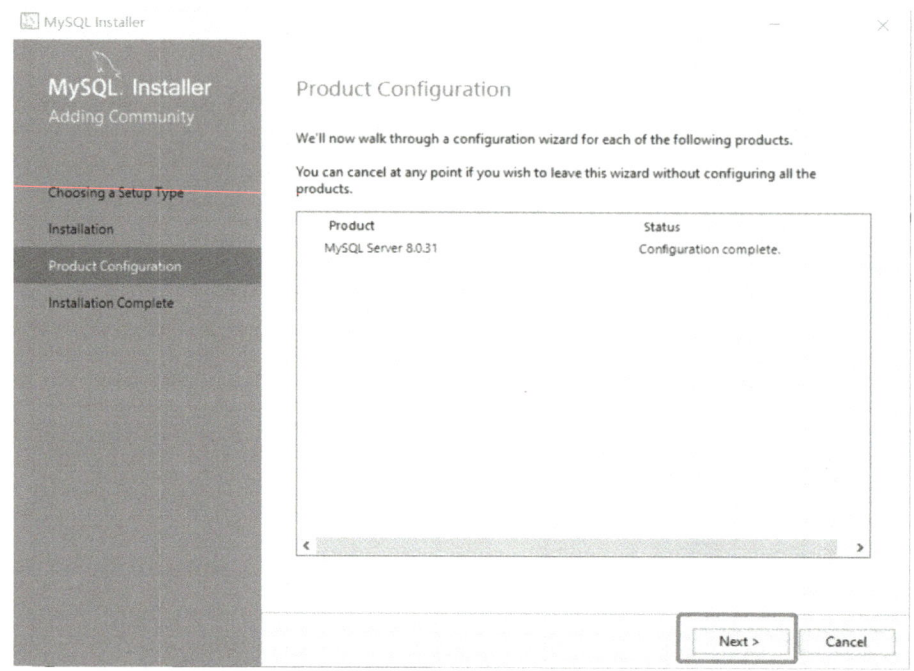

图 1-2-16 MySQL8.0 配置向导界面——产品配置

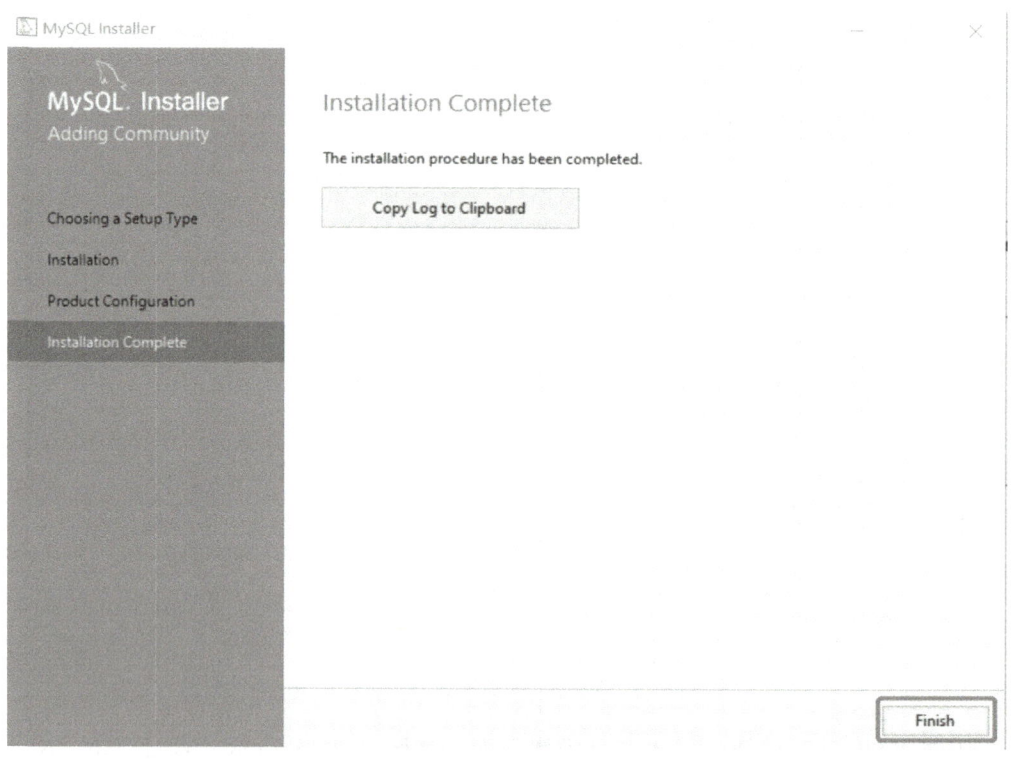

图 1-2-17 MySQL8.0 配置向导界面——完成配置

选择"开始"菜单→"程序"→"MySQL"→"MySQL 8.0 Command Line Client"命令，进入 MySQL 命令行客户端窗口，如图 1-2-18 所示。命令行客户端窗口输入安装时设置的 root 管理员用户的密码，若窗口中出现命令行提示符"mysql>"，则表示 MySQL 服务器安装成功，并已经启动，以 root 管理员用户身份成功连接到 MySQL 服务器，接下来可以在该命令行界面输入 SQL 语句，进一步操作 MySQL 数据库。

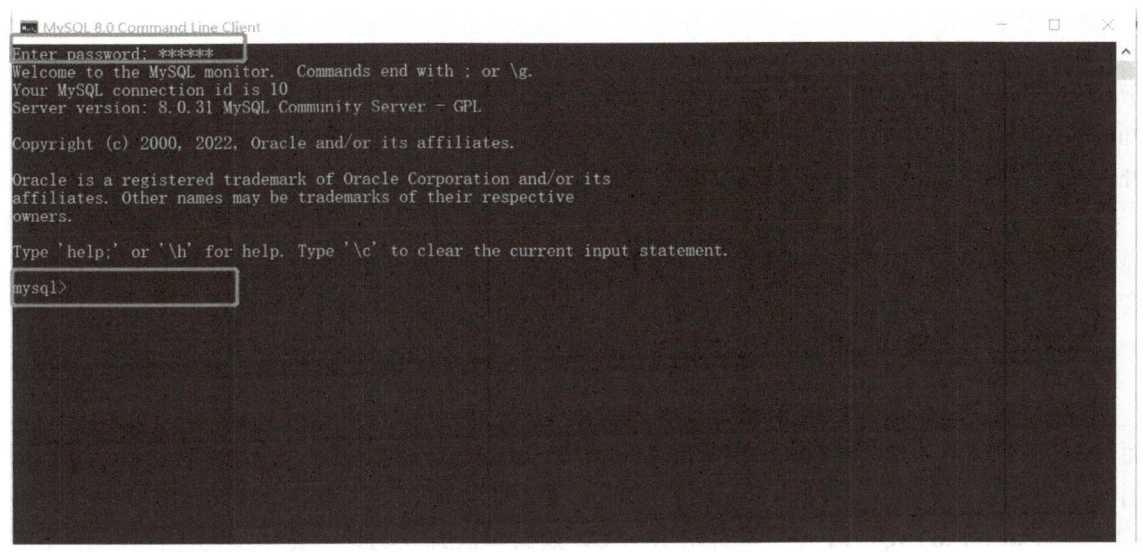

图 1-2-18　MySQL 命令行客户端窗口

或者，按键盘上的"Ctrl+Alt+Del"组合键，打开"任务管理器"对话框，可以看到 MySQL 服务进程 mysql.exe 已经启动了，如图 1-2-19 所示，也可以证明 MySQL 已经成功安装且正常启动。

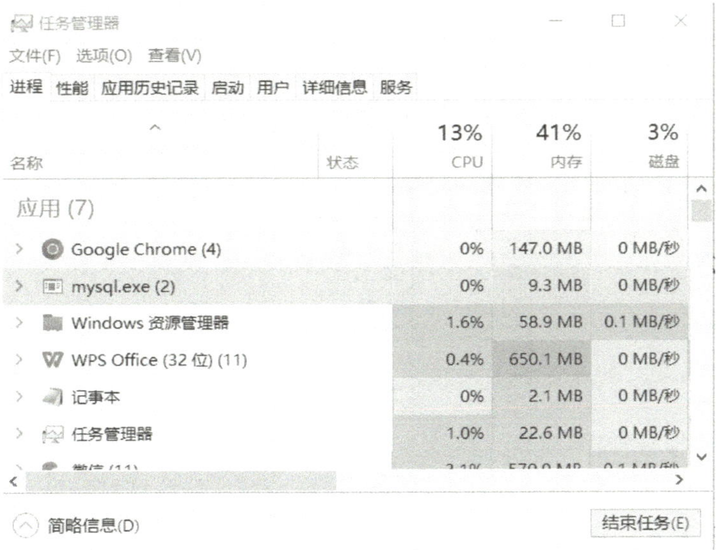

图 1-2-19　任务管理器窗口

二、MySQL 图形化管理工具

为了更加方便高效地操作 MySQL 数据库，可以使用图形化管理工具。这些工具可以帮助用户快速完成数据库的配置和管理操作，进而提高工作效率。

以下是几款常用的 MySQL 图形化管理软件：

1. PhpMyAdmin

PhpMyAdmin 是一款使用 PHP 开发的基于 B/S 模式的 MySQL 客户端软件，该工具是基于 Web 跨平台的管理程序，并且支持简体中文，用户可以在官网上下载最新版本。通过 PhpMyAdmin 可以完全对数据库进行操作，例如建立、删除数据等，允许直接执行 SQL 语句。PhpMyAdmin 的缺点是必须安装在 Web 服务器中。

PhpMyAdmin 是众多 MySQL 图形化管理工具中使用最为广泛的一种，为 Web 开发人员提供了类似 Access、SQL Server 的图形化数据库操作界面，通过该管理工具可以对 MySQL 进行各种操作，比如管理数据库、数据表和生成 MySQL 数据库脚本文件等。

2. Navicat for MySQL

Navicat 是一款强大的数据库管理和设计工具，功能足以符合专业开发人员的所有需求，而且对数据库服务器的新手来说又相当容易学习。Navicat 的用户界面（GUI）设计良好，让用户以安全且简单的方法创建、组织、访问和共享信息。

Navicat for MySQL 16 是一款针对 MySQL 数据库而开发的第三方 MySQL 管理工具，该软件可以用于 MySQL 数据库服务器 3.21 及以上版本和 MariaDB 5.1 及以上版本。能够同时连接 MySQL 和 MariaDB 数据库，并与 Amazon RDS、Amazon Aurora、Oracle Cloud、Microsoft Azure、阿里云、腾讯云和华为云等云数据库兼容，支持无缝数据迁移、简单的 SQL 编辑、智能数据库设计、高级安全连接等功能，为数据库管理、开发和维护提供了一款直观而强大的图形界面，是管理和开发 MySQL 或 MariaDB 的理想解决方案。图 1-2-20 所示为 Navicat for MySQL 操作界面。

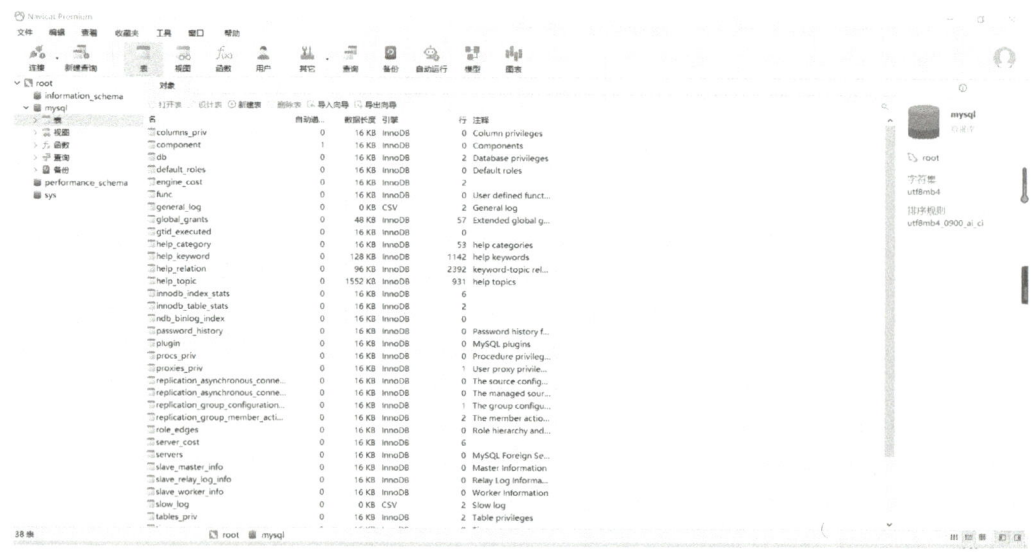

图 1-2-20　Navicat for MySQL 操作界面

三、连接 MySQL 服务器

1. 登录 MySQL 服务器

MySQL 数据库分为服务器端（Server）和客户端（Client）两部分。只有服务器端的服务开启以后，才可以通过客户端来登录到 MySQL 数据库。一般情况下，在成功安装 MySQL 服务器后会自动登录服务器，无须再打开。

2. MySQL 客户端连接 MySQL 服务器

第一种方法："开始"菜单中打开程序"MySQL 8.0 Command Line Client"，默认以 root 管理员用户进入，输入密码后回车即可连接 MySQL 服务器，MySQL 提示符"MySQL>"如图 1-2-21 所示。

图 1-2-21　连接 MySQL 服务器

第二种方法：运用 DOS 命令连接 MySQL 服务器。

格式：mysql -h 主机地址　-u 用户名　-p 用户密码

打开 DOS 窗口，切换到 MySQL 服务器所在的 bin 文件夹中，命令如下：

cd C：\Program Files\MySQL\MySQL Server 8.0\bin

【注意】：根据 MySQL 安装位置不同，例子中路径也不同。

例子"mysql -h localhost -u root -p"，对照格式"mysql -h 主机地址　-u 用户名　-p 用户密码"，若客户机和服务器是同一台电脑，即从本地主机登录服务器，那么主机地址可以写 127.0.0.1 或 localhost，用户名默认为 root，回车后输入密码即可登录服务器，如图 1-2-22 所示。

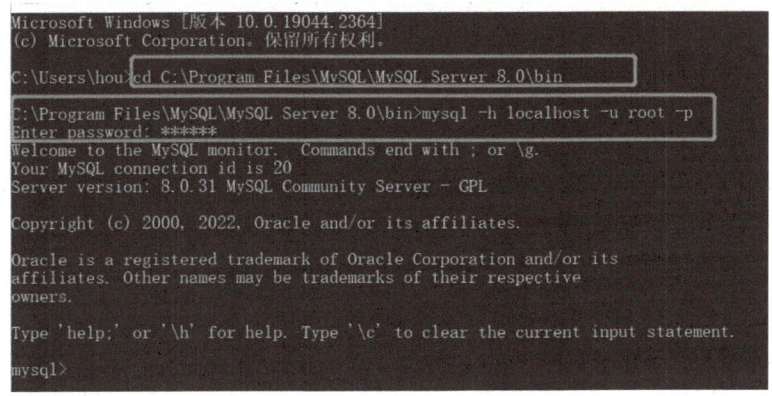

图 1-2-22　运行结果

第三种方法：使用 Navicat 图形管理工具连接 MySQL 服务器。

启动 Navicat for MySQL 后，单击工具栏中的"连接"→"MySQL"，如图 1-2-23 所示。

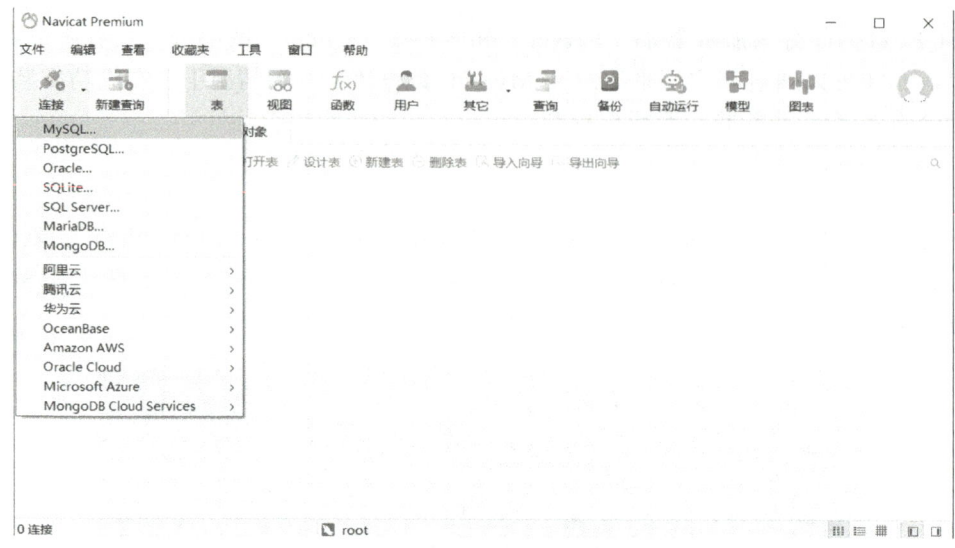

图 1-2-23　连接 MySQL 操作 1

点击 MySQL 后，出现如图 1-2-24 所示的"新建连接"对话框。

图 1-2-24　"新建连接"对话框

（1）对话框中"连接名"是与 MySQL 服务器建立的连接名称，名字没有限制。

（2）"主机"是 MySQL 服务器的名称，如果本机即是服务器，可以直接用"localhost"或者"127.0.0.1"代替本机地址，如果需要登录到远程服务器，则需要输入远程服务器的主机名或 IP 地址。

（3）端口"指 MySQL 服务器端口，默认端口为"3306"，如果没有特别指定，不需要更改；"用户名"即 MySQL 服务器的用户名，"root"是 MySQL 服务器的管理员用户也是默认用户，权限最高。

（4）"密码"限制了连接用户，只有 MySQL 服务器中的合法用户才能建立与服务器的连接，输入密码后，单击"测试连接"按钮测试与服务器的连接，测试成功后单击"确定"按钮连接到服务器，如图 1-2-25 所示，可以看到该连接下的数据库。

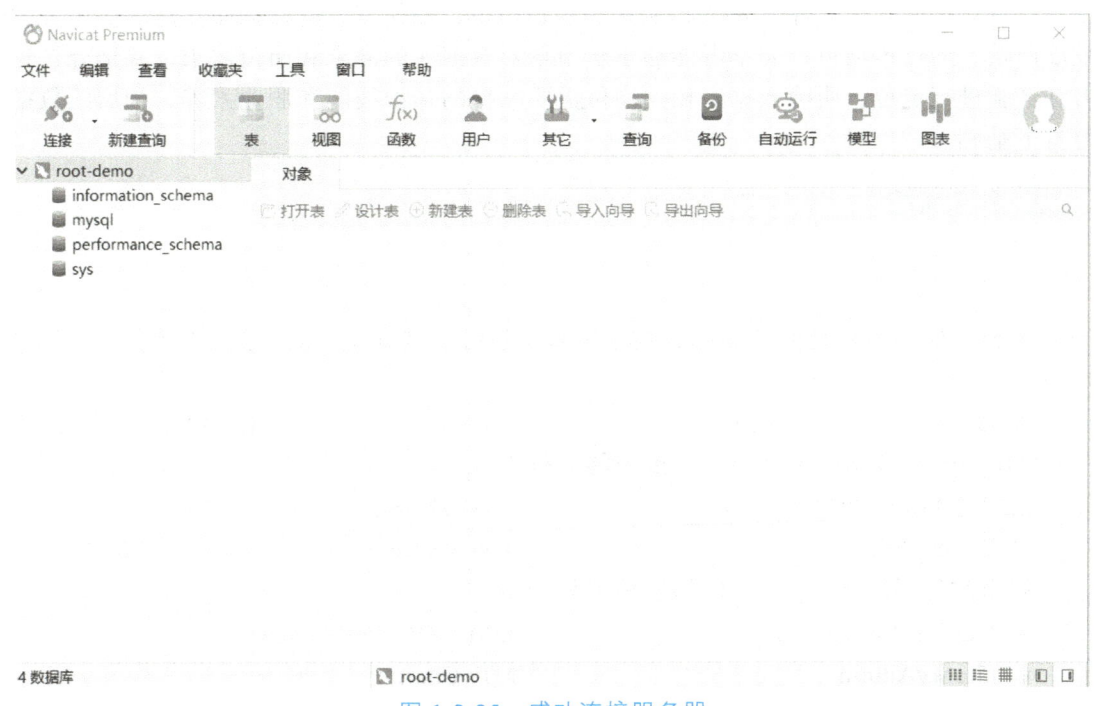

图 1-2-25　成功连接服务器

【任务评价】

在本次任务中，同学们完成 MySQL 数据库管理软件的下载、安装和配置工作，在这个过程中，同学们遇到各种问题，但是通过努力，最终学会处理问题。看到同学们从搜索、下载到安装、配置一系列操作，通过讨论和分工协作解决各种问题，王组长感到很欣慰，他要综合地对大家此次工作内容进行评价。

分析问题能力　　☆☆☆☆☆
解决问题能力　　☆☆☆☆☆
沟通协作能力　　☆☆☆☆☆
操作能力　　　　☆☆☆☆☆

【项目总结】

本项目由农产品销售管理数据库的数据管理引出,引导初学者了解数据、数据库、数据库系统以及数据库管理软件的安装和配置等基础知识,并使其了解数据库广泛的应用及广阔的发展前景。通过本项目,初学者能够了解市场对数据库的需求和岗位需求,并结合自身的学习和经验进行定位,明确数据库相关岗位需要掌握的知识技能和职业素养,为后续数据库学习打下基础。

【思考与练习】

一、单选题

1. 数据库应用系统是由数据库、数据库管理系统及其开发工具、应用系统、(　　)和用户构成的。
   A. DBMS   B. DB   C. DBS   D. DBA

2. SQL Server 数据库管理系统一般只能运行于(　　)。
   A. Windows 平台   B. UNIX 平台
   C. Linux 平台   D. NetWare 平台

3. 以下软件不属于 MySQL 图形管理工具的是(　　)。
   A. Navicat for MySQL   B. MySQL Workbench
   C. phpMyAdmin   D. PyCharm

4. 数据库系统的核心是(　　)。
   A. 数据模型   B. 数据库管理系统
   C. 数据库   D. 数据库管理员

5. SQL 是(　　)语言,它是一种专门用来与数据库通信的标准语言,是一种应用最为广泛的关系数据库语言。
   A. 结构化查询   B. 结构化定义
   C. 格式化查询   D. 导航式查询

6. MySQL 是一个(　　)数据库管理系统。
   A. 层次型   B. 网状型
   C. 关系型   D. 以上都不是

7. (　　)是位于用户与操作系统之间的一层数据管理软件,数据库在建立、使用和维护时由其统一管理、统一控制。
   A. DBMS   B. DB   C. DBA   D. DBS

8. DBMS 的中文含义是(　　)。
   A. 数据库   B. 数据库管理员
   C. 数据库系统   D. 数据库管理系统

9. SQL 又称为(　　)。
   A. 结构化定义语言   B. 结构化控制语言
   C. 结构化查询语言   D. 结构化操纵语言

10. （　　）是构成数据库的主体，是数据库系统的管理对象。
    A. 数据库　　　　　　　　　　　B. 数据
    C. 数据库管理系统　　　　　　　D. 数据库管理员

二、填空题

1. 一个完整的数据库系统不仅包含数据、数据库，还包含支持数据库的硬件、_____及数据库应用程序、_____和用户。

2. _____是存放数据的仓库，_____是数据库系统中的核心软件，_____是数据库管理系统支持下由数据库用户根据实际需要开发的应用程序。

3. 数据库用户包括应用程序员、_____和最终用户。

三、实操题

1. 登录 MySQL 官方网站，下载 MySQL8.0 软件的 MSI 版本。
2. 在 PC（个人计算机）上安装 MySQL8.0 服务器。
3. 通过命令行窗口 Command Line Client 连接到服务器。
4. 安装 Navicat for MySQL 图形化管理软件。
5. 使用 Navicat for MySQL 图形化管理工具连接到 MySQL 服务器。
6. 通过命令行窗口 Command Line Client 断开与服务器的连接。

项目二
数字农业——设计和实现数据库

项目综述

数据库设计是数据库系统中不可或缺的组成部分。优秀的数据库可以为系统带来清晰的数据统计和详细的数据分析,从而为系统提供方便、直观的数据。

该项目主要围绕农产品销售管理数据库的构建过程,通过真实工作案例,采用任务驱动方式引导学生了解数据库设计在数据库系统中的重要性,并掌握一定的数据库设计基础知识,以便能够了解数据库设计的步骤并设计出相应的数据库。

项目任务

任务一　设计数据库概念模型
任务二　设计数据库关系模型
任务三　运用范式理论规范化数据库
任务四　综合实训——农产品销售管理系统设计

素养目标

(1) 引导学生积极参与"数字农业";
(2) 引导学生建立防微杜渐忧患意识。

思维导图

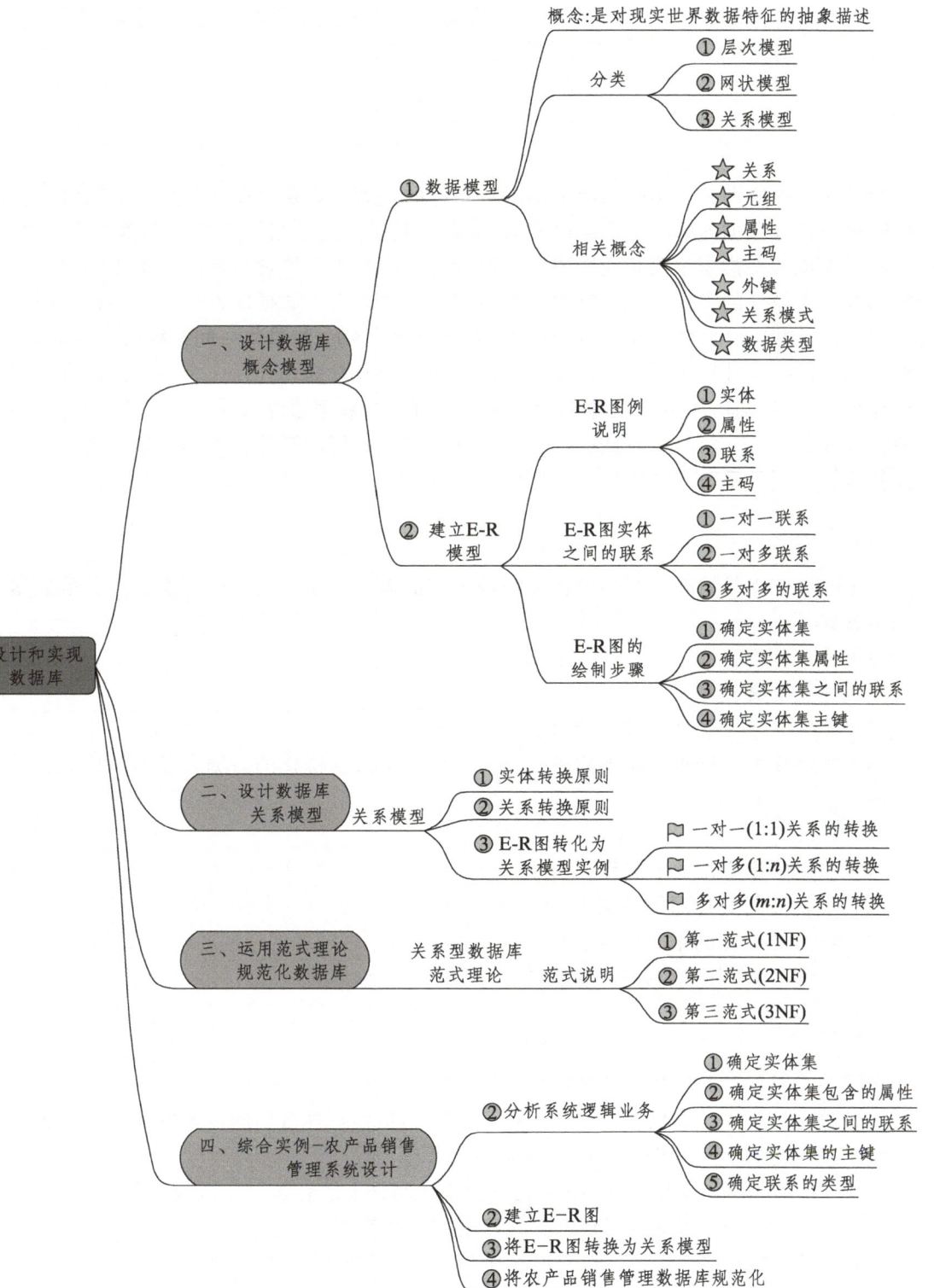

任务一
设计数据库概念模型

【情景导入】

经过两周的培训，李小明已经了解了数据库的基础知识及数据库技术相关岗位，对产品数据维护与订单数据处理岗位职责已有所了解，张经理指定王组长为李小明和同学们的师傅。这一周，王组长安排李小明和他的团队学习设计农产品销售管理数据库。李小明很开心能够接触到数据库设计的工作，但又有点忐忑不安，毕竟要完成数据库设计工作还是有很多知识需要学习，王组长耐心地告诉他们：将数据库比作建筑物，如果盖一间茅屋或一间简易平房，一般情况不需要设计房屋图样。但是，如果是房地产开发商要开发一个新楼盘，修建多幢楼的居住小区，施工前，肯定会先请人设计施工图样。当数据很庞大时，为了减少数据的冗余，避免数据操作异常，就需要对数据库进行设计。有了师傅的指导，李小明信心大增，已经迫不及待地想一展身手。

【任务分解】

李小明向王组长请教农产品销售管理数据库的设计工作如何开展，组长告诉他数据库设计的步骤如下：
（1）需求分析；
（2）建立 E-R 模型；
（3）将 E-R 模型转换为关系模型；
（4）关系模型经过数据库范式进一步规范化，形成规范化的数据表基本结构。

【任务目标】

（1）了解数据库设计的流程；
（2）了解绘制 E-R 图的意义；
（3）熟悉 E-R 图的组成要素；
（4）掌握 E-R 图的绘制方法和步骤。

【任务实施】

步骤一　对农产品销售管理数据库进行需求分析。
成员进行分组，小组成员合作讨论确定农产品销售管理数据库需要的元素及其关系。
步骤二　对农产品销售管理数据库绘制 E-R 模型。
过程 1：针对需求分析结果，小组成员合作在网络上或者教材中查找、收集学习绘制 E-R 图的意义、E-R 图的组成要素、E-R 图的绘制方法及步骤。
过程 2：根据所学知识点，对农产品销售管理数据库绘制 E-R 模型。

过程3：各小组组长带领小组成员一起讨论、核对相关知识点。
步骤三　知识展示与讲解。
过程1：抽2组成员代表上台展示相关内容。
过程2：教师对相关知识进行讲解，并点评各小组完成情况。
步骤四　进一步完善农产品销售管理系统 E-R 图的实操案例。
步骤五　收集问题、总结归纳、展示成果
过程1：各小组组长收集实操中遇到的问题，讨论总结归纳解决方法，并派代表汇报。
过程2：教师讲解案例完成情况并点评各小组成果。
过程3：各小组展开自评和互评，并完成技能评价表。

表 2-1-1　技能评价表

序号	评价内容与目标	评价等级
1	掌握实体、属性、联系、主码等概念，并了解其在 E-R 中的表示方法	A B C D
2	熟悉 E-R 图的组成要素，掌握 E-R 图的绘制方法和步骤	A B C D
3	了解一对一（1∶1）联系、一对多（1∶n）联系、多对多（m∶n）联系并能判断识别	A B C D
4	能够完成农产品销售管理系统 E-R 图的实操案例	A B C D

【知识链接】

数据库设计（Database Design）是为特定应用环境构建最优数据库模式的过程，它可以建立数据库及其应用系统，以有效地存储数据并满足各种用户的信息和处理需求。数据库设计的过程是根据业务系统的具体需求和所选用的数据库，在建立表结构和表与表之间的管理关系的基础上，为该业务系统构建最佳数据存储模型的过程。该过程旨在使数据能够被有效地存储，并且在访问数据时能够高效地进行操作。

数据库设计的流程总共有四步：

● 需求分析：确定所要开发的应用系统的目标、收集和分析用户对数据的要求、了解用户需要什么样的数据。需求分析主要考虑"做什么"，而不是"怎么做"的问题，要从用户出发，从数据出发，从经验出发进行需求分析。

● 现实世界的实体模型通过建模转换为信息世界的概念模型（即 E-R 模型）。

● 概念模型经过模型转化，得到数据库使用的数据模型（在关系数据库设计中为关系模型）。

● 数据模型经过数据库设计范式进一步规范化，得到数据库结构模型。

一、数据模型

1. 数据模型的概念

数据模型是对现实世界数据特征的抽象描述。它是数据库设计中进行现实世界抽象的工具，数据模型提供了一种信息表示和操作手段的形式化结构。因此，数据模型是数据库系统的核心和基础。数据模型所描述的内容有三部分，分别是数据结构、数据操作和数据约束。由于计算机无法直接处理现实世界中的客观事物，因此在数据库系统中需要对现实世界的事物进行抽象和模拟，建立适合于数据库系统管理的数据模型。

设计农产品销售管理系统数据模型

2. 数据模型的分类

在数据发展的过程中，出现了三种基本的数据模型：层次模型、网状模型和关系模型。这三种模型是按照它们的数据结构进行命名的。前两种模型采用格式化的结构，实体用记录型表示，而记录型抽象为图的顶点，整个数据结构与图相对应。层次模型的基本结构是树形结构，而网状模型的基本结构是一个无向图，没有限制条件。关系模型则采用非格式化的结构，使用二维表的结构表示实体及实体之间的联系。关系模型是目前数据库中最常用的数据模型。

（1）层次模型。

层次模型的基本逻辑结构可以用一棵倒置的树来表示。它由节点和边构成，节点表示实体，树的根、枝、叶都被称为节点，每个节点有且仅有一个父节点。数据库中有且仅有一条记录没有父节点，称为根节点。向下的分支代表两条记录之间的一对多（包括一对一）关系。

现实世界中许多实体之间的联系本来就呈现出自然的层次关系，例如行政关系、家族关系等。如图 2-1-1 所示为一个企业管理层次模型，总经理实体包含营销部和仓储部实体，营销部实体包含订单和商品实体，订单实体又包含订单明细实体。

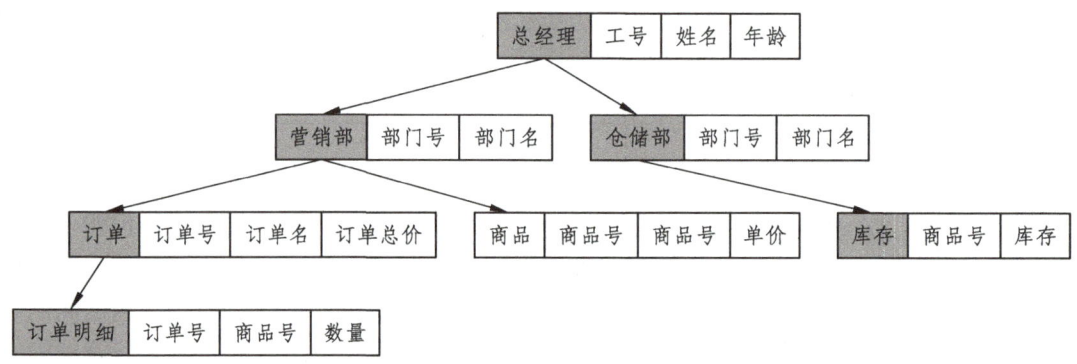

图 2-1-1　层次模型

层次模型的优点主要是数据结构比较简单、清晰、查询效率高。缺点主要有：不能直接表示多对多的联系；插入、删除限制多；必须要经过父结点，才能查询子结点。

（2）网状模型。

网状模型是用网络结构表示实体类型及其实体之间联系的模型（见图 2-1-2）。顾名思义，一个实体可能与其他几个实体存在联系，这样就形成了一张网状图。在数据库中，如果满足以下两个条件，则称这种基本的层次联系集合为网状模型：（1）存在一个或多个节点没有父节点；（2）一个节点可以拥有多个父节点。

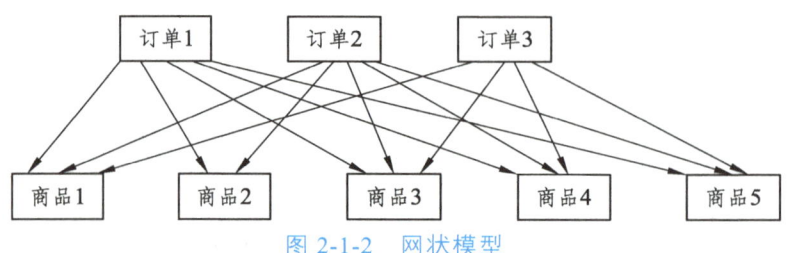

图 2-1-2　网状模型

网状数据模型的优点是可表示实体间的多种复杂联系、存取效率较高。缺点是结构比较复杂，用户不容易掌握；而且应用环境越大，数据库的结构就变得越复杂，不利于最终用户掌握。

（3）关系模型。

在关系模型中，实体和实体之间的联系都由单一的结构类型关系来表示。在关系数据库中，关系也被称为表。一个关系数据库由若干个表组成，即一个关系就是一张二维表格。表2-1-2和表2-1-3是一个简单的关系模型，在这个关系模型中，记录之间的联系是通过不同关系中的同名属性来体现的。例如，如果要查找罗红红的订单总价，可以在用户关系表中找到罗红红对应的用户号为"u0003"，然后在订单关系表中找到用户号为"u0003"的记录，从中可以得到罗红红有两个订单，分别对应着订单总价"1575.00"和"3300.00"。

表 2-1-2　用户关系

用户号	用户名	地址	电话
u0002	张嘉庆[①]	广东深圳市	15712169449
u0003	罗红红	广东深圳市	15712169450
u0004	李昊华	广东深圳市	15712169454

表 2-1-3　订单关系

订单号	用户号	订单总价	订单状态
20230412	u0002	5640.00	1
20230413	u0003	1575.00	1
20230414	u0003	3300.00	1
20230415	u0004	1254.40	0

关系模型中，不管是实体还是实体之间的联系，都用关系来表示，而关系都对应一张二维数据表，数据结构单一、简单、清晰。用户容易理解和掌握，用户只需用简单的查询语言就能对数据库进行操作。

相关概念：

关系：一个关系逻辑上对应一张二维表，可以为每个关系取一个名称进行标识，也称为"表"。

元组：表中的一行即为一个元组，也称为"行"。

属性：表中的一列即为一个属性，给每一个属性起一个名称即属性名，也称为"列"。

主码：表中的某个属性组，它可以唯一确定一个元组，也称为"主键"。

外键：表中的一列或一组列，其包含另一张表的主键值，主要用于定义两个表之间的关系。与之同义的术语是"外部码"。

关系模式：对关系的描述，一般表示为"关系名（属性1，属性2，属性n）"。

数据类型：每个表的列都有相应的数据类型，它限制（或容许）该列中存储的数据。

二、建立 E-R 模型

E-R 图也叫实体关系图（Entity Relationship Diagram），其中 E 代表实体，R 代表关系。

[①] 本书中所列姓名、邮箱、电话、密码、地址均为虚构。

该图提供了一种表示实体类型、属性和关系的方法，用于描述现实世界的概念模型。

1. E-R 图例说明

（1）实体。

实体是现实世界客观存在的、可以被描述的事物，实体可以是具体的人和物，也可以是抽象的概念与联系。关键在于一个实体能与另一个实体相区别，具有相同特征和性质的同一类实体的集合称为实体集，用实体名及其属性名集合来抽象和刻画。在 E-R 图中用矩形来表示实体集，矩形框内写明实体名，如图 2-1-3 所示。例如表 2-1-1 中用户罗红红、用户张嘉庆都是实体，可以用实体集"用户"表示。

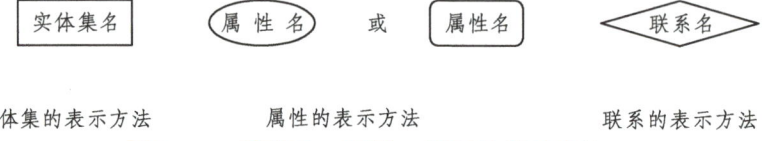

图 2-1-3　实体集、属性、联系的描述方法

（2）属性。

属性是实体所具有的某一特性，一个实体可由若干个属性来刻画。属性不能脱离实体，属性是相对实体而言的。在 E-R 图中用椭圆形或带圆角的长方形表示，如图 2-1-3 所示，并用无向边分别与有关实体连接起来，如图 2-1-4 所示，用户名、用户号、地址、电话都是实体集用户的属性。

（3）联系。

联系也称关系，实体之间的联系通常是指不同实体集之间的联系。在 E-R 图中用菱形表示，菱形框内写明联系名，如图 2-1-3 所示，并用无向边分别与有关实体连接起来，同时在无向边旁标上联系的类型（1∶1，1∶n，或 m∶n）。例如用户在下订单的时候用户与订单之间存在属于关系，商家按照订单来配货时，订单与商品之间存在订购关系。

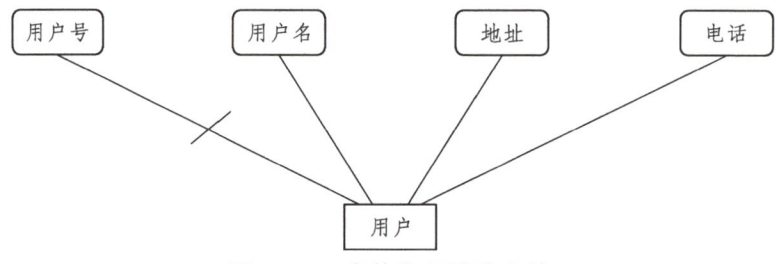

图 2-1-4　实体集的描述方法

（4）主码

主码又可以称为主键。主键可以由一个字段，也可以由多个字段组成，它的值用于唯一的标识表中的某一条记录，可以唯一确定一个实体，一个表只有一个主码。E-R 图中需在实体集与属性的连接线上标记斜线。如图 2-1-4 所示，用户号为实体用户的主键。

2. E-R 图实体之间的联系

E-R 图中实体之间的关系存在 3 种联系类型：一对一联系类型、一对多联系类型和多对多联系类型，它们用来描述实体集之间的联系的类型。

（1）一对一联系。

一对一联系（1∶1）中，对于两个实体集 A 和 B，若 A 中的每一个值在 B 中至多有一个实体值与之对应，反之亦然，则称实体集 A 和 B 具有一对一的联系。如图 2-1-5 所示，公司和总经理之间的联系，一个公司有一个总经理，一个总经理任职于一个公司，则总经理和公司之间的联系是一对一的联系。

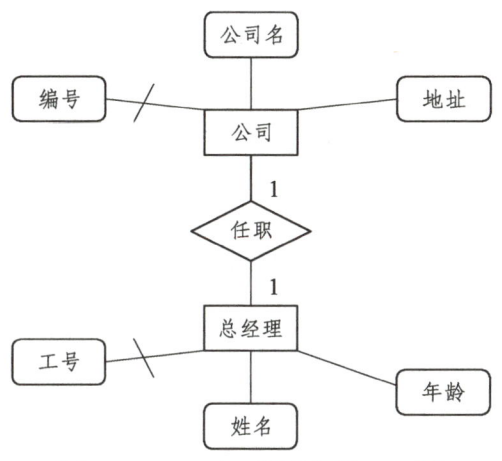

图 2-1-5　一对一关系实例 E-R 图

（2）一对多联系。

一对多联系（1∶n）中，对于两个实体集 A 和 B，若 A 中的每一个值在 B 中有多个实体值与之对应，反之 B 中每一个实体值在 A 中至多有一个实体值与之对应，则称实体集 A 和 B 具有一对多的联系。如图 2-1-6 所示，用户与订单之间存在一对多的"属于"联系，即一个用户可以下多个订单，但是每个订单只能属于一个用户。

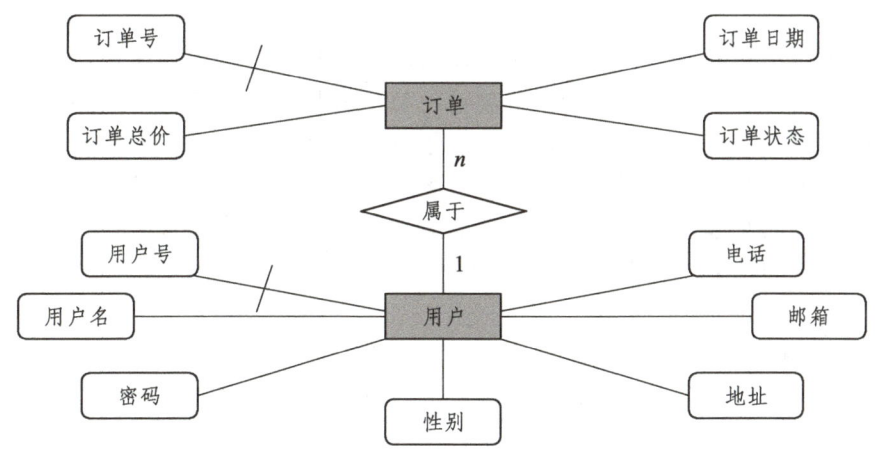

图 2-1-6　一对多关系实例 E-R 图

（3）多对多的联系。

多对多联系（m∶n）中，对于两个实体集 A 和 B，若 A 中每一个实体值在 B 中有多个实体值与之对应，反之亦然，则称实体集 A 与实体集 B 具有多对多联系。如图 2-1-7 所示，商品与订单间的联系"订购"是多对多的，即一个订单可以包含多类商品，而每类商品也可以被多个订单所包含。

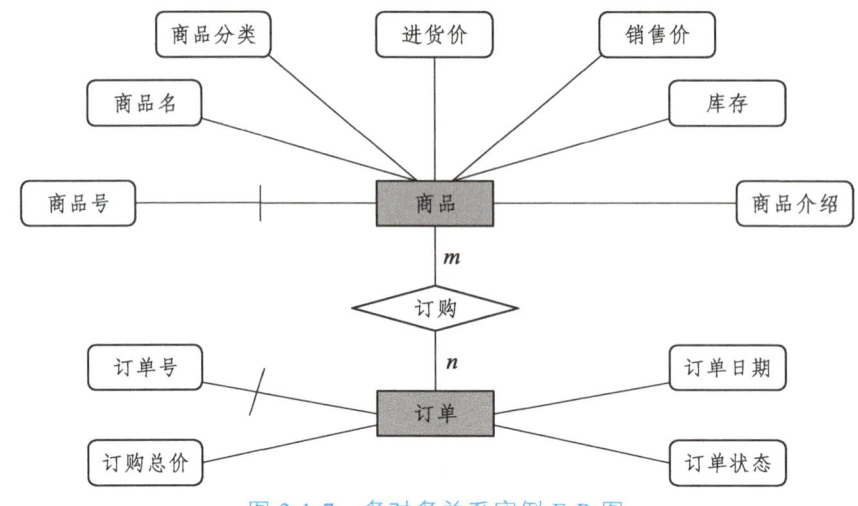

图 2-1-7　多对多关系实例 E-R 图

3. E-R 图的绘制步骤

（1）确定实体集。
（2）确定实体集属性。
（3）确定实体集之间的联系。
（4）确定实体集主键，用线条在属性上标明主键的属性组合。
（5）确定联系的类型，用实线连接联系与实体集时，在线旁注明是 1 对 1、1 对多还是多对多联系的类型。

4. E-R 图设计实例

【例 2.1.1】学校有若干个学院，每个学院有各自的编号、名称和院长；每个学院有若干名教师和学生，教师有工号、姓名和职称属性，每个教师可以担任若干门课程，一门课程只能由一位教师讲授，课程有课程号、课程名和学分，教师们参加多项项目，一个项目有多人合作，且责任轻重有个排名，项目有项目号、名称和负责人；学生有学号、姓名、年龄、性别，每个学生可以同时选修多门课程，选修有分数。

请画出此学校的教学管理数据库 E-R 图。

（1）分析。

① 确定实体集。

学院教学管理数据库有五个实体集：学院、教师、学生、课程、项目。

② 选择实体集包含的属性。

学院实体集的属性有编号、名称和院长。
教师实体集的属性有工号、教师名和职称。
学生实体集的属性有学号、姓名、年龄和性别。
课程实体集的属性有课程号、课程名和学分。
项目实体集的属性有项目号、名称和负责人。

③ 确定实体集之间的联系。

学院与教师、学生建立从属关联，学生与课程建立选修课程关联，教师与课程、项目建立讲授、参与关联。

④ 确定实体集的主键。

学院实体集中可以用学院编号来唯一标识学院，所以学院编号为主码，即主键。

教师实体集中可以用工号来唯一标识各教师，所以工号为主码，即主键。

学生实体集中可以用学号来唯一标识各学生，所以学号为主码，即主键。

课程实体集中可以用课程号来唯一标识各课程，所以课程号为主码，即主键。

项目实体集中可以用项目号来唯一标识各项目，所以项目号为主码，即主键。

⑤ 确定联系的类型。

因为一个学院里有多位教师，而每一位教师只能从属于一个学院，所以学院与教师之间是一种（$1:n$）的关系。同理学院与学生之间是一种（$1:n$）的关系。又因为每个教师可以担任若干门课程，一门课程只能由一位教师讲授，所以教师与课程之间是一种（$1:n$）的关系。教师参加多项项目，一个项目有多人合作，所以教师与项目之间是一种（$m:n$）的关系。每个学生可以同时选修多门课程，每门课程可以由多位同学选修，所以同学与课程之间是一种（$m:n$）的关系。

（2）E-R 图设计。

根据以上步骤分析画出学校教务管理数据库 E-R 图，如图 2-1-8 所示。

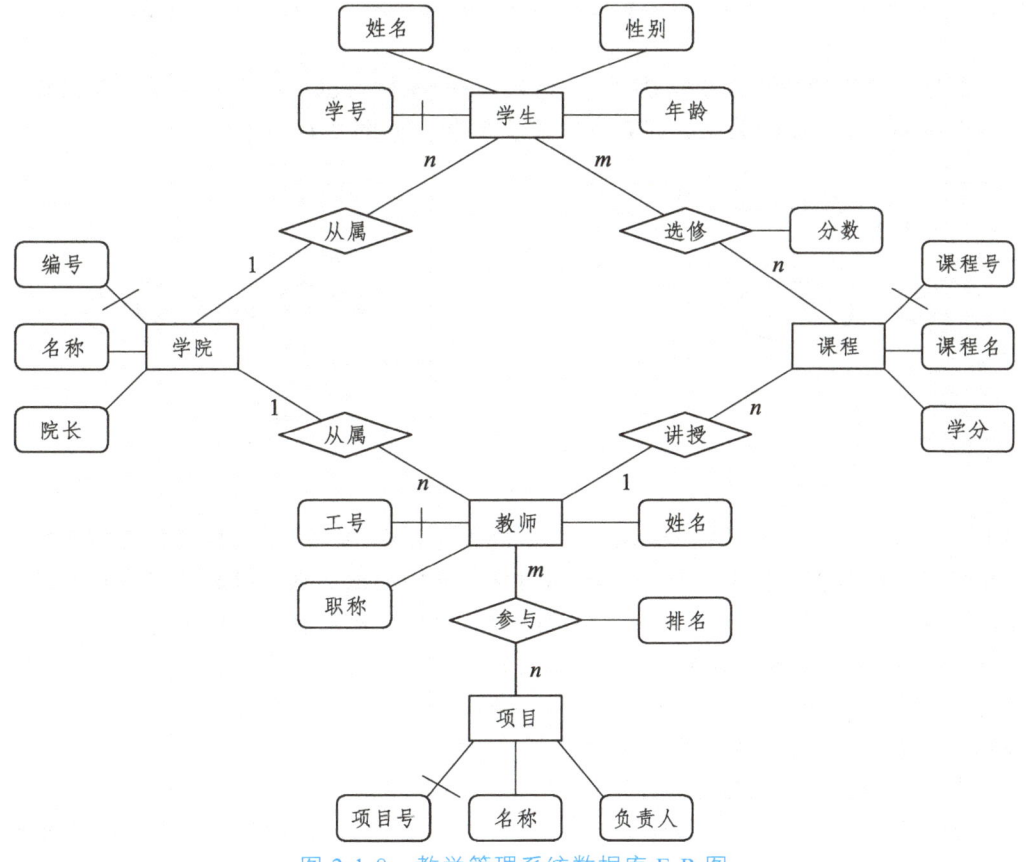

图 2-1-8　教学管理系统数据库 E-R 图

【例 2.1.2】龙腾金源制作工厂在物流管理过程中，涉及雇员、部门、供应商、原材料、成品和仓库等实体，并且存在以下关联：

（1）一个雇员只能在一个部门工作，一个部门可以有多个雇员。

（2）每一个部门可以生产多种成品，但一种成品只能由一个部门生产。

（3）一个供应商可以供应多种原材料，一种原材料也可以由多个供应商供货。

（4）购买的原材料放在仓库中，成品也放在仓库中。一个仓库可以存放多种成品，一种成品也可以存放在不同的仓库中。

（5）各部门从仓库中提取原料，并将成品放在仓库中。一个仓库可以存放多个部门的成品，一个部门的成品也可以存放在不同的仓库中。

画出简单的工厂物流管理系统 E-R 模型。

说明：对于复杂 E-R 图的设计，要先设计局部 E-R 图，再把每一个局部的 E-R 图综合起来，生成总体的 E-R 图。

（1）分析。

工厂物流管理数据库有 6 个实体集：雇员、部门、供应商、原材料、成品、仓库。

（2）E-R 图设计。

① 根据一个雇员只能在一个部门工作，一个部门可以有多个雇员。推出部门与雇员为 $1:n$ 的关系，二者存在从属关联。根据每一个部门可以生产多种成品，但一种成品只能由一个部门生产。推出部门与成品为 $1:m$ 的关系，二者存在生产关联。如图 2-1-9 所示。

（2）根据一个供应商可以供应多种原材料，一种原材料也可以由多个供应商供货。推出原材料与供应商为 $n:m$ 的关系，二者存在供应关联。如图 2-1-10 所示。

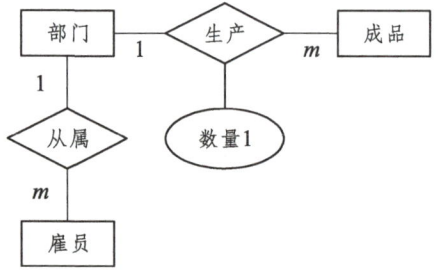

图 2-1-9　部门、雇员、成品 E-R 图

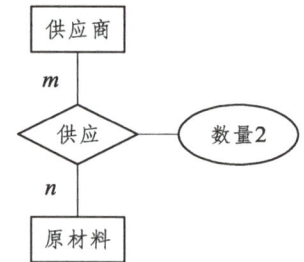

图 2-1-10　供应商、原材料 E-R 图

（3）根据购买的原材料放在仓库中，成品也放在仓库中。一个仓库可以存放多种成品，一种成品也可以存放在不同的仓库中；各部门从仓库中提取原料，并将成品放在仓库中。一个仓库可以存放多个部门的成品，一个部门的成品也可以存放在不同的仓库中。推出成品与仓库为 $n:m$ 的关系，二者存在存放关联；原材料与部门为 $n:m$ 的关系，二者存在提取关联；原材料与仓库为 $p:q$ 的关系，二者存在存放关联，如图 2-1-11 所示。

【例 2.1.3】农产品销售管理数据库 E-R 图的设计。

（1）农产品销售管理数据库介绍。

立足区域发展特色，构建科学合理的农产品移动端销售管理系统是现代商业的重要组成部分，也是打通线上线下一体化销售的关键之一。该系统数据库以本地特色农产品销售为导向,从销售管理系统需求分析、总体功能和体系架构设计等几个方面进行系统化研发。

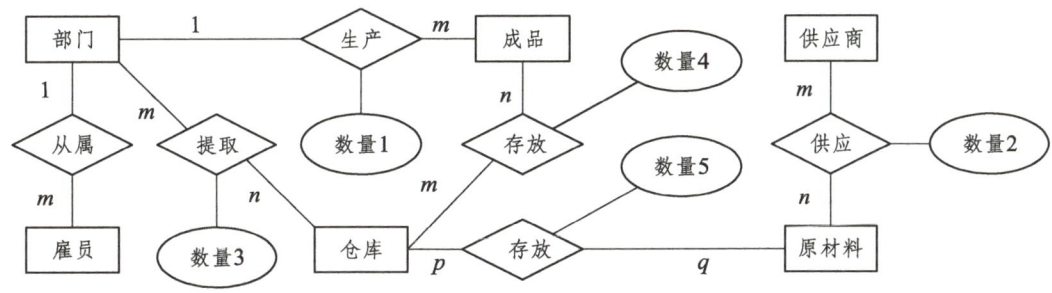

图 2-1-11　龙腾金源制作工厂物流管理 E-R 图

为了研发切合农产品销售管理的系统,采用问卷调查和实地调研相结合的方法,系统分析该销售管理系统应该具有的通用功能。该销售管理系统主要包含信息管理、农产品库存管理、订单管理等功能。

(2)农产品销售管理系统逻辑业务分析。

农产品销售管理系统简化的业务处理过程为:收集商城销售农产品信息,包括产品名、产品分类、进货价、销售价、库存及产品介绍等;商品管理,为管理员所用,管理员可以增加商品分类,可以为每个分类增加商品;用户购买产品时进行会员注册,输入用户号、用户名、密码、性别、住址、邮箱及电话进行注册;系统会根据会员的购买订单形成销售信息,包含订单号、订购日期、订购总价、订单状态等信息。

① 确定实体集。

农产品销售管理数据库有三个实体集:商品、用户、订单。

② 选择实体集包含的属性。

商品实体集的属性有商品号、商品名、产品分类、进货价、销售价、库存及商品介绍。

用户实体集的属性有用户号、用户名、密码、性别、住址、邮箱及电话。

订单实体集的属性有订单号、订购日期、订购总价、订单状态。

③ 确定实体集之间的联系。

商品与订单之间建立订购关联,用户与订单之间建立属于关联。

④ 确定实体集的主键。

商品实体集中可以用商品号来唯一标识商品,所以商品号为主码,即主键。

订单实体集中可以用订单号来唯一标识各订单,所以订单号为主码,即主键。

用户实体集中可以用用户号来唯一标识各用户,所以用户号为主码,即主键。

⑤ 确定联系的类型。

因为一个订单里可以有多种商品,且每一种商品也可以在多个订单中,所以商品与订单之间是一种($m:n$)的关系。又因为每个用户可以有多个订单,而每一个订单只属于一个用户,所以用户与订单之间是一种($1:n$)的关系。

(3)E-R 图设计。

根据以上步骤分析画出农产品销售管理数据库 E-R 图,如图 2-1-12 所示。

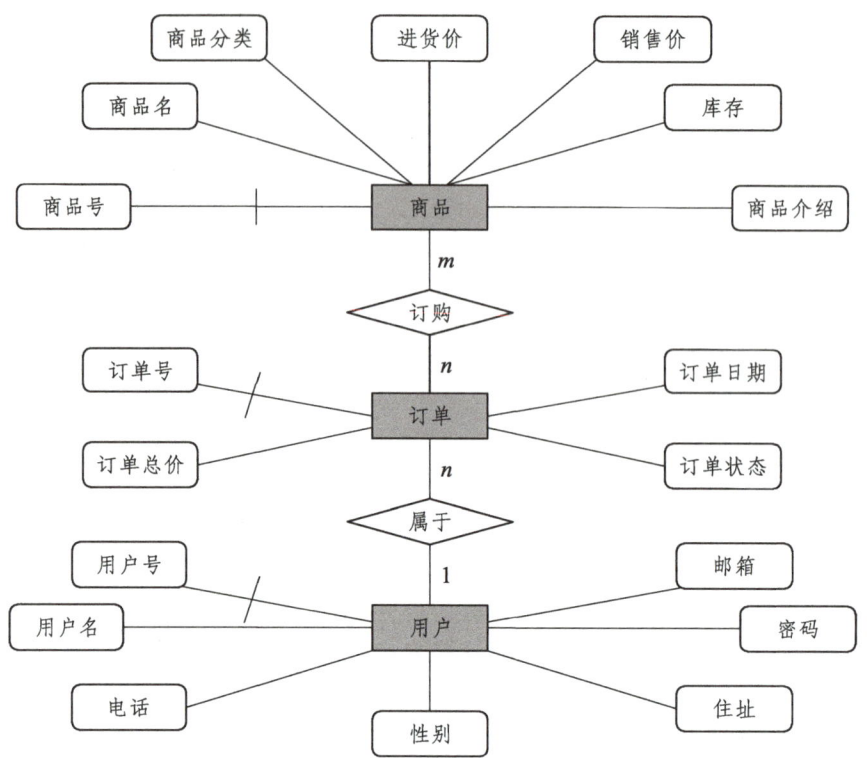

图 2-1-12　农产品销售管理数据库 E-R 图

【任务评价】

在本次任务中,同学们通过对农产品销售管理数据库需求分析并建立 E-R 模型,了解数据库设计的步骤,并学习如何用信息世界的语言表达现实世界的事务。根据小组分工汇报情况及实操案例的完成情况,王组长对同学们的此次工作内容进行综合评价。

信息搜索能力　　☆☆☆☆☆
总结归纳能力　　☆☆☆☆☆
团结协作能力　　☆☆☆☆☆
分析问题能力　　☆☆☆☆☆
实际操作能力　　☆☆☆☆☆

任务二
设计数据库关系模型

【情景导入】

通过任务一的学习，李小明及团队已经完成了农产品销售管理系统的需求分析、建立了农产品销售管理数据库 E-R 模型，接下来就是要将 E-R 模型转换成关系模型。什么是关系模型？为什么要建立关系模型？将 E-R 模型转换成关系模型的方法是什么呢？李小明将继续探究。

【任务分解】

为了更好地完成任务，李小明开始学习将 E-R 模型转换成关系模型相关知识，他了解到将 E-R 模型转换成关系模型有以下几种联系类型的转换：

（1）一对一联系类型的转换；
（2）一对多联系类型的转换；
（3）多对多联系类型的转换。

【任务目标】

（1）了解建立关系模型的意义；
（2）掌握 E-R 概念模型转换为关系模型的原则；
（3）掌握将 E-R 模型转换成关系模型的方法及步骤。

【任务实施】

步骤一　将农产品销售管理数据库 E-R 模型转换为关系模型。
过程1：查找、收集知识点。
对成员进行分组，小组成员合作在网络上或者教材中查找学习知识点：建立关系模型意义、E-R 概念模型转换为关系模型的原则、E-R 模型转换成关系模型的方法及步骤。
过程 2：根据所学内容，小组成员尝试将农产品销售管理数据库 E-R 模型转换为关系模型。
过程3：各小组组长带领小组成员一起讨论、核对相关知识点。
步骤二　知识展示与讲解。
过程1：抽 2 组成员代表上台展示相关内容。
过程2：教师对相关知识进行讲解，并点评各小组完成情况。
步骤三　进一步完善农产品销售管理 E-R 模型转换成关系模型的实操案例。
步骤四　收集问题、总结归纳、展示成果。
过程1：各小组组长收集实操中遇到的问题，讨论总结归纳解决方法，并派代表汇报。
过程2：教师讲解案例完成情况并点评各小组成果。

过程 3：各小组展开自评和互评，并完成技能评价表。

表 2-2-1　技能评价表

序号	评价内容与目标	评价等级
1	了解建立关系模型意义、E-R 概念模型转换为关系模型的原则	A B C D
2	掌握 E-R 模型转换成关系模型的方法及步骤	A B C D
3	掌握 E-R 模型中一对一（1∶1）联系转换成关系模型的两种方法	A B C D
4	掌握 E-R 模型中一对多（1∶n）联系转换成关系模型的两种方法	A B C D
5	掌握 E-R 模型中多对多（m∶n）联系转换成关系模型的方法	A B C D
6	能够完成将农产品销售管理系统 E-R 模型转换成关系模型的实操案例	A B C D

【知识链接】

一、关系模型

建立 E-R 模型仅完成了系统实体和实体关系的抽象。在关系数据库设计过程中，为了创建用户所需的数据库，还需要将实体和实体间的联系转换成相应的关系模式，即建立系统的逻辑数据模型。

设计农产品销售管理系统关系模型

逻辑数据模型是用户在数据库中所看到的数据模型，它由概念模型转换而成。将概念模型转换为逻辑数据模型的原则如下。

1. 实体转换原则

将 E-R 模型中的每一个实体转换成一个关系，即二维表，实体的属性转换为关系的字段，实体的主码转换成关系模式中的主键。

2. 关系转换原则

由于实体间存在一对一、一对多和多对多的联系类型，所以实体间联系在转换成逻辑数据模型时，不同的关系做不同的处理。

（1）假设 A 实体集与 B 实体集是 1∶1 的联系，联系的转换有三种方法：

① 把 A 实体集的主键加入到 B 实体集对应的关系中，如果联系有属性也一并加入；

② 把 B 实体集的主键加入到 A 实体集对应的关系中，如果联系有属性也一并加入；

③ 建立第三个关系，关系中包含两个实体集的主键，如果联系有属性也一并加入。

（2）两实体集间 1∶n 联系。

两实体集间 1∶n 联系，可将"一方"实体的主键纳入"n 方"实体集对应的关系中作为"外部主键"，同时把联系的属性也一并纳入"n 方"对应的关系中。

（3）两实体集间 m∶n 联系。

对于两实体集间 m∶n 联系，必须对"联系"单独建立一个关系，用来联系双方实体集。该关系的属性中至少要包括被它所联系的双方实体集的"主键"，并且如果联系有属性，也要归入这个关系中。

3. E-R 图转化为关系模型实例

E-R 图的设计目的是将 E-R 模型转换为关系模型。对于 E-R 图中的每个实体集，都应该转换成一个关系。该关系应该包括对应实体的全部属性，并且应该根据关系所表达的语义确定哪个属性或哪些属性组作为"主键"，主键用来标识实体。主键是一个在关系中唯一标识元组的属性或属性组。它应该被设计成不可重复且不能为"null"。因此，在将 E-R 图转换为关系模型时，需要确定哪个属性或属性组可以作为主键。

（1）一对一（1∶1）关系的转换。

一对一的关系有三种转换方式。

① 联系单独转成关系模式，这种方式会将联系单独转换成一个关系，为了体现两个实体的联系，该关系由参与联系的各实体集的主码属性及联系的属性构成，其主码可选参与联系的实体集的任一方的主码。例如，将图 2-2-1 所示的 "公司"和"总经理"之间的 E-R 图转换成关系，将公司实体的主键"编号"和总经理实体的主键"工号"放到任职联系中，这样一共形成三个关系。

总经理（<u>工号</u>，姓名，年龄）。

公司（<u>编号</u>，公司名，地址）。

任职（<u>编号</u>，工号）。

② 联系不单独转成关系模式，而将其中一个实体集中的主码属性并入另一个实体集中，作为这个实体集的属性。例如，将图 2-2-1 所示的"公司"和"总经理"之间的 E-R 图转换成关系，将总经理实体的主码"工号"并入公司实体。

总经理（<u>工号</u>，姓名，年龄）。

公司（<u>编号</u>，公司名，地址，工号）。

③ 联系不单独转成关系模式，而将其中一个实体集中的主码属性（即联系）并入另一个实体集中，作为这个实体集的属性。例如，将图 2-2-1 所示的"公司"和"总经理"之间的 E-R 图转换成关系，将公司实体的主码"编号"并入总经理实体中。这种方式同第二种方式相近，只是交换了并入对象。

图 2-2-1 一对一的关系

总经理（<u>工号</u>，姓名，年龄，编号）。

公司（<u>编号</u>，公司名，地址）。

（2）一对多（1∶n）关系的转换。

一对多有两种转换方式：

① 联系单独转换成关系模式，这种方式会将联系单独转换成一个关系模式，为了体现两个实体的联系，该关系模式由参与联系的各实体集的主码属性及联系的属性构成，n 端的主码作为该关系模式的主码。例如，将图 2-2-2 所示的 "用户"和"订单"之间的 E-R 图转换成关系，将用户实体的主键"用户号"和订单实体的主键"订单号"放到属于（关系）中，这样一共形成三个关系。

用户（<u>用户号</u>，用户名，联系电话，密码，性别，住址，邮箱）。

订单（<u>订单号</u>，订单日期，订单总价，订单状态）。

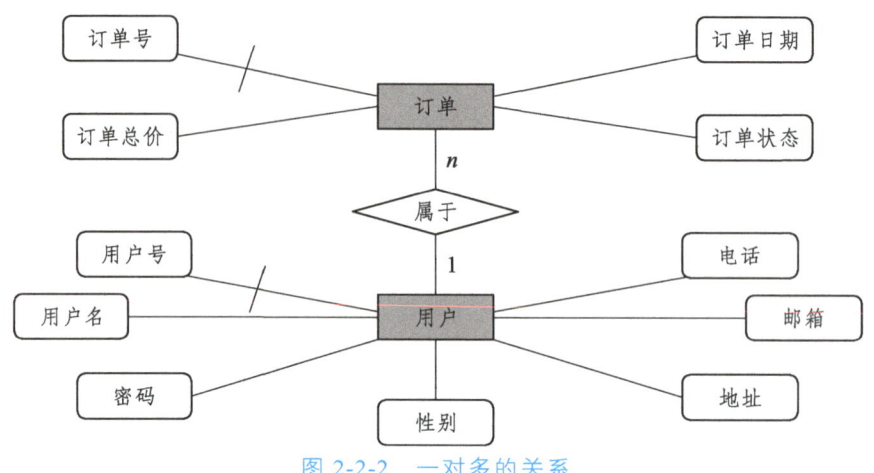

图 2-2-2 一对多的关系

属于（<u>用户号</u>，<u>订单号</u>）。

② 在一对多关系中，将一方实体的主码并入 n 方实体中，成为 n 方的属性。例如，将图 2-2-2 所示的"用户"实体和"订单"实体之间的 E-R 图转换成关系模式，将一方实体（用户）的主键"用户号"并入 n 方实体（订单）中，这样还是原来的两个实体，只是 n 方实体的属性多了一个。

用户（<u>用户号</u>，用户名，联系电话，密码，性别，住址，邮箱）。

订单（<u>订单号</u>，用户号，订单日期，订单总价，订单状态）。

（3）多对多（$m:n$）关系的转换。

多对多的联系必须单独转成关系模式。为了体现两个实体的联系，该关系模式由参与联系的各实体集的主码属性及联系的属性构成，其主码由各实体集的主码属性共同组成。例如，将图 2-2-3 所示的商品实体和订单实体之间的 E-R 图转换成关系，将商品实体的主键"商品号"和订单实体的主键"订单号"放到订购（关系）中，这样一共形成三个关系。

商品（<u>商品号</u>，商品名，商品分类，商品介绍，进货价，销售价，库存）。

订单（<u>订单号</u>，订单日期，订单总价，订单状态）。

订购（<u>订单号</u>，<u>商品号</u>）。

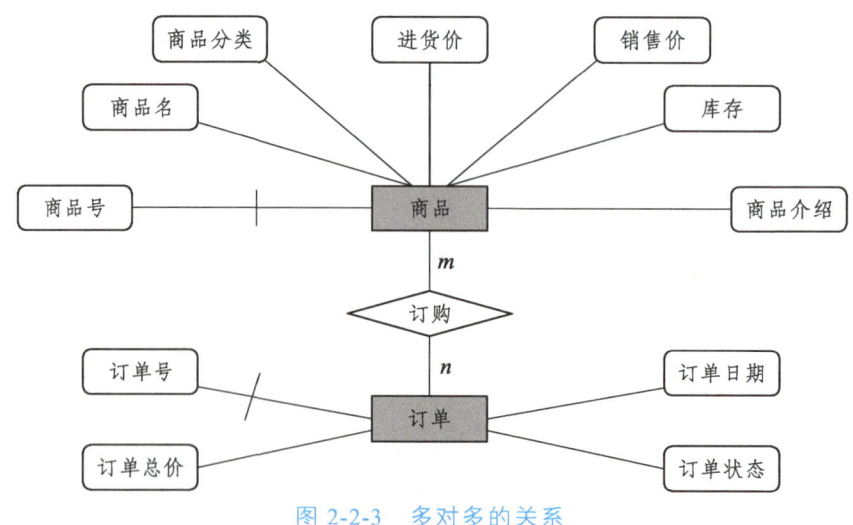

图 2-2-3 多对多的关系

3. E-R 图转化为关系模型实例

根据关系的转换原则,从图 2-2-4 农产品销售管理数据库 E-R 图可知,商品实体集与订单实体集是多对多关系,转换为关系模型时,实体"商品"转换为商品表,实体"订单"转换为订单表,联系"订购"转换为订单明细表,因为是多对多的关系,所以订单明细表中应该包含商品实体的主键"商品号"和订单实体的主键"订单号"。

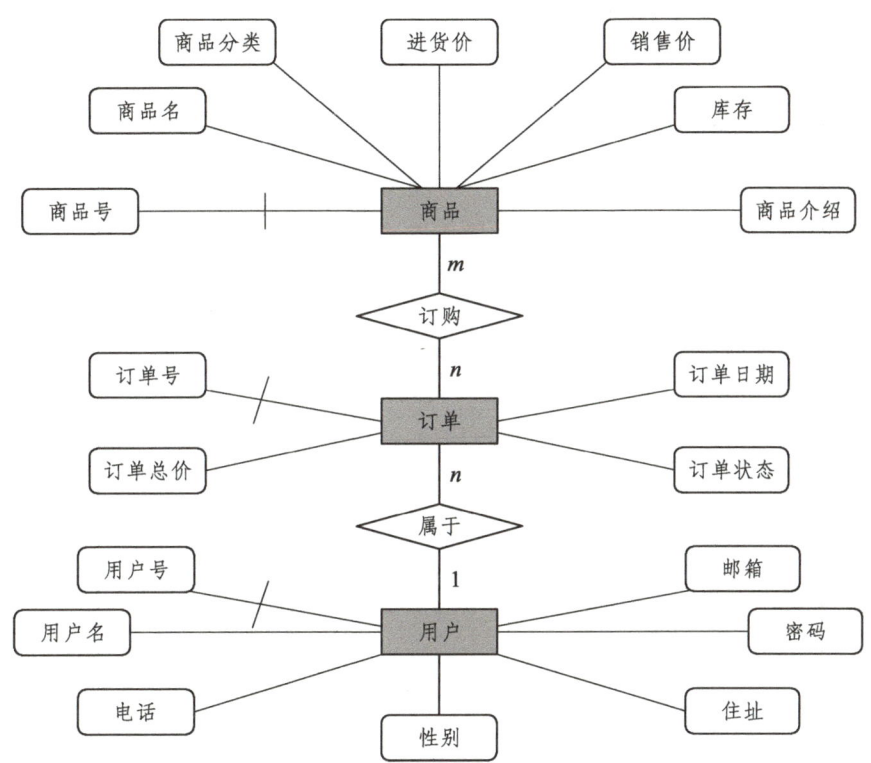

图 2-2-4　农产品销售管理数据库 E-R 图

这里用下划线标出主键字段,关系模型如下:
商品(<u>商品号</u>,商品名,商品分类,商品介绍,进货价,销售价,库存)。
订单(<u>订单号</u>,订单日期,订单总价,订单状态)。
订单明细表(<u>订单号</u>,<u>商品号</u>,单价,数量)。

从图 2-2-4 农产品销售管理数据库 E-R 图可知,用户实体集与订单实体集是一对多关系转换为关系模型时,可将实体"用户"转换为用户表,实体"订单"转换为订单表;联系"属于"是一对多的关系,如果不单独建立联系的关系表格,则需要将一方"用户"实体集的主键"用户号"加到多方"订单"的实体集中。关系模型如下:
用户(<u>用户号</u>,用户名,电话,密码,性别,住址,邮箱)。
订单(<u>订单号</u>,用户号,订单日期,订单总价,订单状态)。

【任务评价】

在本次任务中,同学们进一步学习如何用信息世界语句精准表达现实世界事务。通过将农产品销售管理数据库 E-R 模型转换为关系模型的学习和实践，了解建立关系模型的意义、掌握 E-R 概念模型转换为关系模型的原则、学会将 E-R 模型转换成关系模型的方法及步骤。在这个过程中，同学们遇到各种问题，但是通过努力，最终学会处理问题。看到同学们通过讨论和协作解决各种问题，王组长感到很欣慰，他要综合地对大家此次工作内容进行评价。

  信息搜索能力　　☆☆☆☆☆
  分析问题能力　　☆☆☆☆☆
  实际操作能力　　☆☆☆☆☆
  解决问题能力　　☆☆☆☆☆

任务三
运用范式理论规范化数据库

【情景导入】

通过任务一及任务二的学习，已经完成了农产品销售管理数据库的需求分析、E-R 模型、E-R 模型转换为关系模型，王组长告诉大家接下来就是要将关系模型规范化。数据库规范化就如同景区评级一样，5A 级景区比 4A 级景区更规范，要求也更多。范式就是数据库表的评级，可以理解为表结构的设计标准的级别，是关系的约束条件的规范，范式越高，表的划分越细。范式是为了避免数据库表中出现数据冗余而设计的。例如，当一个表中的数据属性过多时，如果我们仅需要这个表中的几个数据，但是却查询出了几十列数据，那么这个表就是不规范的。规范化是通过将表分解为更小和更具体的表来消除不必要的重复数据，并同时确保数据依然可以以正确的方式进行关联和检索。什么是规范化理论？如何设计关系模型的规范化呢？小明将继续探究。

【任务分解】

为了更好的完成任务，李小明开始在网上搜索相关知识，并了解到数据库规范化的步骤：
（1）应用第一范式；
（2）应用第二范式；
（3）应用第三范式。

【任务实施】

步骤一　针对任务二完成的关系模型进行规范化。
过程1：查找、收集知识点。
对成员进行分组，小组成员合作在网络上或者教材中查找学习知识点：范式理论的定义、几种范式的应用、对数据库进行规范化的方法。
过程2：小组成员尝试完成概念模型的规范化。
过程3：各小组组长带领小组成员一起讨论、核对相关知识点。
步骤二　知识展示与讲解。
过程1：抽2组成员代表上台展示相关内容。
过程2：教师对相关知识进行讲解，并点评各小组完成情况。
步骤三　进一步完善农产品销售管理关系模型规范化的实操案例。
步骤四　收集问题、总结归纳、展示成果
过程1：各小组组长收集实操中遇到的问题，讨论总结归纳解决方法，并派代表汇报。
过程2：教师讲解案例完成情况并点评各小组成果。
过程3：各小组展开自评和互评，并完成技能评价表。

表 2-3-1 研究 技能评价表

序号	评价内容与目标	评价等级
1	掌握范式理论的定义、几种范式的应用	A B C D
2	掌握对数据库进行规范化的方法	A B C D
3	能够完成农产品销售管理系统关系模型规范化的实操案例	A B C D

【任务目标】

（1）了解范式理论的定义；
（2）掌握几种范式的应用；
（3）掌握对数据库进行规范化的方法。

【知识链接】

运用范式理论规范化
农产品销售管理系统

一、关系型数据库范式理论

关系规范化理论就是按照统一的标准对关系进行优化，将一个初始的、不太合理的关系模型转化为一个高级的、合理的关系模型。其基本思想是通过合理的分解关系模式来消除其中不合适的数据依赖，以减少冗余数据，提供有效的数据检索方法，避免不合理的插入、删除、修改等数据操作，保持数据的一致性。关系数据库范式理论是在数据库设计过程中要依据的准则，数据库结构必须要满足这些准则，才能确保数据的准确性和可靠性。这些准则被称为规范化形式，即范式。

关系数据库中的关系必须满足一定的要求，即满足不同的范式。在关系数据库原理中规定了以下几种范式：第一范式（1NF）、第二范式（2NF）、第三范式（3NF）、第四范式（4NF）、第五范式（5NF）和第六范式（6NF）。在进行关系数据库设计时，至少要符合 1NF 的要求，在 1NF 的基础上进一步满足更多要求的称为 2NF，其余范式依次类推。一般来说，数据库设计时，只需满足第三范式就行了，通过 3NF 的规范化，数据基本达到要求，下面对它们分别进行介绍。

1. 第一范式（1NF）

第一范式（1NF）要求数据库表中的每一列都是不可分割的基本数据项，同一列中不能存在多个值或重复的属性。在第一范式（1NF）中，每一行只包含一个实例的信息，即表中的数据不重复。例如，表 2-3-2 所示的用户表，每个员工占表中的一行，表中数据不重复，每列数据都是不可分割的最小数据项。

表 2-3-2 用户表

用户号	姓名	性别	密码	邮箱	电话
u0002	张嘉庆	男	123456	zhangjq@163.com	15712169449
u0003	罗红红	女	123456	longhh@163.com	15712169450
u0004	李昊华	女	123456	lihh@163.com	15712169454
u0005	吴美霞	女	123456	wumx@163.com	15712169455
……	……	……	……	……	……

在创建数据库时，将 E-R 图转换为关系模式的过程中，可能会出现重复数据并创建多余的表。例如，表 2-3-3 所示的用户信息表中，地址是由详细地址和邮编组成的，因此，这个学生基本信息表不满足第一范式。

表 2-3-3　不满足第一范式的用户信息表

用户号	姓名	性别	密码	电话	地址
u0002	张嘉庆	男	123456	15712169449	贵阳市南明区××路××号，邮编550002
u0003	罗红红	女	123456	15712169450	贵阳市高新区××路××号，邮编550005
u0004	李昊华	女	123456	15712169454	贵阳市云岩区××路××号，邮编550001
u0005	吴美霞	女	123456	15712169455	贵阳市南明区××路××号，邮编550002
……	……	……	……	……	……

表 2-3-3 所示的用户信息表要使其满足第一范式，可以将地址字段拆分为地址及邮编两个字段，如表 2-3-4 所示即可。

表 2-3-4　满足第一范式的用户信息表

用户号	姓名	性别	密码	电话	地址	邮编
u0002	张嘉庆	男	123456	15712169449	贵阳市南明区××路122号	550002
u0003	罗红红	女	123456	15712169450	贵阳市高新区××路245号	550005
u0004	李昊华	女	123456	15712169454	贵阳市云岩区××路12号	550001
u0005	吴美霞	女	123456	15712169455	贵阳市南明区××路32号	550002
……	……	……	……	……	……	……

2. 第二范式（2NF）

第二范式（2NF）要求属性完全依赖于主键，所谓完全依赖是指不能存在仅依赖主键一部分的属性，第二范式是在第一范式（1NF）的基础上建立起来的，即满足第一范式的前提下才能满足第二范式。第二范式要求数据库表中的每个行必须可以被唯一地区分。为实现唯一区分，通常需要一个列来存储各行的唯一标识。表 2-3-3 中的用户信息表中的用户号这一列，因为每个用户的用户号是唯一的，所以每个用户都可以被唯一区分，这个唯一属性列被称为主键。

例如，表 2-3-5 的选购关系表中，一般情况下认为用户号是主键，但是参考订购总价属性，该表既包含商品信息又包含用户信息和订单信息，因此这张表的主键是一个联合主键，这个联合属性能够唯一确定订购总价属性。然而，像用户名这样的信息只需要用户号就可以唯一确定，而订购总价只需要订单号就可以唯一确定，因此存在了部分依赖关系，不符合第二范式的要求。

表 2-3-5　选购关系表

用户号	用户名	性别	订单号	商品号	订购总价	单价
u0011	熊军	男	20230422	AV-CB-09	560.00	35
u0012	陈毅	女	20230423	AV-CB-07	44.00	4
u0013	赵申	男	20230424	AV-CB-07	27.00	4
u0014	何晴	女	20230425	AV-CB-06	36.00	6
……	……	……	……	……	……	……

当选购关系不符合第二范式时，在实际操作中会出现如下问题。

① 数据冗余。同一类商品由 n 个用户选购，"单价"就重复 $n-1$ 次；同一个用户选购了 m 样商品，用户号和用户名就重复了 $m-1$ 次。

② 更新异常。若调整了某样商品的单价，数据表中所有该商品的"单价"值都要更新，否则会出现同一商品的单价不同的情况。

③ 删除异常。假设一批用户的订单已经完成商品的选购，这些选购记录就应该从数据库表中删除。但是，与此同时，商品名和单价信息也被删除了。很显然，这也会导致更新异常。

如果要让用户选购关系满足第二范式，就需要将这张表拆分成三张表，分别为用户表、订单表、订单明细表，如表 2-3-6、表 2-3-7、表 2-3-8 所示。

表 2-3-6　拆分后的用户信息表

用户号	用户名	性别
u0011	熊军	男
u0012	陈毅	女
u0013	赵申	男
u0014	何晴	女
……	……	……

表 2-3-7　拆分后的订单表

订单号	用户号	订购总价
20230422	u0011	560.00
20230423	u0012	44.00
20230424	u0013	27.00
20230425	u0014	36.00
……	……	……

表 2-3-8　拆分后的订单明细表

订单号	商品号	单价
20230422	AV-CB-09	35
20230423	AV-CB-07	4
20230424	AV-CB-07	4
20230425	AV-CB-06	6
……	……	……

3. 第三范式（3NF）

第三范式（3NF）要求属性不依赖于其它非主属性，前提是已满足第二范式（2NF）。简而言之，如果一个表已经满足第二范式，而且数据库表中的任何两个非主键字段的数值之间不存在函数依赖关系，那么该数据库表满足第三范式。

例如，表 2-3-9 所示的商品表中，主键是商品号，因为这个属性可以唯一确定其他所有属性。例如，知道商品号就能够推算出分类号、商品名、库存等信息。因此，在这个表中，分类号是一个非主属性。然而，我们也发现分类名称这个属性可以由分类号这个非主属性决定，即分类名称依赖分类号，而分类号又依赖商品号，这就存在传递依赖关系。传递依赖关系的一个明显缺点就是数据冗余非常严重。

表 2-3-9　商品表

商品号	分类号	商品名	库存	进货价	分类名称
AV-CB—01	05	薏仁米	100	50.00	粮油副食
AV-CB—02	05	黑米	200	40.00	粮油副食
AV-CB—03	02	葡萄	150	20.00	生鲜蔬果

如何解决传递依赖问题？只需将商品表拆分成商品表和商品分类表，即可解决问题。如表 2-3-10 商品表、表 2-3-11 商品分类表所示。这样可以将商品信息和商品分类信息分开存储，每个表都有自己的主键，并且不会存在传递依赖关系。

表 2-3-10　商品表

商品号	分类号	商品名	库存	进货价
AV-CB—01	05	薏仁米	100	50.00
AV-CB—02	05	黑米	200	40.00
AV-CB—03	02	葡萄	150	20.00

表 2-3-11　商品分类表

分类号	分类名称
01	特色美食
02	生鲜蔬果
03	酒水

二、数据库规范化实例

【例 2.3.1】龙腾金源制作工厂要设计一个工资管理数据库,该工厂的业务规则概括说明如下:

(1)工厂承担多种商品零件生产,每一种商品零件有:零件号、零件名、制作人员。
(2)工厂有多名职工,每一名职工有:职工号、姓名、性别。
(3)工厂按照完成产品数量和完成产品单价支付工资。
(4)公司提供一个工资报表,如表 2-3-12 所示。

表 2-3-12 龙腾金源工厂工资报表

零件号	零件名	职工号	姓名	产品生产单价	计件数量	工资
A	婴儿车车架	A0001	王朝龙	5	70	350.00
		A0002	张快乐		80	400.00
		A0003	李开心		90	450.00
合计						1200.00
B	婴儿车车轮	B0001	齐欢欢	2	200	400.00
		B0002	史明明		220	440.00
		B0003	王家珍		300	600.00
合计						1440.00
C	婴儿车车布	C0001	黄佳佳	1.5	400	600.00
		C0002	王欢欢		300	450.00
		C0003	田园园		360	540.00
合计						1590.00

(1)分析。

因为该工厂原始工资报表不是一个二维关系表格,所以先将该工厂的原始工资报表转换为关系表格,如表 2-3-13 所示。

表 2-3-13 零件工时表

零件号	零件名	职工号	姓名	产品生产单价	计件数量
A	婴儿车车架	A0001	王朝龙	5	70
A	婴儿车车架	A0002	张快乐	5	80
A	婴儿车车架	A0003	李开心	5	90
B	婴儿车车轮	B0001	齐欢欢	2	200
B	婴儿车车轮	B0002	史明明	2	220
B	婴儿车车轮	B0003	王家珍	2	300
C	婴儿车车布	C0001	黄佳佳	1.5	400
C	婴儿车车布	C0002	王欢欢	1.5	300
C	婴儿车车布	C0003	田园园	1.5	360

表 2-3-13 所示的零件工时表中包含大量的数据冗余,可能会导致以下数据异常。

① 更新异常。例如,修改 A 零件的生产单价,则必须同时修改第 1 行、第 2 行及第 3 行的产品生产单价数据,如果只修改其中某一行的产品生产单价数据,就会造成 A 零件的生产单价数据异常。

② 添加异常。如果表 2-3-13 所示的零件工时表是以零件号为主键的,那么,若要增加一个新的职工,首先必须给这名职工分配一个零件,或为了添加这名新职工的数据,先给这名职工分配一个虚拟的零件(因为主键不能为空)。

(2)根据范式理论规范数据库设计。

根据以上的分析,采用将表 2-3-12 龙腾金源工厂工资报表直接转化为表 2-3-13 零件工时表,这种方法来设计关系数据库表的结构虽然很容易,但由于表 2-3-13 零件工时表不满足关系表格的规范化定式,所以每当一名职工分配零件时,都要重复输入大量的数据,这种重复的输入操作很可能导致数据的不一致性;而对零件工时表中数据进行修改时,也会因为有多处数据需要重复修改,一不小心就会造成数据的不一致和有效数据的丢失。因此,必须对表 2-3-13 的结构进行规范化设计。

对表 2-3-13 零件工时表结构中所包含的信息进行分类,可以分为零件信息、员工信息和零件工时信息三大类,如图 2-3-1 所示。

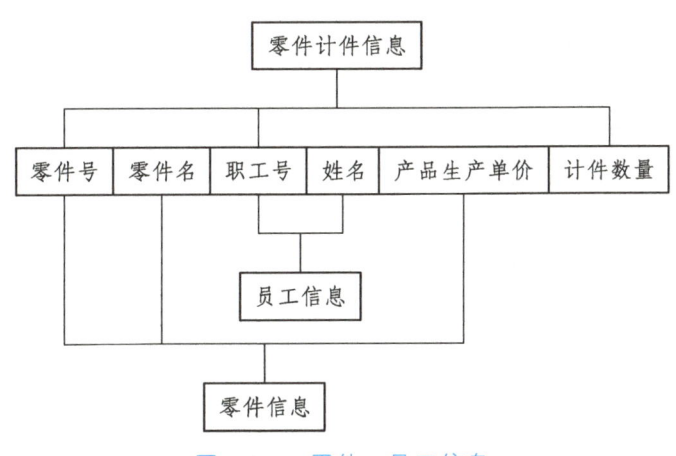

图 2-3-1　零件、员工信息

将图 2-3-1 拆分为零件表、计件表和员工信息表。

零件表:(<u>零件号</u>,零件名,生产单价)。

计件表:(<u>零件号</u>,<u>职工号</u>,计件数量)。

职工信息表:(<u>职工号</u>,姓名)。

【例 2.3.2】在任务二中已经建立了农产品销售管理数据库的关系模型如下:

商品(<u>商品号</u>,商品名,商品分类,商品介绍,进货价,销售价,库存)。

订单(<u>订单号</u>,订单日期,订单总价,订单状态)。

订单明细表(<u>订单号</u>,<u>商品号</u>,单价,数量)。

用户(<u>用户号</u>,用户名,电话,密码,性别,住址,邮箱)。

订单(<u>订单号</u>,用户号、订单日期,订单总价,订单状态)。

（1）分析。

商品表、订单表、订单明细表和用户表中没有重复的列，且每一列都是不可分割的基本数据项，因此它们满足第一范式的要求。在商品表中，商品分类不依赖于商品，因此它不符合第二范式的要求。为了满足第二范式的要求，商品表应该拆分为商品表和商品分类表两个表。

（2）根据范式理论规范数据库，农产品销售管理数据库关系模型如下。

商品表（<u>商品号</u>，商品名，分类号，商品介绍，进货价，销售价，库存）。

商品分类（<u>分类号</u>，分类名称）。

订单（<u>订单号</u>，用户号，订单日期，订单总价，订单状态）。

订单明细表（<u>订单号</u>，<u>商品号</u>，单价，数量）。

用户（<u>用户号</u>，用户名，电话，密码，性别，住址，邮箱）。

【任务评价】

在本次任务中，同学们进一步学习信息世界的规则，通过对农产品销售管理数据库关系模型的规范化操作，学习了范式理论的定义、几种范式的应用、对数据库进行规范化的方法。看着同学们学习讨论和操作过程中认真的态度，王组长对大家的工作态度和结果给予了肯定，他要综合地对大家此次工作内容进行评价。

学习能力	☆☆☆☆☆
信息搜索能力	☆☆☆☆☆
分析问题能力	☆☆☆☆☆
实际操作能力	☆☆☆☆☆
解决问题能力	☆☆☆☆☆
举一反三能力	☆☆☆☆☆

任务四
综合实例——农产品销售管理系统设计

【情景导入】

李小明和团队的成员已经学会了数据库设计的方法,在此基础上,王组长要求他们先对农产品销售管理系统业务进行分析,绘制 E-R 图、将 E-R 图转换为关系模式等操作。这些任务是对之前学习内容的一次综合检验。

【任务分解】

在本任务中,将按照数据库设计的步骤,逐步完成整个综合实例。
(1)分析系统逻辑业务;
(2)建立 E-R 图;
(3)将 E-R 图转换为关系模型;
(4)将农产品销售管理数据库规范化。

【任务目标】

(1)了解数据库设计的流程;
(2)掌握 E-R 图的绘制方法和步骤;
(3)学会将 E-R 图转换为关系模式的方法;
(4)掌握范式的应用。

综合实例——农产品
销售管理系统设计

【任务实施】

步骤一 完成农产品销售管理系统的逻辑业务分析。
步骤二 农产品销售管理系统 E-R 图的建立。
步骤三 将农产品销售管理系统 E-R 图转换为关系模型。
步骤四 对农产品销售管理数据库进行规范化。
步骤五 收集问题、总结归纳、展示成果。
过程1:各小组组长收集实操中遇到的问题,讨论总结归纳解决方法,并派代表汇报。
过程2:教师讲解案例完成情况并点评各小组成果。
过程3:各小组展开自评和互评,并完成技能评价表。

表 2-4-1 技能评价表

序号	评价内容与目标	评价等级
1	掌握农产品销售管理系统的逻辑业务分析的方法	A B C D
2	能够完成农产品销售管理系统 E-R 图建立的方法	A B C D
3	能够将农产品销售管理系统 E-R 图转换为关系模型	A B C D
4	能够完成农产品销售管理系统数据库进行规范化	A B C D

【知识链接】

2019 年中央一号文件《中共中央 国务院关于坚持农业农村优先发展做好"三农"工作的若干意见》指出要发展壮大乡村产业，拓宽农民增收渠道，实施数字乡村战略。深入推进"互联网+农业"，扩大农业物联网示范应用。推进重要农产品全产业链大数据建设，加强国家数字农业农村系统建设。继续开展电子商务进农村综合示范，实施"互联网+"农产品出村进城工程。全面推进信息进村入户，依托"互联网+"推动公共服务向农村延伸。因此，数字赋能农业发展是大势所趋，运用数字化信息化方式助力农产品销售势在必行。

农产品销售管理系统简化的业务处理过程为：商城销售农产品信息，包括商品名、产品分类、进货价、销售价、库存及产品介绍等；收集商品管理为管理员所用，管理员可以增加商品分类，可以为每个分类增加商品；用户购买产品时进行会员注册，输入用户号、用户名、密码、性别、住址、邮箱及电话进行注册；系统会根据会员的购买订单形成销售信息，包含订单号、订购日期、订购总价、订单状态等信息。

一、分析系统逻辑业务

1. 确定实体集

农产品销售管理数据库有三个实体集：商品、用户、订单。

2. 确定实体集包含的属性

商品实体集属性：商品号、商品名、产品分类、进货价、销售价、库存、商品介绍。
用户实体集属性：用户号、用户名、密码、性别、住址、邮箱及电话。
订单实体集的属性有订单号、订购日期、订购总价、订单状态。

3. 确定实体集之间的联系

商品与订单之间建立订购联系，用户与订单之间建立属于联系。

4. 确定实体集的主键

商品实体集中商品号唯一标识商品，因此商品号为主键。
订单实体集中订单号唯一标识各订单，因此订单号为主键。
用户实体集中用户号唯一标识各用户，因此用户号为主键。

5. 确定联系的类型

因为一个订单里可以有多种商品，且每一种商品也可以在多个订单中，所以商品与订单之间是一种（$m:n$）的关系。又因为每个用户可以有多个订单，而每一个订单只属于一个用户，所以用户与订单之间是一种（$1:n$）的关系。

二、建立 E-R 图

根据以上分析可以建立农产品销售管理数据库的 E-R 图，如图 2-4-1 所示。

三、将 E-R 图转换为关系模型

如图 2-4-1 农产品销售管理数据库 E-R 图所示,根据关系的转换原则,商品实体集与订单实体集是多对多关系,转换为关系模型时,实体"商品"转换为商品表,实体"订单"转换为订单表,联系"订购"转换为订单明细表,因为是多对多的关系,所以订单明细表中应该包含商品实体的主键"商品号"和订单实体的主键"订单号"。这里用下划线标出主键字段,关系模型如下:

商品表(<u>商品号</u>,商品名,商品分类,商品介绍,进货价,销售价,库存)。
订单表(<u>订单号</u>,订单日期,订单总价,订单状态)。
订单明细表(<u>订单号</u>,<u>商品号</u>,单价,数量)。

从农产品销售管理数据库的 E-R 图可知,用户实体集与订单实体集是一对多关系,转换为关系模型时,可将实体"用户"转换为用户表,实体"订单"转换为订单表;联系"属于"是一对多的关系,如果不单独建立联系的关系表格,则需要将一方"用户"实体集的主键"用户号"加到多方"订单"的实体集中,关系模型如下:

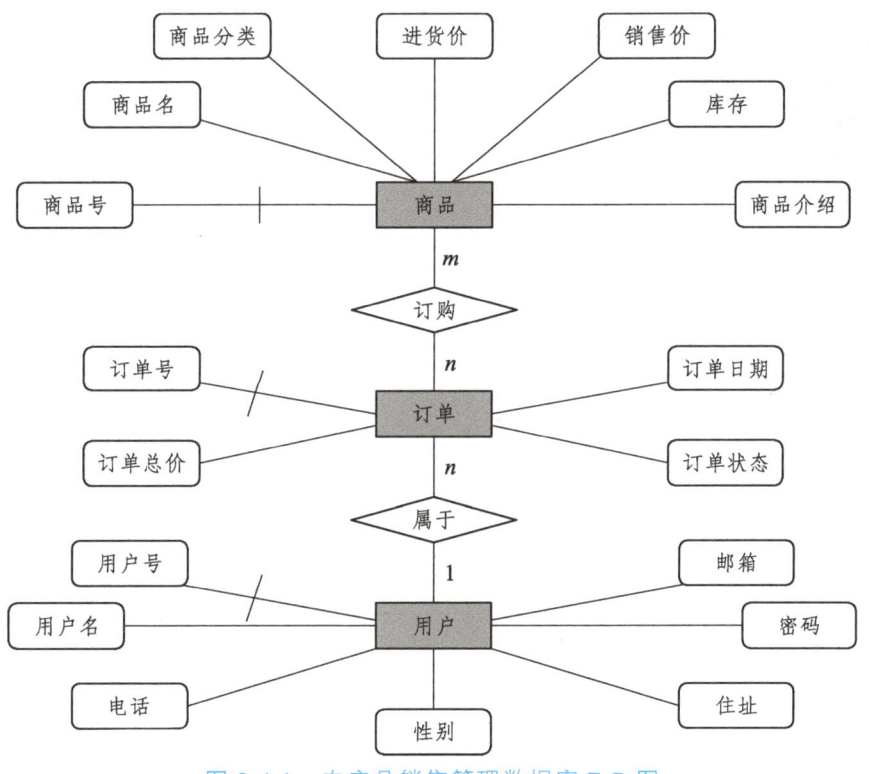

图 2-4-1　农产品销售管理数据库 E-R 图

用户表(<u>用户号</u>,用户名,电话,密码,性别,住址,邮箱)。
订单表(<u>订单号</u>,用户号,订单日期,订单总价,订单状态)。

四、将农产品销售管理数据库规范化

商品表、订单表、订单明细表和用户表中没有重复的列,且每一列都是不可分割的基本数据项，因此它们满足第一范式的要求。在商品表中，商品分类不依赖于商品，因此它不符合第二范式的要求。为了满足第二范式的要求，商品表应该拆分为商品表和商品分类表两个表。最终，满足范式要求的农产品销售管理数据库关系模型应为：

商品表（<u>商品号</u>，商品名，分类号，商品介绍，进货价，销售价，库存）。
商品分类表（<u>分类号</u>，分类名称）。
订单表（<u>订单号</u>，用户号，订单日期，订单总价，订单状态）。
订单明细表（<u>订单号</u>，<u>商品号</u>，单价，数量）。
用户表（<u>用户号</u>，用户名，电话，密码，性别，住址，邮箱）。

【任务评价】

在本次任务中，同学们分析农产品销售管理系统业务、进行需求分析、绘制农产品销售管理 E-R 图、将农产品销售管理 E-R 图转换为关系模式、将农产品销售管理数据库进行规范化设计。看着同学们完成了农产品销售管理数据系统的设计，王组长真心为同学们的收获感到高兴，他决定尽可能全面地对大家此次工作内容进行评价。

学习能力	☆☆☆☆☆
信息搜索能力	☆☆☆☆☆
分析问题能力	☆☆☆☆☆
实际操作能力	☆☆☆☆☆
解决问题能力	☆☆☆☆☆

【项目总结】

本项目以设计农产品销售管理数据库为出发点，旨在引导初学者了解设计数据库的方法和步骤、E-R 图的组成要素、绘制 E-R 图的方法和步骤，以及如何将 E-R 图转换为数据模型，并规范化数据库的方法步骤。通过将理论应用到实际案例中，让初学者了解整个设计数据库的流程，从而能够设计简单的数据库，为后续数据库学习打下基础。

本项目在数据库概念模型建立与关系模型转换的理论基础上，进行数据库应用规范化设计，在数据库设计的初期，减少与杜绝不符合规范的存储内容与存储形式，为数据库安全与应用提前做好准备，而提前准备正是我们防患于未然的措施，规范化数据库则能够防微杜渐，具有忧患意识，是我们做好工作的必要条件。

【思考与练习】

一、单项选择题

1. 数据库的层次模型应满足的条件是（　　　）。
   A. 允许一个以上的结点无双亲，也允许一个结点有多个双亲
   B. 必须有两个以上的结点
   C. 有且仅有一个结点无双亲，其余结点都只有一个双亲
   D. 每个结点有且仅有一个双亲
2. 关系数据库中的主码是指（　　　）。
   A. 能唯一决定关系的字段
   B. 不可改动的专用保留字
   C. 关键的很重要的字段属性或属性集合
   D. 表中的某个属性组，它可以唯一确定一个元组
3. 设计性能较优的关系模式称为规范化，规范化主要的理论依据是（　　　）。
   A. 关系规范化理论　　　　　　　B. 关系运算理论
   C. 关系代数理论　　　　　　　　D. 数理逻辑理论
4. 规范化过程主要为克服数据库逻辑结构中的插入异常，删除异常以及（　　　）缺陷。
   A. 数据的不一致性　　　　　　　B. 结构不合理
   C. 冗余度大　　　　　　　　　　D. 数据丢失
5. 反映现实世界中实体及实体间联系的信息模型是（　　　）。
   A. 关系模型　　　　　　　　　　B. 层次模型
   C. 网状模型　　　　　　　　　　D. E-R 模型
6. 在数据库的 E-R 图中，菱形框表达的是（　　　）。
   A. 属性　　　　　　　　　　　　B. 实体
   C. 实体之间的联系　　　　　　　D. 实体与属性之间的联系
7. 在数据库的 E-R 图中，矩形框表达的是（　　　）。
   A. 属性　　　　　　　　　　　　B. 实体集
   C. 实体之间的联系　　　　　　　D. 实体与属性之间的联系

8. 一个仓库可以存放多种产品，一种产品只能存放于一个仓库中。仓库与产品之间的联系类型是（　　）。
  A. 一对一的联系　　　　　　　　B. 多对一的联系
  C. 一对多的联系　　　　　　　　D. 多对多的联系
9. 用二维表结构表示实体以及实体间联系的数据模型称为（　　）。
  A. 网状模型　　　　　　　　　　B. 层次模型
  C. 关系模型　　　　　　　　　　D. 面向对象模型
10. 关系模式中，满足 2NF 的模式（　　）。
  A. 可能是 1NF　　　　　　　　　B. 必定是 BCNF
  C. 必定是 3NF　　　　　　　　　D. 必定是 1NF

二、填空题

1. 关系模型中，不管是实体还是实体之间的联系，都用关系来表示，而关系都对应一张_____。
2. E-R 图的组成要素有_____、_____、_____、_____。
3. 将一对一联系转换成关系模式时，可以将联系单独转换成一个关系模式，该关系模式的字段由参与联系的各实体集的_____及联系的_____构成。
4. E-R 图中实体之间的关系存在 3 种联系类型：_____、_____ 和_____。
5. 关系数据库范式理论是在数库设计过程中要依据的准则，数据库结构必须要满足这些_____，才能确保数据的准确性和可靠性。

三、操作题

学生教务系统中，学生有学号、姓名、性别、出生日期、系部、班级、电子邮箱、手机号码属性；每个学生可以同时选修多门课程，每门课程有多名同学选修；课程有课程编号、课程名称和学分属性；选修课程后有相应科目的考试成绩。
（1）请设计此学生教务系统的 E-R 模型。
（2）将 E-R 模型转换为关系模型并规范化。

项目三
数字工匠——创建和管理数据表

项目综述

王组长对大家设计的数据库很满意,他提醒大家,在设计好数据库以后,需要在 MySQL 中创建好数据库,才能将数据存储到数据库管理系统中。接下来,王组长将带领大家一起学习创建与管理数据库、创建与管理数据表的方法。并在 MySQL 中实现设计好的农产品销售管理数据库。小明接收到王组长安排的任务以后,干劲十足,决心通过自己的努力创建好农产品销售管理数据库。

本项目通过真实案例实践教学活动,通过创建数据库、管理数据库、创建数据表、管理数据表、设置数据表的约束条件等任务,让学生掌握管理数据表的相关知识技能,了解实际岗位中数据表的相关操作。

项目任务

任务一　创建和管理数据库
任务二　创建和管理数据表
任务三　创建数据表的约束条件
任务四　运用图形化工具管理数据表
任务五　综合实例——农产品销售管理系统数据表管理

素养目标

(1)培养数字工匠精神;
(2)培养学生严谨规范操作数据的习惯;
(3)加强学生法制意识。

思维导图

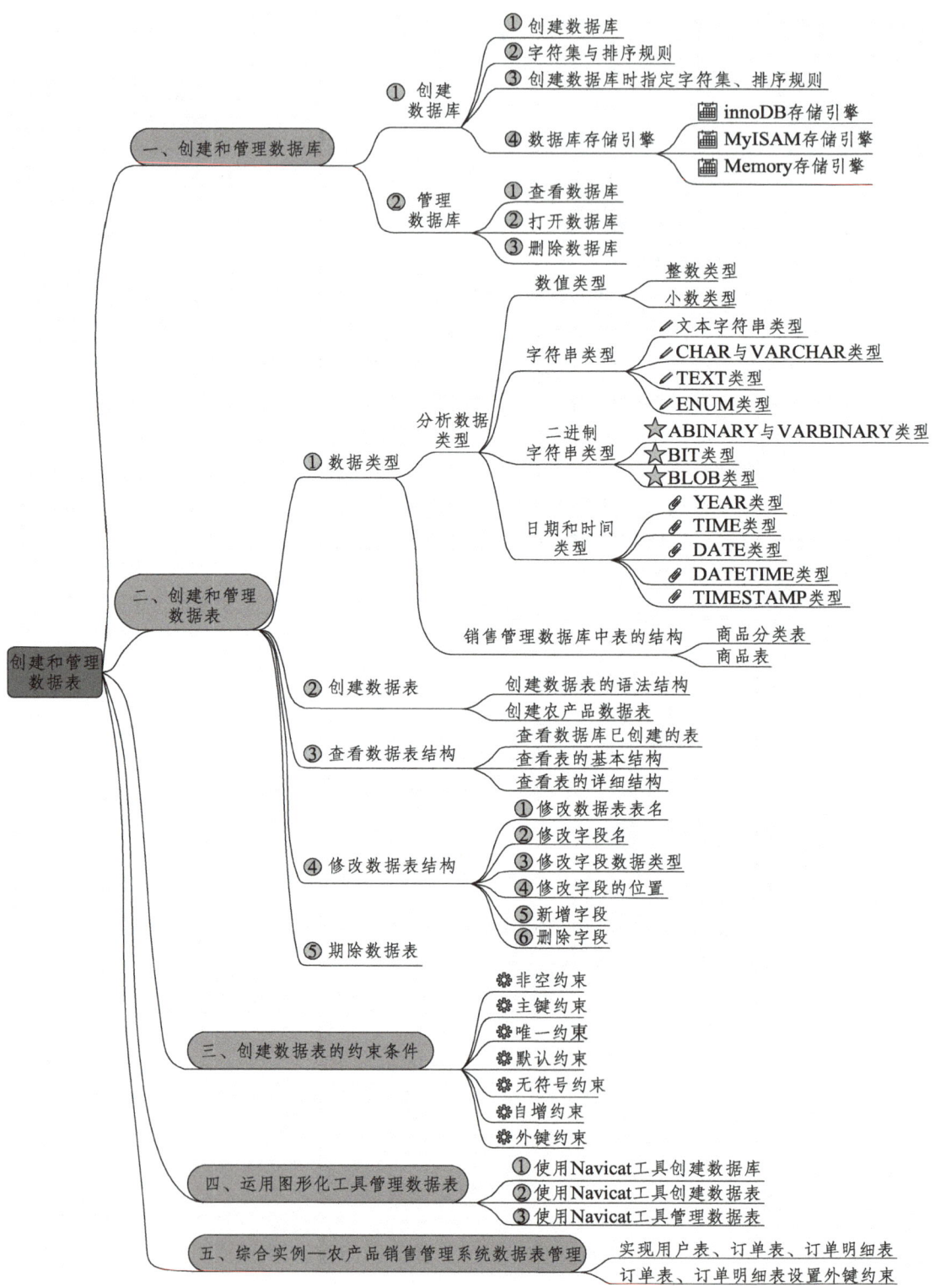

任务一 创建和管理数据库

【情景导入】

小明已经掌握了设计数据库的技能,在项目二中他已经设计了农产品销售系统的 E-R 图和数据模型。王组长告诉小明,存储数据的过程是先创建数据库,再创建数据表,并将数据保存到数据表中。于是,王组长安排小明在 MySQL 数据库管理系统中创建农产品销售管理数据库。小明对此有些疑惑,不知道如何创建数据库和管理数据库。

王组长解释道,小明需要掌握创建、管理数据库的 SQL 语句,将正确的 SQL 语句输入到 MySQL 的管理工具中,即可创建数据库。

【任务分解】

王组长向小明及其小组成员安排了以下任务:
(1)登录数据库,学会使用"MySQL Command Line Client"工具;
(2)使用 SQL 语句创建数据库,完成农产品销售管理数据库的创建;
(3)查看 MySQL 中已创建好的数据库,学习查看数据库结构的方法;
(4)使用命令打开数据库,删除数据库。

【任务目标】

(1)掌握创建农产品销售管理数据库的方法;
(2)学会管理农产品销售管理数据库的方法;
(3)了解字符集、排序规则;
(4)了解 MySQL 存储引擎。

【任务实施】

步骤一 创建农产品销售管理数据库。
过程 1:对成员进行分组,讨论确定农产品销售管理数据库所使用的字符集与排序规则。
过程 2:各小组成员搜索信息,确定农产品销售管理数据库所使用的存储引擎。
过程 3:使用"MySQL 8.0 Command Line Client"工具创建农产品销售管理数据库。
步骤二 查看数据库。查看系统中已创建好的数据库,并查看农产品销售管理数据库的定义语句。
步骤三 打开数据库。使用 SQL 语句打开农产品销售管理数据库。
步骤四 删除数据库。使用 SQL 语句删除农产品销售管理数据库。
步骤五:展示成果。
过程 1:各小组派成员代表上台展示学习成果。

过程 2：教师讲解任务并点评各小组成果。

过程 3：各小组展开自评和互评，并完成技能评价表。

表 3-1-1　技能评价表

序号	评价内容与目标	评价等级
1	掌握创建数据库的方法	A B C D
2	了解常用的字符集与排序规则	A B C D
3	了解 MySQL 中常见的数据存储引擎	A B C D
4	掌握打开数据库、查看数据库、删除数据库的方法	A B C D

【知识链接】

一、创建数据库

1. 创建数据库

数据库是一个存放数据的容器，需要先创建好数据库以后，才可以往数据库中存放表、数据、视图等。MySQL 中创建数据库的语法格式如下。

CREATE DATABASE 数据库名；

CREATE DATABASE 是创建数据库的关键字，MySQL 中不区分大小写。注意，在 MySQL 中数据库的名字不能重复。

打开"MySQL 8.0 Command Line Client"工具，成功登录 MySQL 以后可以在命令行中输入 SQL 语句，语句输入结束以后必须以"；"结尾，按回车键即可执行 SQL 语句。

例如，创建农产品销售管理数据库，命令如下。

CREATE DATABASE 农产品销售管理数据库；

把上面的语句输入到"MySQL Command Line Client"工具的命令行中，并按回车键，执行结果如图 3-1-1 所示。

```
MySQL 8.0 Command Line Client
Enter password: **********
Welcome to the MySQL monitor.  Commands end with ; or \g.
Your MySQL connection id is 15
Server version: 8.0.21 MySQL Community Server - GPL

Copyright (c) 2000, 2020, Oracle and/or its affiliates. All rights reserved.

Oracle is a registered trademark of Oracle Corporation and/or its
affiliates. Other names may be trademarks of their respective
owners.

Type 'help;' or '\h' for help. Type '\c' to clear the current input statement.

mysql> CREATE DATABASE 农产品销售管理数据库；
Query OK, 1 row affected (0.01 sec)
```

图 3-1-1　创建农产品销售管理数据库

在图 3-1-1 中可以看到，SQL 语句是在"mysql>"后面输入的，输入完以后按回车键可以执行 SQL 语句。如果命令成功执行，会提示"Query OK"。

如图 3-1-2 所示，如果在输入 SQL 语句的时候，不小心将关键字写错为 "DATABAS"，则系统会提示 "ERROR"，不会执行 SQL 语句。

```
mysql> CREATE DATABAS  农产品销售管理数据库2;
ERROR 1064 (42000): You have an error in your SQL syntax; check th
e manual that corresponds to your MySQL server version for the rig
ht syntax to use near 'DATABAS  农产品销售管理数据库2' at line 1
mysql>
```

图 3-1-2　错误示范

2. 字符集与排序规则

多个字符的合集称为字符集，不同的语言使用的文字、符号、数字等都是不相同的，因此计算机系统有很多的字符集，不同的字符集支持的语言、特点也是不同的。MySQL 数据库支持多种常见的字符集，比如 ASCII、GB2312、UTF-8 等。

（1）ASCII 码：基于拉丁字母编码的一套字符集编码，收录了数字、大小写、标点符号等字符，主要适应于英语等西欧语言。

（2）GB2312：该字符集收录了汉字、图形字符等，支持汉字的处理。

（3）UTF-8：该字符集收录了全球大多数编码，而且一直在不断扩充。可用于不同的计算机之间使用不同的语言进行网络传输，可支持中文、英文、日文、韩文等语言。在 MySQL 中，utf8mb3 使用 1~3 个字节的存储空间，utf8mb4 则使用 1~4 个字节的存储空间。

在本教材中，为了方便读者学习，使用 utf8mb4 字符集，并且数据库、数据表等皆用中文。

字符拥有多种排序规则，不同的排序规则下的字符串排序是不同的，比如有的排序规则大小写不敏感，有的排序规则大小写敏感，因此需要根据具体的情况来选择相应的排序规则。

输入命令 "SHOW CHARACTER SET；" 可以查看到 MySQL 数据库中支持的字符集与排序规则。

3. 创建数据库时指定字符集、排序规则

创建数据库时指定字符集、排序规则的语法格式如下。

CREATE DATABASE 数据库名
CHARACTER SET 字符集名
COLLATE 排序规则名；

例如，创建农产品销售管理数据库时指定其字符集为 "utf8mb4"，排序规则为 "utf8mb4_0900_ai_ci"，命令如下。

CREATE DATABASE 农产品销售管理数据库
CHARACTER SET utf8mb4
COLLATE utf8mb4_0900_ai_ci；

4. 数据库存储引擎

数据存储引擎是数据库的底层软件，MySQL 在管理和处理数据（比如插入数据、查询数据等）时需要用到数据存储引擎。MySQL 中有很多存储引擎，比如 Memory、InnoDB、MyISAM、CSV、BLACKHOLE、FEDERATED 等。不同的数据存储引擎，存储方式不同，

机制不同，甚至有一些功能也不同，所以需要根据数据的特点来选择不同的数据存储引擎。

如果需要查看 MySQL 支持的数据存储引擎，可以使用"SHOW ENGINES"来查看。这里主要介绍三种比较常见的存储引擎：InnoDB、MyISAM、Memory。

（1）InnoDB 存储引擎。

InnoDB 存储引擎是一个事务处理引擎，它具有可靠性高、性能高的优点，是目前 MySQL 的默认存储引擎。InnoDB 的特点主要有：

① 支持事务安全表（ACID），提供事务、回滚和保护用户数据的崩溃恢复机制，并且具有多版本并发控制的事务处理能力，InnoDB 对事务的处理能力是其他存储引擎无法比拟的。

② 支持外键。外键所在的表叫作子表，外键所依赖的表叫作父表。父表中被字表外键关联的字段必须为主键。当删除、更新父表中的某条信息时，子表也必须有相应的改变，这是数据库的参照完整性规则。

③ 引擎在主内存中维护缓冲池，用来缓存表和索引。频繁访问的数据会直接在内存中操作。

④ 可以与其他 MySQL 存储引擎混合使用 InnoDB 表，甚至在同一个 SQL 查询语句中也多种存储引擎混合。

⑤ 可以在处理巨大数据时提供性能，甚至可以提供 CPU 效率，同时它也支持存储大量的数据。

（2）MyISAM 存储引擎。

MySQL 在 5.1 之前的版本中默认使用 MyISAM 存储引擎，该引擎提供了多种功能，如全文索引、压缩和空间函数等。然而，MyISAM 有一些缺陷，例如它不支持事务处理和行级锁，这可能导致数据不一致性或并发性问题。此外，MyISAM 容易出现崩溃，而且在这种情况下无法安全地恢复数据。

（3）Memory 存储引擎。

Memory 存储引擎是一种特殊的存储引擎，它以内存为基础存储数据，因此其读写速度以及相应时间比较快，能快速地处理数据，且性能较高。但是 Memrory 存储引擎不能存储 Text 等大字段类型数据，而且在服务器关闭以后数据会丢失。

二、管理数据库

1. 查看数据库

（1）查看 MySQL 中已创建的数据库，语法格式如下。

SHOW DATABASES;

如图 3-1-3 所示，在"MySQL Command Line Client"中输入"SHOW DATABASES;"，查看到当前 MySQL 共有 5 个数据库，前 4 个数据库是 MySQL 自带的数据库，包含了用户、访问权限等信息。另外一个"农产品销售管理数据库"就是刚创建好的数据库。

```
mysql> SHOW DATABASES;
+--------------------+
| Database           |
+--------------------+
| information_schema |
| mysql              |
| performance_schema |
| sys                |
| 农产品销售管理数据库  |
+--------------------+
5 rows in set (0.00 sec)
```

图 3-1-3 显示数据库

（2）查看数据库的定义，语法格式如下。

SHOW CREATE DATABASE 数据库名；

如图 3-1-4 所示，在"MySQL Command Line Client"中输

入"SHOW CREATE DATABASE 农产品销售管理数据库;",从结果中可以看到农产品销售管理数据库的定义语句。

```
mysql> SHOW CREATE DATABASE 农产品销售管理数据库;
+------------------+------------------------------------------------------+
| Database         | Create Database                                      |
+------------------+------------------------------------------------------+
| 农产品销售管理数据库 | CREATE DATABASE `农产品销售管理数据库` /*
                    !40100 DEFAULT CHARACTER SET utf8mb4 COLLATE utf8mb4_0900_ai_ci */
                    /*!80016 DEFAULT ENCRYPTION='N' */ |
+------------------+------------------------------------------------------+
1 row in set (0.00 sec)
```

图 3-1-4　显示农产品销售管理数据库定义

2. 打开数据库

在 MySQL 中，包含多个数据库，每个数据库中可以存放多个数据表，而数据表中则存放数据。因此，在存放数据之前，需要先打开数据库。打开数据库的语法格式如下。

USE 数据库名;

例如，输入打开农产品销售管理数据库的命令。结果如图 3-1-5 所示，成功打开数据库，系统会提示"Database changed"。

```
mysql> USE 农产品销售管理数据库;
Database changed
```

图 3-1-5　打开农产品销售管理数据库

当然，该命令也可以用于数据库之间的切换，如果需要切换到另外一个数据库，只需输入"USE 数据库名;"命令即可。

3. 删除数据库

如果某个数据库中的数据不再需要使用，可以选择删除该数据库。删除数据库将同时删除其中的所有数据。删除数据库的语法格式如下。

DROP DATABASE 数据库名;

如图 3-1-6 所示，输入命令"DROP DATABASE 农产品销售管理数据库;"删除农产品销售管理数据库。输入"SHOW DATABASES;"命令，发现原本存在的"农产品销售管理数据库"已经被删除。

【注意】为了可以继续完成后面的任务，请读者重新创建"农产品销售管理数据库"。

成功创建一个农产品销售管理数据库系统，需要经过一系列的操作，包括创建数据库、创建数据表、管理数据库和数据表、插入数据等。每个操作步骤、每条 SQL 语句都需要仔细掌握和积累，在学习过程中培养责任意识和细致谨慎精神，这也是工匠精神的体现。在数字世界里，做一名有责任心的数字工匠。

```
mysql> DROP DATABASE 农产品销售管理数据库;
Query OK, 0 rows affected (0.01 sec)

mysql> SHOW DATABASES;
+--------------------+
| Database           |
+--------------------+
| information_schema |
| mysql              |
| performance_schema |
| sys                |
+--------------------+
4 rows in set (0.01 sec)
```

图 3-1-6　删除农产品销售管理数据库

【任务评价】

在本次任务中,同学们顺利完成了王组长安排的任务,成功创建了农产品销售管理数据库,并通过实操在 MySQL 数据库管理系统中查看数据库、删除数据库。通过对信息的搜集与整理,基本了解常见的字符集与排序规则、常见的数据库存储引擎。王组长发现小组成员学习态度认真、动手能力强,他肯定大家的工作态度,并对大家在本次任务的表现进行评价。

操作能力　　　　☆☆☆☆☆
分工协作能力　　☆☆☆☆☆
学习能力　　　　☆☆☆☆☆
分析问题能力　　☆☆☆☆☆

任务二 创建和管理数据表

【情景导入】

尽管小明已经成功创建了数据库,但是王组长提醒他,仅仅创建数据库是无法存储农产品销售管理系统中的数据的。实际上,农产品销售系统中的数据需要存放在数据表中。

王组长告诉小明,不同的数据需要使用不同的数据类型进行存储。因此,首先需要掌握数据库中常见的数据类型,然后学习如何使用 SQL 语句创建数据表,最终才能在 MySQL 中成功创建农产品数据表。

创建好数据表后,可以查看数据库中已经创建的数据表,并对其进行修改。这些修改操作包括更改某一列的字段名、数据类型、增加或删除列,以及设置约束条件等。需要注意的是,这些操作都需要谨慎处理,以免意外删除或修改数据表中的数据。小明听了这些内容后信心倍增,他下定决心要妥善创建和管理数据表。

【任务分解】

王组长给小明及其小组成员安排了以下任务:
(1)学习数据库中常见的数据类型,学习不同的数据类型的要求、占用的存储空间大小、关键字等相关知识。
(2)将农产品销售管理数据库中的商品分类表、商品表每个字段的数据类型设计出来。
(3)创建商品分类表、商品表。
(4)查看已创建好的数据表,并显示数据表的结构。
(5)管理数据表。
(6)删除农产品销售管理数据库中的数据表。

【任务目标】

(1)掌握 MySQL 数据库中常见的数据类型;
(2)掌握数据库的数据类型;
(3)掌握创建数据表的方法;
(4)掌握查看数据表结构的方法;
(5)掌握修改数据表结构的方法;
(6)掌握删除数据表的方法。

【任务实施】

步骤一　在农场品销售管理数据库中创建商品分类表、商品表。

过程1：小组成员分工合作，搜索信息，列出MySQL中常见的数据类型。

过程2：各小组成员分工，将常见数据类型的关键字、占用空间、使用注意事项等信息进行汇总，并制作相应的Excel表格。

过程3：小组成员进行讨论，配合上一步中形成的表格，确定项目二中设计好的商品分类表、商品表中的每一个字段的数据类型。

过程4：将表中字段使用的数据类型、占用空间等相关信息制作成Excel表格。

过程5：完成创建商品分类表、商品表。

步骤二　管理数据表。

过程1：查看农产品数据库中已创建的数据表，验证数据表是否创建成功。

过程2：查看商品分类表、商品表的表结构。

过程3：各小组成员分工合作，修改商品表的表名、修改商品表中的字段名、修改商品表中某一字段的数据类型，调整商品表中列的位置，在商品表中新增字段，删除字段。

步骤三　删除商品分类表、商品表。

步骤四　展示成果。

过程1：各小组派成员代表上台展示学习成果。

过程2：教师讲解任务并点评各小组成果。

过程3：各小组展开自评和互评，并完成技能评价表。

表 3-2-1　技能评价表

序号	评价内容与目标	评价等级
1	掌握数据库中常见的数据类型	A B C D
2	掌握创建数据库的方法	A B C D
3	掌握查看数据表的基本操作	A B C D
4	掌握修改字段名、修改字段数据类型、修改字段的位置、新增字段、删除字段的方法	A B C D
5	掌握删除数据表的方法	A B C D

【知识链接】

一、分析数据类型

1. 数据库中的数据类型

数据库中支持多种数据类型，MySQL支持所有的标准数据库数据类型，主要包括数值类型、字符串类型、日期和时间类型。

（1）数值类型（主要包括整数类型和小数类型）。

整数类型主要有：TINYINT、SMALLINT、MEDIUMINT、INT（INTEGER）、BIGINT。小数类型一般有：浮点数类型和定点数类型；浮点数类型主要有：FLOAT 和 DOUBLE，定点数类型主要有：DECIMAL。

① 整数类型。

整数类型主要用来存储整数类的数据，不同的数据类型其提供的取值范围是不同的，取值范围越大的数据类型占用的存储空间也会越大，所以需要根据实际情况选择合适的数据类型。MySQL 数据库支持多种整数类型的数据，见表 3-2-2。

表 3-2-2　整数数据类型

类型名	取值范围		存储空间
	有符号	无符号	
TINYINT	-128～127	0～255	1 字节
SMALLINT	-32 768～32 767	0～65 535	2 字节
MEDIUMINT	-8 388 608～8 388 607	0～16 777 215	3 字节
INT	-2 147 483 648～2 147 483 647	0～4 294 967 295	4 字节
BIGINT	-9 223 372 036 854 775 808～9 223 372 036 854 775 807	0～18 446 744 073 709 551 615	8 字节

从表 3-2-2 可以看出，不同的整数类型取值范围和占用空间都是不同的，取值范围最小、占用字节最小的是 TINYINT 类型，取值范围最大、占用空间最大的是 BIGINT 类型。

可以根据数据类型中占用的字节数来计算其取值范围，以 TINYINT 为例，其占用空间为 1 个字节，即需要 8bits 来存储，则 TINYINT 能存储的整数最大值为 $2^8-1=255$，所以 TINYINT 类型的无符号数取值范围为：0～255；如果需要存储有符号数，需要用 1 位作为符号位，其余作为数字位，那 TINYINT 能存储的最小整数为 $-2^7=-128$，能存储的最小整数为 $2^7-1=127$，所以 TINYINT 类型的有符号数取值范围为：-128～127。其余的整数类型取值范围计算方法相同，读者可以试着算一下。

在 MySQL 中，创建表时可以在整数类型关键字后面添加括号，并在括号内指定整数的显示宽度。例如：INT（8）。

② 小数类型（浮点数类型、定点数类型）。

小数类型主要由浮点数类型和定点数类型来表示。其中浮点数类型有两种：FLOAT（单精度浮点数类型）、DOUBLE（双精度浮点数类型）。定点数类型：DECIMAL（可以简写为 DEC）。具体见表 3-2-3。

表 3-2-3　小数数据类型

类型名	存储空间	备注
FLOAT	4 字节	单精度浮点数
DOUBLE	8 字节	双精度浮点数
DECIMAL（M，D）	M+2 字节	定点数

需要注意的是，无论是浮点数类型还是定点数类型，都可以使用（M，D）来规定小数的长度和位数，其中 M 表示该数字总位数（称为精度），D 表示该数字小数的位数（称为标度）。例如 FLOAT（8，3）表示该数字总共可以显示 8 位的长度，其中小数位为 3 位。

如果用户存储数据的时候，使用的数据小数位超过了规定的精度范围，系统会使用"四舍五入"的方式进行存储。例如，定义数据为 FLOAT（6，2），用户存储数据的时候输入了

11.888，系统实际存放的数据为 11.89。

（2）字符串类型。

当存储的数据是由字母、单词、汉字、数字、符号等元素构成时，可以使用普通文本字符串数据类型来进行存储。

【注意】在 MySQL 中，使用字符串类型的数据时需要用单引号''或者双引号""引起来。

① 文本字符串类型

文本字符串类型主要用于存储由字母、单词、汉字、数字、符号等元素构成的数据，需要用单引号或双引号引起来。主要有表 3-2-4 中列举的几种字符串类型。

表 3-2-4　字符串数据

类型名	备注
CHAR（M）	固定长度字符串
VARCHAR（M）	可变长度字符串
TINYTEXT	非常小的文本字符串
TEXT	小文本字符串
MEDIUMTEXT	中等文本字符串
LONGTEXT	大文本字符串

由表 3-2-4 可知，文本字符串类型主要有两类：CHAR 与 VARCHAR 是一类，TEXT 相关的文本字符串为另一类。接下来先学习 CHAR 与 VARCHAR 类。

② CHAR 与 VARCHAR 类型。

CHAR（M）与 VARCHAR（M）在使用时需要在关键字后面加上括号，并在括号中指定字符串的长度，例如 CHAR（5），代表该数据的字符个数最大为 5。

CHAR 存储数据的长度是固定的值，其值在创建表时被定义，长度范围为 0~255 之间的数值，需要注意的是，在保存数据时，如果数据的长度没有达到定义时的长度，存储数据时将会在数据的最后加上空格以达到固定的长度。在检索数据时，如果数据类型为 CHAR 时，会删除末尾的空格。

VARCHAR 存储数据的长度是可变的。长度范围为 0-65535 之间的数值。与 CHAR 类型不同，VARCHAR 在保存数据时，如果数据的长度没有达到定义时的长度，不会在末尾添加空格进行填充，只将需要保存的长度进行保存，同时增加一位用来记录字符串的长度。在检索数据时，如果数据类型为 VARCHAR 时，不会删除末尾的空格。

假设定义了 CHAR（5）、VARCHAR（5）的数据类型，使用他们存储数据时的区别如表 3-2-5 所示。

表 3-2-5　CHAR 与 VARCHAR 存储

存储数据值	CHAR（5）	存储空间	VARCHAR（5）	存储空间
''	' '	5 字节	''	1 字节
'h'	'h '	5 字节	'h'	2 字节
'hello'	'hello'	5 字节	'hello'	6 字节
'hellooo'	'hello'	5 字节	'hello'	6 字节

如表 3-2-5 所示，CHAR（5）定义的字符串长度为 5，无论存放数据长度的大小是多少，所占空间均为 5 字节。而 VARCHAR（5）同样定义了字符串的长度为 5，但是存放数据时会根据实际字符串的长度占用存储空间。需要注意的是，无论是 CHAR 还是 VARCHAR 数据类型，如果存放的数据超过了定义时字符串的长度，那么会对数据进行裁剪，只能存储到定义时规定的长度。

③ TEXT 类型。

如果需要存储的文本信息比较大时（比如内容介绍、产品详细信息、评论等），此时不再使用 CHAR 或 VARCHAR 类型，而使用 TEXT 类型。TEXT 类型可用存储 1 字节到 4GB 长度的文本字符串，所以当存储的文字内容比较小时，使用 CHAR 或 VARCHAR 类型，当存储的文字内容比较大时使用 TEXT 数据类型。

需要注意的是，与 CHAR 或 VARCHAR 不同，在定义 TEXT 数据类型时不需要指定存储的长度，而且在保存或检索 TEXT 类型数据时，不会填充或删除末尾的空格。MySQL 中共有四种 TEXT 数据类型：TINYTEXT、TEXT、MEDIUMTEXT、LONGTEXT，具体如表 3-2-6 所示。

表 3-2-6 TEXT 类型

类型名	最大空间	最大长度
TINYTEXT	255 字节	255（2^8-1）字节
TEXT	64 kB	65 535（$2^{16}-1$）字节
MEDIUMTEXT	16 MB	16 777 215（$2^{24}-1$）字节
LONGTEXT	4 GB	4 294 967 295（$2^{32}-1$）字节

如表 3-2-6 所示，不同的 TEXT 类型其占用的存储空间和存储的文本长度都不相同。在实际存储数据时，需要根据内容大小确定数据类型，比如文章的内容摘要可以使用 TINYTEXT 类型，文章正文可以使用 TEXT 类型，如果需要存储的书的内容则可以使用 MEDIUMTEXT 类型甚至 LONGTEXT 类型。需要注意的是，TEXT 数据类型不会将数据存放在数据库服务器的内存中，而是存放在磁盘内，所以查询数据时，MySQL 将从磁盘调取数据，这样会影响查询的速度。

④ ENUM 类型。

ENUM 类型是枚举类型，它可以在创建表时为某一字段设置一些数据集合，需要显示的指定每一个数据值。方法如下。

字段名 ENUM（'值 1'，'值 2'，…）

当插入数据时，该字段的数据值，只能从 ENUM 括号中给定的值中挑选。例如，可以给性别字段设置 ENUM 类型，集合中只用男、女。当插入数据时，性别字段的值只能从 '男' 或 '女' 中挑选一个。如下所示。

性别　ENUM（'男'，'女'）

（3）二进制字符串类型。

除了普通文本字符串类型，MySQL 中可以存储二进制数据，此类数据称为二进制字符串类型。二进制字符串类型还可以用于存储二进制数据，如图片、声音、视频的二进制数据。MySQL 中主要有以下几种二进制类型：BINARY、VARBINARY、BIT、TINYBLOB、BLOB、

MEDIUMBLOB 和 LONGBLOB，详见表 3-2-7。

表 3-2-7　二进制字符串类型

类型名	备注	存储空间
BINARY（M）	固定长度二进制字符串	M 位字节
VARBINARY（M）	不固定长度二进制字符串	M+1 位字节
BIT（M）	位字段	M 位二进制，M 最大为 64
TINYBLOB	非常小的 BLOB	最多 255（2^8-1）位
BLOB	小 BLOB	最多 65 535（$2^{16}-1$）位
MEDIUMBLOB	中等大小 BLOB	最多 16 777 215（$2^{24}-1$）位
LONGBLOB	非常大的 BLOB	最多 4 294 967 295（$2^{32}-1$）位

BLOB 类型：

当存储的二进制数据比较大时，可以使用 BLOB 类型，BOLB 类型是可变长度二进制数据。由表 3-2-7 可知，BLOB 有四种类型：TINYBLOB、BLOB、MEDIUMBLOB、LONGBLOB，他们的占用空间和最大长度都是不同的，可根据实际情况选择相应的数据类型。比如农产品的图片、用户的照片就可以使用 BLOB 数据类型。

（4）日期和时间类型。

当存储的数据是日期、时间时（如商品的生产日期），可以定义为专用于存储日期、时间的数据类型，主要有以下几种：DATE、DATETIME、TIMESTAMP、TIME、YEAR。不同的类型有不同的格式、范围，在插入数据时需要注意按照格式、范围的要求，否则系统会将会存放"零"值。MySQL 常用的日期、时间类型见表 3-2-8。

表 3-2-8　日期和时间类型

类型名	格式	范围	存储空间
YEAR	YYYY 或 YY	1901～2155	1 字节
TIME	HH：MM：SS	-838:59:59～838:59:59	3 字节
DATE	YYYY-MM-DD	1000-01-01～9999-12-31	4 字节
DATETIME	YYYY-MM-DD HH:MM:SS	1000-01-01 00:00:00～9999-12-31 23:59:59	8 字节
TIMESTAMP	YYYY-MM-DD HH:MM:SS	1970-01-01 00:00:01～2038-01-19 03:14:07	4 字节

① YEAR 类型。

YEAR 类型用于存储年份信息，格式为"YYYY"或"YY"。"YYYY"格式的范围是 1901～2055；"YY"格式的范围是'00'～'99'。如果输入的范围是'00'～'69'；系统实际存储的数据为'2000'～'2069'，如果输入的范围是'70'～'99'；系统实际存储的数据为'1970'～'1999'；如果超出范围，系统将存储为"零"值'0000'。

② TIME 类型。

TIME 类型用于存储时间信息，格式为"HH:MM:SS"其中 HH 是小时，MM 是分钟，SS 是秒。例如：'12:20:20'。

需要注意的是，小时的取值范围是 -838 到 838，而不是 0 到 24，因为有的时候需要记录的信息可以超过 24 小时，比如某位客户距离上一次购买产品的时间间隔。

分钟和秒的取值范围都是 00 到 59，如果存储的数据超过取值范围，系统将会存储零值。比如存储数据"23：99：8"，由于分钟 99 已经超过取值范围，是不合法的 TIME 数据，所以实际存储的值为"00:00:00"。

也可以使用"HHMMSS"的格式进行存储，比如插入数据 235511 时，则系统会存入数据"23:55:11"。

③ DATE 类型。

DATE 类型存储的数据是日期类的信息，格式为"YYYY-MM-DD"，其中 YYYY 是年，MM 是月，DD 是日，其取值范围是 1000-01-01 到 9999-12-31，如果超过范围则不能存入数据。例如："2023-1-1"。同样的，DATE 类型也支持"YYYYMMDD"的格式存入数据。

④ DATETIME 类型。

DATETIME 类型存储的是日期和时间类型，格式为"YYYY-MM-DD HH:MM:SS"，其中 YYYY 是年，MM 是月，DD 是日，HH 是小时，MM 是分钟，SS 是秒，其取值范围是 1000-01-01 00:00:00 ~ 9999-12-31 23:59:59。例如：'2023-1-1 12:20:20'。同样，DATETIME 类型也支持格式"YYYYMMDDHHMMSS"。

⑤ TIMESTAMP 类型。

TIMESTAMP 是时间戳类型，其显示的格式为"YYYY-MM-DD HH:MM:SS"，格式与格式的含义与 DATETIME 一致。显示的宽度固定在 19 个字符，取值范围是 1970-01-01 00:00:01 到 2038-01-19 03:14:07。TIMESTAMP 存储的时间是以 UTC 时区（世界标准时间）保存的，具体流程如下：存储数据时先将本地时区转换为 UTC 时区，再将 UTC 时区转换为 INT 格式的毫秒值；检索数据时先将 INT 格式的毫秒值转换为 UTC 时区，然后将 UTC 时区转换为本地时区，最后显示结果。所以在使用 TIMESTAMP 数据类型存储时间时，当前所在的时区不一样，查询的结果也不一样。

2. 销售管理数据库中表的结构

（1）商品分类表。

商品分类表中，字段"分类号"用于存储商品类别的编号。由于编号有可能包含英文字母，且长度相对稳定，因此可选用 char 数据类型，并指定长度为 10。字段"分类名称"则表示每一种商品的名称，长度不固定，因此可选用 varchar 数据类型，系统会根据不同名称分配存储空间。另外，字段"类别描述"中包含大量文本内容，不适合使用 char 或 varchar 类型，因此建议使用 text 数据类型。具体信息可参见表 3-2-9。

表 3-2-9 商品分类表结构

列名	数据类型	长度	备注
分类号	char	10	主键
分类名称	varchar	20	
类别描述	text		

（2）商品表。

在商品表中，"商品号""商品名"和上面的商品分类表类似，所以其数据类型设计得也一样。字段"分类号"是外键，需要与"商品分类表"中的"分类号"保持一致。字段"进货价"和"销售价"表示商品的价格，可能含有小数，最多保留小数点后 2 位，因此宜选用 decimal 数据类型，并设定其小数位数为 2。字段"库存"用于存储商品的数量，因为商品数量都是整数，所以可选择 int 类型。商品表的详细结构如表 3-2-10 所示。

表 3-2-10　商品表结构

列名	数据类型	长度	备注
商品号	char	10	主键
分类号	char	10	非空、外键
商品名	varchar	30	
进货价	decimal	长度 10，小数 2 位	
销售价	decimal	长度 10，小数 2 位	
库存	int	11	非空
单位	char	10	非空
商品描述	text		

我们在管理数据库的时候，要规范操作，严谨执行，行有所止，才能在繁复的数据管理中，设计出结构合理的关系型数据库，才能管理好庞大的数据资源。

二、创建数据表

1. 创建数据表的语法结构

在数据库中创建数据表的 SQL 语句为：CREATE TABLE。在创建表时需要有以下信息：

（1）数据表的表名（在 CREATE TABLE 的后面写出），需要注意表名不能使用 MySQL 中的关键字，比如 TABLE、DATABASE 等。

（2）列的名字和定义。不同列的定义之间用逗号隔开。

创建数据表的语法格式如下：

```
CREATE  TABLE   表名
(    字段名 1    数据类型    约束条件，
     字段名 2    数据类型    约束条件，
     ……
     字段名 n    数据类型    约束条件
);
```

需要注意，在创建表之前，一定要打开数据库，否则系统会报错无法创建数据表。打开数据库的 SQL 语句为：USE　数据库名。

2. 创建农产品数据表

【例 3.2.1】创建商品分类表、商品表。

接下来，将在数据库中创建商品分类表和商品表。

（1）打开数据库。

USE　农产品销售管理数据库；

（2）创建商品分类表（表结构见表 3-2-9）。

CREATE TABLE　商品分类表

(
分类号　　　　CHAR（10），
分类名称　　　VARCHAR（20），
类别描述　　　TEXT
);

（3）创建商品表（表结构见表3-2-10）。
CREATE TABLE 商品表
(
商品号　　CHAR（10），
分类号　　CHAR（10），
商品名　　VARCHAR（30），
进货价　　DECIMAL（10，2），
销售价　　DECIMAL（10，2），
库存　　　INT（11），
单位　　　CHAR（10），
商品描述　TEXT
);

三、查看数据表结构

在 MySQL 中可以查看数据库中已创建的所有数据表，也可以查看某个具体数据表的结构。查看数据表结构的方式有两种：查看基本结构和查看详细结构。

1. 查看数据库已创建的表

想要查看当前数据库中已经建立的表，语法格式如下。
SHOW TABLES;
【例3.2.2】查看已创建的商品分类表和商品表。
SHOW TABLES;
运行结果如下。

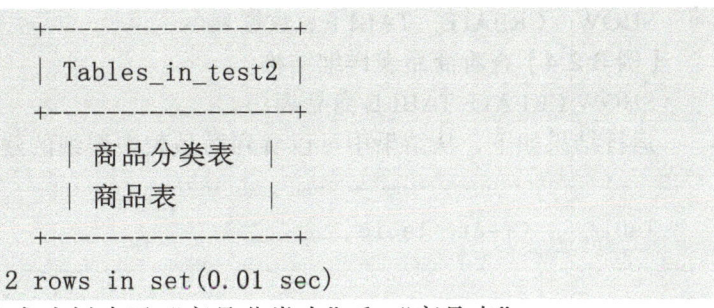

```
+----------------+
| Tables_in_test2 |
+----------------+
| 商品分类表      |
| 商品表          |
+----------------+
2 rows in set(0.01 sec)
```

可以看到在 test2 数据库中已经成功创建了"商品分类表"和"商品表"。

2. 查看表的基本结构

需要查看已创建表的基本结构，语法格式如下。

DESCARIBE 数据表名；

或：

DESC 数据表名；

【例 3.2.3】查看商品表基本结构。

DESC 商品表；

运行结果如下。

```
+-----------+---------------+------+-----+---------+-------+
| Field     | Type          | Null | Key | Default | Extra |
+-----------+---------------+------+-----+---------+-------+
| 商品号    | char(10)      | YES  |     | NULL    |       |
| 分类号    | char(10)      | YES  |     | NULL    |       |
| 商品名    | varchar(30)   | YES  |     | NULL    |       |
| 进货价    | decimal(10,2) | YES  |     | NULL    |       |
| 销售价    | decimal(10,2) | YES  |     | NULL    |       |
| 库存      | int           | YES  |     | NULL    |       |
| 单位      | char(10)      | YES  |     | NULL    |       |
| 商品描述  | text          | YES  |     | NULL    |       |
+-----------+---------------+------+-----+---------+-------+
8 rows in set(0.00 sec)
```

每列的含义如下：

Field：表的字段名。

Type：字段的数据类型。

Null：是否允许数据为空。

Key：是否设置索引。比如设置主键等。

Default：默认值。

Extra：附加信息。

3. 查看表的详细结构

需要查看已创建表的详细结构，语法格式如下。

SHOW CREATE TABLE 数据表名；

【例 3.2.4】查看商品表详细结构。

SHOW CREATE TABLE 商品表；

运行结果如下，从结果中可以看到商品表中详细的建表语句。

```
+--------+---------------------------------------------------+
| Table  | Create Table                                      |
+--------+---------------------------------------------------+
| 商品表 | CREATE TABLE `商品表`(
           `商品号` char(10)DEFAULT NULL,
           `分类号` char(10)DEFAULT NULL,
           `商品名` varchar(30)DEFAULT NULL,
```

```
  `进货价` decimal(10,2) DEFAULT NULL,
  `销售价` decimal(10,2) DEFAULT NULL,
  `库存`   int DEFAULT NULL,
  `单位`   char(10) DEFAULT NULL,
  `商品描述` text
) ENGINE=InnoDB DEFAULT CHARSET=utf8mb4 COLLATE=utf8mb4_0900_ai_ci |
+--------+--------------------------------------------------------+
1 row in set (0.00 sec)
```

四、修改数据表结构

在 MySQL 中可以使用 ALTER TABLE 语句对已创建好的数据表进行修改,可以修改数据表的表名、修改数据表的列名、修改数据表列的数据类型、修改列的位置、增加一列、删除一列、删除列的约束条件等。

(1)修改数据表表名。

修改表名的 SQL 语句语法格式如下。

`ALTER TABLE 表名 RENAME (TO) 新表名;`

圆括号中的"TO"可以加上,也可以省略。

【例 3.2.5】将"商品表"改名为"商品表 1"

参考命令如下。

`ALTER TABLE 商品表 RENAME 商品表1;`

或:

`ALTER TABLE 商品表 RENAME TO 商品表1;`

输入"SHOW TABLES"查看数据库中已创建的表,结果如下,"商品表"已成功改名为"商品表 1"。

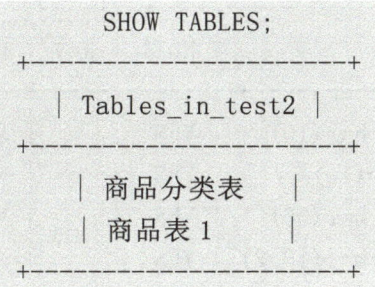

(2)修改字段名。

修改字段名的 SQL 语句语法格式如下。

`ALTER TABLE 表名 CHANGE 旧字段名 新字段名 数据类型;`

【例 3.2.6】将商品表中的字段"库存"修改为"库存 2"。

`ALTER TABLE 商品表 CHANGE 库存 库存2 INT;`

输入"DESC 商品表"查看结果。

`DESC 商品表;`

运行结果如下:

```
+-----------+---------------+------+-----+---------+-------+
| Field     | Type          | Null | Key | Default | Extra |
+-----------+---------------+------+-----+---------+-------+
| 商品号    | varchar(10)   | YES  |     | NULL    |       |
| 分类号    | char(10)      | YES  |     | NULL    |       |
| 商品名    | varchar(30)   | YES  |     | NULL    |       |
| 进货价    | decimal(10,2) | YES  |     | NULL    |       |
| 销售价    | decimal(10,2) | YES  |     | NULL    |       |
| 库存2     | int           | YES  |     | NULL    |       |
| 单位      | char(10)      | YES  |     | NULL    |       |
| 商品描述  | text          | YES  |     | NULL    |       |
+-----------+---------------+------+-----+---------+-------+
8 rows in set(0.01 sec)
```

从结果中可以看到，"库存"已经修改为"库存 2"了。请读者用同样的方式，将"库存 2"改名为"库存"。

（3）修改字段数据类型。

修改字段数据类型的 SQL 语句语法格式如下。

ALTER　TABLE 表名　MODIFY 字段名　新数据类型；

【例 3.2.7】将商品表中的字段"商品号"的数据类型修改为 VARCHAR（10）。

ALTER　TABLE　商品表 MODIFY 商品号　VARCHAR（10）；

输入"DESC 商品表"查看结果。

DESC 商品表；

运行结果如下：

```
+-----------+---------------+------+-----+---------+-------+
| Field     | Type          | Null | Key | Default | Extra |
+-----------+---------------+------+-----+---------+-------+
| 商品号    | varchar(10)   | YES  |     | NULL    |       |
| 分类号    | char(10)      | YES  |     | NULL    |       |
| 商品名    | varchar(30)   | YES  |     | NULL    |       |
| 进货价    | decimal(10,2) | YES  |     | NULL    |       |
| 销售价    | decimal(10,2) | YES  |     | NULL    |       |
| 库存      | int           | YES  |     | NULL    |       |
| 单位      | char(10)      | YES  |     | NULL    |       |
| 商品描述  | text          | YES  |     | NULL    |       |
+-----------+---------------+------+-----+---------+-------+
8 rows in set(0.01 sec)
```

从结果中可以看到，商品号的数据类型已经更改为了 VARCHAR（10）。

（4）修改字段的位置。

可以对数据表中的字段进行位置调整。根据调整的位置不同，有两种方式可供选择：

① 将字段 a 修改为改表的第一列,语法格式如下。
ALTER TABLE 表名 MODIFY 字段 a 数据类型 FIRST;
【例 3.2.8】将商品表中的字段"商品名"移动到表中第一列。
ALTER TABLE 商品表 MODIFY 商品名 VARCHAR(30) FIRST;
输入"DESC 商品表",查看商品表的结构。如下所示,"商品名"已经在表中第一列。
DESC 商品表;

```
+-----------+---------------+------+-----+---------+-------+
| Field     | Type          | Null | Key | Default | Extra |
+-----------+---------------+------+-----+---------+-------+
| 商品名    | varchar(30)   | YES  |     | NULL    |       |
| 商品号    | varchar(10)   | YES  |     | NULL    |       |
| 分类号    | char(10)      | YES  |     | NULL    |       |
| 进货价    | decimal(10,2) | YES  |     | NULL    |       |
| 销售价    | decimal(10,2) | YES  |     | NULL    |       |
| 库存      | int           | YES  |     | NULL    |       |
| 单位      | char(10)      | YES  |     | NULL    |       |
| 商品描述  | text          | YES  |     | NULL    |       |
+-----------+---------------+------+-----+---------+-------+
8 rows in set(0.01 sec)
```

② 修改字段 a 到表中字段 b 的后面,语法格式如下。
ALTER TABLE 表名 MODIFY 字段 a 数据类型 AFTER 字段 b;
【例 3.2.9】将商品表中的字段"商品名"移动到"分类号"的后面。
ALTER TABLE 商品表 MODIFY 商品名 varchar(30) AFTER 分类号;
输入"DESC 商品表"查看商品表,"商品名"已经移动到"分类号"的后面,如下所示。
DESC 商品表;

```
+-----------+---------------+------+-----+---------+-------+
| Field     | Type          | Null | Key | Default | Extra |
+-----------+---------------+------+-----+---------+-------+
| 商品号    | varchar(10)   | YES  |     | NULL    |       |
| 分类号    | char(10)      | YES  |     | NULL    |       |
| 商品名    | varchar(30)   | YES  |     | NULL    |       |
| 进货价    | decimal(10,2) | YES  |     | NULL    |       |
| 销售价    | decimal(10,2) | YES  |     | NULL    |       |
| 库存      | int           | YES  |     | NULL    |       |
| 单位      | char(10)      | YES  |     | NULL    |       |
| 商品描述  | text          | YES  |     | NULL    |       |
+-----------+---------------+------+-----+---------+-------+
8 rows in set(0.00 sec)
```

(5)新增字段。
可以往表中添加新的字段,根据添加字段的位置不同,共有三种方式。

① 在表的最后添加新字段，语法格式如下。
ALTER TABLE 表名 ADD 字段名 数据类型；
【例 3.2.10】在商品表的最后添加一列 test1，数据类型为 CHAR（10）。
ALTER TABLE 商品表 ADD test1 CHAR（10）；
输入"DESC 商品表"，查看商品表结构，表的最后已成功新增了 test1 列，如下所示。
DESC 商品表；

```
+-----------+---------------+------+-----+---------+-------+
| Field     | Type          | Null | Key | Default | Extra |
+-----------+---------------+------+-----+---------+-------+
| 商品号    | varchar(10)   | YES  |     | NULL    |       |
| 分类号    | char(10)      | YES  |     | NULL    |       |
| 商品名    | varchar(30)   | YES  |     | NULL    |       |
| 进货价    | decimal(10,2) | YES  |     | NULL    |       |
| 销售价    | decimal(10,2) | YES  |     | NULL    |       |
| 库存      | int           | YES  |     | NULL    |       |
| 单位      | char(10)      | YES  |     | NULL    |       |
| 商品描述  | text          | YES  |     | NULL    |       |
| test1     | char(10)      | YES  |     | NULL    |       |
+-----------+---------------+------+-----+---------+-------+
9 rows in set(0.00 sec)
```

② 在表的最前面新增字段，SQL 语句如下。
ALTER TABLE 表名 ADD 字段名 数据类型 FIRST；
【例 3.2.11】在商品表的最前面添加一列 test2，数据类型为 CHAR（10）。
ALTER TABLE 商品表 ADD test2 CHAR（10）FIRST；
输入"DESC 商品表"，查看商品表结构，表中最前面新增了 test2 列，如下所示。
DESC 商品表；

```
+-----------+---------------+------+-----+---------+-------+
| Field     | Type          | Null | Key | Default | Extra |
+-----------+---------------+------+-----+---------+-------+
| test2     | char(10)      | YES  |     | NULL    |       |
| 商品号    | varchar(10)   | YES  |     | NULL    |       |
| 分类号    | char(10)      | YES  |     | NULL    |       |
| 商品名    | varchar(30)   | YES  |     | NULL    |       |
| 进货价    | decimal(10,2) | YES  |     | NULL    |       |
| 销售价    | decimal(10,2) | YES  |     | NULL    |       |
| 库存      | int           | YES  |     | NULL    |       |
| 单位      | char(10)      | YES  |     | NULL    |       |
| 商品描述  | text          | YES  |     | NULL    |       |
| test1     | char(10)      | YES  |     | NULL    |       |
+-----------+---------------+------+-----+---------+-------+
10 rows in set(0.00 sec)
```

③ 在表中某个字段后新增一列，语法格式如下。

ALTER TABLE 表名 ADD 字段名 数据类型 AFTER 指定字段名；

【例3.2.12】在商品表中，"商品描述"后面添加一列test3，数据类型为CHAR（10）。

ALTER TABLE 商品表 ADD test3 CHAR（10）AFTER 商品描述；

输入"DESC 商品表"，查看商品表结构，"商品描述"后面成功新增了test3列，如下所示。

DESC 商品表；

```
+-----------+---------------+------+-----+---------+-------+
| Field     | Type          | Null | Key | Default | Extra |
+-----------+---------------+------+-----+---------+-------+
| test2     | char(10)      | YES  |     | NULL    |       |
| 商品号    | varchar(10)   | YES  |     | NULL    |       |
| 分类号    | char(10)      | YES  |     | NULL    |       |
| 商品名    | varchar(30)   | YES  |     | NULL    |       |
| 进货价    | decimal(10,2) | YES  |     | NULL    |       |
| 销售价    | decimal(10,2) | YES  |     | NULL    |       |
| 库存      | int           | YES  |     | NULL    |       |
| 单位      | char(10)      | YES  |     | NULL    |       |
| 商品描述  | text          | YES  |     | NULL    |       |
| test3     | char(10)      | YES  |     | NULL    |       |
| test1     | char(10)      | YES  |     | NULL    |       |
+-----------+---------------+------+-----+---------+-------+
11 rows in set(0.00 sec)
```

（6）删除字段。

如果需要删除表中的某个字段，语法格式如下。

ALTER TABLE 表名 DROP 字段名；

【例3.2.13】删除商品表中的test3列。

ALTER TABLE 商品表 DROP test3；

输入"DESC 商品表"，查看商品表结构，发现字段"test3"已经被删除，如下所示。

DESC 商品表；

```
+-----------+---------------+------+-----+---------+-------+
| Field     | Type          | Null | Key | Default | Extra |
+-----------+---------------+------+-----+---------+-------+
| test2     | char(10)      | YES  |     | NULL    |       |
| 商品号    | varchar(10)   | YES  |     | NULL    |       |
| 分类号    | char(10)      | YES  |     | NULL    |       |
| 商品名    | varchar(30)   | YES  |     | NULL    |       |
| 进货价    | decimal(10,2) | YES  |     | NULL    |       |
| 销售价    | decimal(10,2) | YES  |     | NULL    |       |
| 库存      | int           | YES  |     | NULL    |       |
| 单位      | char(10)      | YES  |     | NULL    |       |
| 商品描述  | text          | YES  |     | NULL    |       |
```

```
|   test1    |  char(10)    |  YES   |     | NULL    |        |
+------------+--------------+--------+-----+---------+--------+
10 rows in set(0.00 sec)
```

为了后续任务能够正常进行，请读者自行将"商品表"中的"test1"、"test2"列删除。

五、删除数据表

可以删除数据库中的数据表，需要注意的是，删除数据表时会将表中的数据全部删除，所以最好先对数据进行备份，或者确认表中的数据不再使用再删除数据表。

可以一次性删除多张数据表，每张数据表之间使用逗号隔开。删除数据表的语法格式如下。

DROP TABLE 表名1，表名2，……表名n；

【例3.2.14】删除数据库中的"商品表"。

DROP TABLE 商品表；

输入"SHOW TABLES；"，查看数据库中存在的数据表，"商品表"已经从数据库中删除，如下所示。

```
SHOW TABLES;
+----------------+
| Tables_in_test2 |
+----------------+
| 商品分类表      |
+----------------+
1 row in set(0.00 sec)
```

后续任务还需使用"商品表"，请读者自行重新创建"商品表"。

【注意】删除数据表时还要注意该表是否有关联其他表。

如果删除数据表存在外键（关联其他表），是不能直接删除主表的，但是可以删除子表。如果需要删除主表，有两种方法：

① 直接删除子表，再删除主表。这种方法会导致主表、子表的数据都会被删除。

② 先解除数据表之间的关联（即删除外键），再删除主表。这种方法的好处是可以保留子表。

【任务评价】

在本次任务中，同学们成功创建了商品分类表、商品表，通过动手操作，对相关表格进行了查看、管理、删除等操作。同时，通过对信息的搜集与整理，了解了数据中常见的数据类型。看着同学们在台上神采飞扬地与大家分享学习成果，王组长很满意，他将对大家在本次任务的表现进行评价。

信息搜索能力	☆☆☆☆☆
操作能力	☆☆☆☆☆
分工协作能力	☆☆☆☆☆
学习能力	☆☆☆☆☆
分析问题能力	☆☆☆☆☆
管理能力	☆☆☆☆☆

任务三
创建数据表的约束条件

【情景导入】

小明已经成功创建了农产品销售管理数据库和数据表。然而，他在使用过程中又遇到了新的问题。例如，在商品表中，商品的库存应该是正数，是否可以设置禁止数据库存储负数呢？商品编号是必须存在的，否则数据就不完整了，是否可以设置该字段为必填项，禁止为空呢？此外，每种商品的商品号都是唯一的，不能重复。如果在插入数据时不小心输入重复值，是否可以设置系统自动提示不能输入重复值呢？商品的市场价格是否可以设置默认值呢？

带着疑惑小明找到王组长，王组长告诉他可以通过在数据表中设置约束条件来解决问题。MySQL 中提供了 7 种常见的约束条件，可以使用它们来实现数据表的约束。王组长要求小明为农产品销售管理数据库的数据表设置适当的约束条件。

【任务分解】

王组长将带领大家一起学习 MySQL 中的 7 种约束条件。
（1）在"商品表""商品分类表"中设置非空约束。
（2）在"商品表""商品分类表"设置主键约束。
（3）学习唯一性约束的作用、设置方法。
（4）学习默认约束的作用、设置方法。
（5）学习无符号约束的作用、设置方法。
（6）学习自增约束的作用、设置方法。
（7）在"商品表"中设置外键约束。

【任务目标】

（1）掌握设置非空约束的方法；
（2）掌握设置主键的方法；
（3）学会设置唯一性约束；
（4）了解默认约束；
（5）了解无符号约束；
（6）了解自增约束；
（7）掌握设置外键约束的方法。

【任务实施】

步骤一　对商品分类表、商品表进一步优化，设置约束条件。

过程1：小组分工合作，搜集资料，将MySQL数据库中的约束条件的作用意义、关键字等信息记录下来，并制作为相应的Word文档。

过程2：为商品分类、商品表中的一些字段设置非空约束。

过程3：为商品分类表、商品表设置主键约束。

过程4：为商品表设置外键约束。

步骤二　搜集资料，学习唯一约束、默认约束、无符号约束、自增约束的作用与设置方法及意义，并制作为相应的Word文档。

步骤三　展示成果。

过程1：各小组派成员代表上台展示学习成果。

过程2：教师讲解任务并点评各小组成果。

过程3：各小组展开自评和互评，并完成技能评价表。

表 3-3-1　技能评价表

序号	评价内容与目标	评价等级
1	了解数据库中7个约束条件的作用	A B C D
2	掌握数据库中7个约束条件的设置方法	A B C D
3	掌握删除数据库中7个约束条件的方法	A B C D

【知识链接】

一、非空约束

非空约束是一种列完整性约束，它的作用是确保设置了非空约束的字段必须有值，防止记录中该字段的数据值为空。这可以保证数据的完整性和一致性。当用户向数据表插入数据时，如果没有给设置了非空约束的字段指定数据值，那么系统会报错。非空约束的关键字为：NOT NULL。

创建农产品数据表的约束条件

1. 设置非空约束

有两种情况：定义数据表时设置非空约束、给已创建的数据表设置非空约束。

（1）在定义数据表时设置非空约束的语法格式。

字段名　数据类型 NOT NULL；

（2）给已创建的数据表设置非空约束的语法格式。

ALTER TABLE 数据表名 MODIFY 字段名　数据类型 NOT NULL；

【例3.3.1】给"商品表中"的字段"分类号""库存""单位"添加非空约束。

方法1：若表已建好，使用ALTER TABLE语句。

ALTER TABLE 商品表 MODIFY 分类号 CHAR（10）　 NOT NULL；

ALTER TABLE 商品表 MODIFY 库存 INT（11）　 NOT NULL；

ALTER TABLE 商品表 MODIFY 单位 CHAR（10）　 NOT NULL；

输入"DESC 商品表",可以看到字段"分类号""库存""单位"已经成功添加非空约束,如下所示。

```
DESC 商品表;
+-----------+---------------+------+-----+---------+-------+
| Field     | Type          | Null | Key | Default | Extra |
+-----------+---------------+------+-----+---------+-------+
| 商品号    | char(10)      | YES  |     | NULL    |       |
| 分类号    | char(10)      | NO   |     | NULL    |       |
| 商品名    | varchar(30)   | YES  |     | NULL    |       |
| 进货价    | decimal(10,2) | YES  |     | NULL    |       |
| 销售价    | decimal(10,2) | YES  |     | NULL    |       |
| 库存      | int           | NO   |     | NULL    |       |
| 单位      | char(10)      | NO   |     | NULL    |       |
| 商品描述  | text          | YES  |     | NULL    |       |
+-----------+---------------+------+-----+---------+-------+
8 rows in set(0.01 sec)
```

方法 2:如果没有创建表,可以在创建表的时候添加非空约束。

```
CREATE TABLE 商品表
(
商品号      CHAR(10),
分类号      CHAR(10)    NOT NULL,
商品名      VARCHAR(30),
进货价      DECIMAL(10,2),
销售价      DECIMAL(10,2),
库存        INT(11)     NOT NULL,
单位        CHAR(10)    NOT NULL,
商品描述    TEXT
);
```

2. 删除非空约束

语法格式如下。

ALTER TABLE 数据表名 MODIFY 字段名 数据类型;

【例 3.3.2】将"商品表中"的字段"库存"的非空约束删除。(读者可自行输入"DESC 商品表"进行查看)

ALTER TABLE 商品表 MODIFY 库存 INT(11);

二、主键约束

主键能唯一地表示表中的每条信息,可以让数据库以最快的速度查询到表中的某一条数据。主键可以由一列组成,也可以由多个列组合而成,但是一张表中只能有一个主键。设置了主键的字段,在插入数据时不能为空且不能有重复的数据值。主键的关键字是:PRIMARY KEY。

【注意】如果只是设置了某一列为主键,则该列的数据不能有重复值。但是如果主键是由多列组成的,那么单独某一列的数据可以重复,但是所有列组合的数据是不能重复的。

1. 设置主键

设置主键可以在定义数据表时设置,也可以在创建好表以后,通过修改数据表来添加主键。
（1）在定义数据表时创建主键。

既可以在定义字段的时候设置主键,也可以在定义完所有字段以后再设置主键,语法格式如下。

① 定义字段时设置主键的语法格式。

字段名 数据类型 PRIMARY KEY

② 在定义完所有字段之后设置主键的语法格式。

PRIMARY KEY（字段1、字段2…）

（2）给创建好的数据表添加主键。语法格式如下。

ALTER TABLE 数据表名 ADD PRIMARY KEY（字段1，字段2，…字段n）;

【例3.3.3】将"商品表中"的字段"商品号"设置为主键。

方法1：在创建好数据表以后,再添加主键：

ALTER TABLE 商品表 ADD PRIMARY KEY（商品号）;

查看表结构,发现商品号的KEY列显示为PRI,代表该列为主键。

DESC 商品表;

```
+-----------+--------------+------+-----+---------+-------+
| Field     | Type         | Null | Key | Default | Extra |
+-----------+--------------+------+-----+---------+-------+
| 商品号    | char(10)     | NO   | PRI | NULL    |       |
| 分类号    | char(10)     | NO   |     | NULL    |       |
| 商品名    | varchar(30)  | YES  |     | NULL    |       |
| 进货价    | decimal(10,2)| YES  |     | NULL    |       |
| 销售价    | decimal(10,2)| YES  |     | NULL    |       |
| 库存      | int          | NO   |     | NULL    |       |
| 单位      | char(10)     | NO   |     | NULL    |       |
| 商品描述  | text         | YES  |     | NULL    |       |
+-----------+--------------+------+-----+---------+-------+
8 rows in set(0.01 sec)
```

方法2：在定义数据表时设置主键。

CREATE TABLE 商品表
(
商品号　CHAR(10)　PRIMARY KEY,
分类号　CHAR(10)　NOT NULL,
商品名　VARCHAR(30),

```
进货价    DECIMAL(10,2),
销售价    DECIMAL(10,2),
库存      INT(11)    NOT NULL,
单位      CHAR(10)   NOT NULL,
商品描述   TEXT
);
```

方法3：定义完所有字段后再设置主键。

```
CREATE TABLE 商品表
(
商品号    CHAR(10),
分类号    CHAR(10)    NOT NULL,
商品名    VARCHAR(30),
进货价    DECIMAL(10,2),
销售价    DECIMAL(10,2),
库存      INT(11)     NOT NULL,
单位      CHAR(10)    NOT NULL,
商品描述   TEXT,
PRIMARY KEY(商品号)
);
```

请读者用同样的方法将"商品分类表"中的"分类号"设置为主键。

2. 删除主键

如果需要删除数据表中的主键，语法格式如下。

ALTER TABLE 数据表名 DROP PRIMARY KEY；

【例3.3.4】删除商品表中的主键。

ALTER TABLE 商品表 DROP PRIMARY KEY；

做完该例题记得重新添加主键，因为规范的数据表需要有主键。

三、唯一约束

唯一约束要求该字段中的值不能重复，当用户插入数据时，如果对定义了唯一约束的列录入重复数据，系统会报错。唯一约束的关键字是：UNIQUE。

有以下几点需要注意：

① 设置了唯一约束的字段，该列可以插入空数据，但是只能录入一条为空的数据。

② 与主键的区别：

主键不允许有空值，而且一张数据表只能设置一个主键。唯一约束可以有一条空数据，一个表中可以为多个字段设置唯一约束。

1. 设置唯一约束

（1）在定义数据表时设置唯一约束。

与主键类似,设置唯一约束可以在定义数据表时设置,也可以在定义完所有字段以后设置。
① 定义字段时设置的语法格式如下。

字段名 数据类型 UNIQUE

② 在定义完所有字段以后设置的语法格式如下。

[CONSTRAINT 约束名] UNIQUE（字段名）

中括号里的内容是为唯一性约束设置名字,可以省略不写。
（2）给创建好的表添加唯一约束,语法格式如下。

ALTER TABLE 表名 ADD CONSTRAINT 约束名 UNIQUE（字段名）;

【例 3.3.5】给"商品表中"的字段"商品名"设置唯一约束。

方法 1：在创建好数据表以后,再设置。

ALTER TABLE 商品表 ADD CONSTRAINT test UNIQUE（商品名）;

输入"DESC 商品表",查看表结构,发现"商品名"的 KEY 列显示为 UNI,代表该列已设置了唯一约束,如下所示。

DESC 商品表;

```
+-----------+---------------+------+-----+---------+-------+
| Field     | Type          | Null | Key | Default | Extra |
+-----------+---------------+------+-----+---------+-------+
| 商品号    | char(10)      | NO   | PRI | NULL    |       |
| 分类号    | char(10)      | NO   |     | NULL    |       |
| 商品名    | varchar(30)   | YES  | UNI | NULL    |       |
| 进货价    | decimal(10,2) | YES  |     | NULL    |       |
| 销售价    | decimal(10,2) | YES  |     | NULL    |       |
| 库存      | int           | NO   |     | NULL    |       |
| 单位      | char(10)      | NO   |     | NULL    |       |
| 商品描述  | text          | YES  |     | NULL    |       |
+-----------+---------------+------+-----+---------+-------+
8 rows in set(0.01 sec)
```

方法 2：在定义数据表时设置唯一约束。

```
CREATE TABLE 商品表
(
商品号    CHAR(10)    PRIMARY KEY,
分类号    CHAR(10)    NOT NULL,
商品名    VARCHAR(30)    UNIQUE,
进货价    DECIMAL(10,2),
销售价    DECIMAL(10,2),
库存      INT(11)    NOT NULL,
单位      CHAR(10)    NOT NULL,
商品描述  TEXT
);
```

方法3：在定义完所有字段后再设置唯一约束。
CREATE TABLE 商品表
(
商品号　　CHAR(10)　　PRIMARY KEY,
分类号　　CHAR(10)　　NOT NULL,
商品名　　VARCHAR(30)　　UNIQUE,
进货价　　DECIMAL(10,2),
销售价　　DECIMAL(10,2),
库存　　　INT(11)　　NOT NULL,
单位　　　CHAR(10)　　NOT NULL,
商品描述　TEXT,
UNIQUE(商品名)
);

2. 删除唯一约束

如果需要删除数据表中的唯一约束，语法格式如下。
DROP INDEX 约束名 ON 表名
【例3.3.6】删除商品表中"商品名"的唯一约束。
DROP INDEX test ON 商品表;

四、默认约束

默认约束可以给字段规定一个默认值，当录入数据的时候，如果没有给该列数据，则系统会自动给这个字段赋值。比如，给性别设置默认约束'女'，如果插入数据时没有给性别赋值，那系统会存储性别的值为'女'；如果插入数据时，给性别设置了'男'的值，那系统会存储性别的值为'男'。默认约束的关键字是：DEFAULT。

1. 设置默认约束

有两种情况：定义数据表时设置默认约束、给已创建的数据表设置默认约束。
（1）在定义数据表时设置默认约束的语法格式。
字段名 数据类型 DEFAULT　默认值;
注意，如果默认值是数字可以直接写值，比如 DEFAULT 1；但如果默认值是字符串类型的数据，需要加上引号，比如 DEFAULT　'女'。
（2）给已创建的数据表设置默认约束的语法格式。
ALTER TABLE 数据表名 ALTER 字段名 SET DEFAULT 默认值;
【例3.3.7】给"商品表中"的字段"库存"设置默认值0。
方法1：给创建好的数据表添加默认约束。
ALTER TABLE 商品表 ALTER 库存 SET DEFAULT 0;
输入"DESC 商品表"，可以看到字段"库存"已经设置了 Default 值：0。
DESC 商品表;

```
+-----------+---------------+------+-----+---------+-------+
| Field     | Type          | Null | Key | Default | Extra |
+-----------+---------------+------+-----+---------+-------+
| 商品号    | char(10)      | NO   | PRI | NULL    |       |
| 分类号    | char(10)      | NO   |     | NULL    |       |
| 商品名    | varchar(30)   | YES  | UNI | NULL    |       |
| 进货价    | decimal(10,2) | YES  |     | NULL    |       |
| 销售价    | decimal(10,2) | YES  |     | NULL    |       |
| 库存      | int           | NO   |     | 0       |       |
| 单位      | char(10)      | NO   |     | NULL    |       |
| 商品描述  | text          | YES  |     | NULL    |       |
+-----------+---------------+------+-----+---------+-------+
8 rows in set(0.00 sec)
```

方法2：如果表没有创建，可以在创建表的时候给"库存"设置默认值。

CREATE TABLE 商品表
(
商品号　　CHAR(10)　　PRIMARY KEY,
分类号　　CHAR(10)　　NOT NULL,
商品名　　VARCHAR(30)　　UNIQUE,
进货价　　DECIMAL(10,2),
销售价　　DECIMAL(10,2),
库存　　　INT(11)　　NOT NULL　　DEFAULT 0,
单位　　　CHAR(10)　　NOT NULL,
商品描述　　TEXT
);

2. 删除默认约束

语法格式如下：

ALTER TABLE 数据表名 ALTER 字段名 DROP DEFAULT；

【例3.3.8】将"商品表中"的字段"库存"的默认约束删除。

ALTER TABLE 商品表 ALTER 库存 DROP DEFAULT；

五、无符号约束

无符号约束可以规定字段存储的数据不能为负数，如果用户给该列录入了负数系统会报错。无符号约束的关键字是：UNSIGNED。

注意：如果一个字段设置了多个约束条件，UNSIGNED必须写在第一个，也就是紧跟数据类型的后面写UNSIGNED关键字。

1. 设置无符号约束

设置方法与非空约束类似，可以在定义表的时候设置无符号约束，也可以给创建好的表设置无符号约束，最好在定义表的时候设置。

（1）在定义数据表时设置无符号约束的语法格式：

字段名 数据类型 UNSIGNED；

（2）给已创建的数据表设置无符号约束的语法格式：

ALTER TABLE 数据表名 MODIFY 字段名 数据类型 UNSIGNED；

【例 3.3.9】给"商品表中"的字段"库存"设置无符号约束。

方法 1：给创建好的数据表添加无符号约束。

ALTER TABLE 商品表 MODIFY 库存 INT（10）UNSIGNED；

输入"DESC 商品表"，可以看到字段"库存"已经设置了 Default 值：0。

DESC 商品表；

```
+------------+---------------+------+-----+---------+-------+
| Field      | Type          | Null | Key | Default | Extra |
+------------+---------------+------+-----+---------+-------+
| 商品号     | char(10)      | NO   | PRI | NULL    |       |
| 分类号     | char(10)      | NO   |     | NULL    |       |
| 商品名     | varchar(30)   | YES  | UNI | NULL    |       |
| 进货价     | decimal(10,2) | YES  |     | NULL    |       |
| 销售价     | decimal(10,2) | YES  |     | NULL    |       |
| 库存       | int unsigned  | YES  |     | NULL    |       |
| 单位       | char(10)      | NO   |     | NULL    |       |
| 商品描述   | text          | YES  |     | NULL    |       |
+------------+---------------+------+-----+---------+-------+
8 rows in set(0.00 sec)
```

方法 2：如果表没有创建，可以在创建表的时候给"库存"设置无符号约束。

CREATE TABLE 商品表
(
商品号　　CHAR(10)　　PRIMARY KEY,
分类号　　CHAR(10)　　NOT NULL,
商品名　　VARCHAR(30)　　UNIQUE,
进货价　　DECIMAL(10,2),
销售价　　DECIMAL(10,2),
库存　　　INT(11)　UNSIGNED　NOT NULL　DEFAULT 0,
单位　　　CHAR(10)　　NOT NULL,
商品描述　TEXT
);

2. 删除无符号约束

语法格式如下。

ALTER TABLE 数据表名 MODIFY 字段名 数据类型；

【例3.3.10】将"商品表中"的字段"库存"的无符号约束删除。
ALTER TABLE 商品表 MODIFY 库存 INT（10）;

六、自增约束

有的时候希望每次插入新数据的时候，某一列的值可以自动增加1（比如学号、订单号等），从而自动生成字段的主键，那么可以给该字段设置属性自动增加。自增约束的关键字是：AUTO_INCREMENT。注意事项：

① 一张表中只能设置一个字段自动递增，而且该字段最好是主键或主键的一部分。
② 设置自增约束的字段必须为整数类型。
③ 设置自增约束的字段默认初始值为1，每次增加一条记录字段值会自动增加1。
④ 如果手动给设置了自增约束的记录赋值，那么插入下一条记录的时候，自动增加的值将使用最大值加1。

设置自增约束的语法格式如下。

字段名　数据类型　AUTO_INCREMENT

【例3.3.11】创建订单明细表，并为"订单号"设置自增约束。（该表的具体创建可参考任务五）

CREATE TABLE 订单明细表
(
订单号　INT(10)　PRIMARY KEY　AUTO_INCREMENT,
商品号　CHAR(10),
数量　　INT(11),
单价　　DECIMAL(10,2)
);

订单号是整数类型，才可以设置自增约束。同时，还将订单号设置为主键，当给某个字段设置的约束条件有多个时，约束条件写在数据类型的后面并用空格隔开。

七、外键约束

1. 基本概念

外键可以将两个表的数据链接起来，建立关联关系，在某张表中引用另一张表的一个列或多个列。设置外键的主要目的是保证数据库中数据的完整性、一致性。其关键字是：FOREIGN KEY。注意事项：

① 外键是一个字段，它链接另外一张表的主键，它在本表中可以不是主键。
② 主表：也叫父表。是指相关联的两张表中，主键所在的表。
③ 从表：也叫子表。是指相关联的两张表中，外键所在的表
④ 设置外键的字段与被引用表的主键字段的数据类型必须保持一致，它们插入的数据也必须保持一致。所以在插入数据时，子表的外键的数据值不能是主表中没有的数据。
⑤ 如果需要删除主表，可以先删除子表再删除父表，或者先删除外键，再删除主表，不能在设置外键的情况下直接删除主表。

2. 设置外键约束

外键设置的方法有两种，可以在定义表的时候设置外键约束，也可以先把表创建好，再添加外键约束。

（1）在定义数据表时设置外键约束，需要在所有字段定义完之后设置，语法格式如下。

[CONSTRAINT 外键名] FOREIGN KEY（字段1，字段2…）
REFERENCES 父表名（主键1，主键2…）；

外键名是指给外键约束的名字，一个表中如果有多个外键它们的名字不能重复。一般设置外键名可以用 FOREIGN KEY 的缩写加上字段名来设置，即 FK_字段名。

（2）给已创建的数据表设置外键约束的语法格式。

ALTER TABLE 数据表名 ADD CONSTRAINT 外键名 FOREIGN KEY（字段1，字段2…）
REFERENCES 父表名（主键1，主键2…）；

【例 3.3.12】将"商品表"中的字段"分类号"设置为外键。

方法一：创建好商品表以后再创建外键。

ALTER TABLE 商品表 ADD CONSTRAINT FK_categoryid FOREIGN KEY（分类号）
REFERENCES 商品分类表（分类号）；

输入"DESC 商品表;"查看结果，可以看到"分类号"在列信息"Key"的值为 MUL，表示该字段设置了外键约束。

```
DESC 商品表;
+-----------+---------------+------+-----+---------+-------+
| Field     | Type          | Null | Key | Default | Extra |
+-----------+---------------+------+-----+---------+-------+
| 商品号    | char(10)      | NO   | PRI | NULL    |       |
| 分类号    | char(10)      | NO   | MUL | NULL    |       |
| 商品名    | varchar(30)   | YES  | UNI | NULL    |       |
| 进货价    | decimal(10,2) | YES  |     | NULL    |       |
| 销售价    | decimal(10,2) | YES  |     | NULL    |       |
| 库存      | int unsigned  | YES  |     | NULL    |       |
| 单位      | char(10)      | NO   |     | NULL    |       |
| 商品描述  | text          | YES  |     | NULL    |       |
+-----------+---------------+------+-----+---------+-------+
8 rows in set(0.00 sec)
```

方法 2：在创建商品的时候建立外键约束（必须先创建好商品分类表，并且指定分类号为主键）。

CREATE TABLE 商品表
(
商品号　CHAR(10)　PRIMARY KEY,
分类号　CHAR(10)　NOT NULL,
商品名　VARCHAR(30)　UNIQUE,

```
进货价    DECIMAL(10,2),
销售价    DECIMAL(10,2),
库存      INT(11)  UNSIGNED  NOT NULL  DEFAULT 0,
单位      CHAR(10)  NOT NULL,
商品描述   TEXT,
CONSTRAINT FK_categoryid FOREIGN KEY(分类号)
REFERENCES 商品分类表(分类号)
);
```

3. 删除外键约束

删除外键约束的语法格式为。

ALTER TABLE 数据表名 DROP FOREIGN KEY 外键名;

【例 3.3.13】将"商品表中"的外键约束删除。

ALTER TABLE 商品表 DROP FOREIGN KEY FK_categoryid;

数据库约束条件是为了更好地管理数据库，如同社会中的规则与法律，没有规矩，不成方圆，遵纪守法是每个公民应尽的社会责任和道德义务，同样地，遵守数据库约束条件才能在数据库世界里正常管理操作数据。

【任务评价】

在本次任务中，同学们掌握进一步优化数据表的方法，成功为商品分类表、商品表设置了非空约束、主键约束、外键约束。同时，通过搜集信息，掌握了唯一约束、默认约束、无符号约束、自增约束的设置方法及意义。看到同学们通过讨论和分工协作解决各种问题，王组长感到很欣慰，他要综合地对大家此次工作内容进行评价。

学习能力   ☆☆☆☆☆
操作能力   ☆☆☆☆☆
分工协作能力   ☆☆☆☆☆
信息搜索能力   ☆☆☆☆☆
适应能力   ☆☆☆☆☆

任务四
运用图形化工具管理数据表

【情景导入】

王组长告诉小明,他已经掌握了使用 SQL 语句来创建和管理数据表的方法。但是,小明在创建表时一直使用 MySQL 自带的命令行窗口,这种方式相对较为麻烦。相比之下,使用图形化工具——Navicat 工具来管理农产品销售管理数据库更简单、方便。

【任务分解】

在本任务中,王组长将带领大家使用 Navicat for MySQL 图形化工具来创建、管理数据库与数据表,用图形化的工具完成前三个任务的对数据库与数据表的相关管理操作。

(1)使用 Navicat 工具创建农产品销售管理数据库。
(2)使用 Navicat 工具在农产品销售管理数据库中创建"商品分类表""商品表"。
(3)使用 Navicat 工具给"商品分类表""商品表"设置约束条件。
(4)使用 Navicat 工具管理数据库、数据表。

【任务目标】

(1)掌握使用 Navicat 工具创建数据库的方法;
(2)掌握使用 Navicat 工具创建数据表的方法;
(3)掌握使用 Navicat 工具管理数据表的方法。

【任务实施】

步骤一　下载 Navicat for MySQL 工具的安装包,各小组成员分工合作从网上下载安装包。

步骤二　安装 Navicat for MySQL 工具。
步骤三　创建农产品销售管理数据库。
步骤四　在农产品销售管理数据库中创建"商品分类表"、"商品表",并设置约束条件。
步骤五　管理"商品分类表"、"商品表"。
步骤六　展示成果。
过程 1:各小组派成员代表上台展示学习成果。
过程 2:教师讲解任务并点评各小组成果。
过程 3:各小组展开自评和互评,并完成技能评价表。

表 3-4-1　技能评价表

序号	评价内容与目标	评价等级
1	掌握下载并安装 Navicat for MySQL 工具的方法	A B C D
2	掌握创建农产品销售管理数据库的操作	A B C D
3	掌握创建"商品分类表","商品表"的操作	A B C D
4	掌握创建约束条件的方法	A B C D
5	了解使用 Navicat for MySQL 管理数据库、管理数据表的操作	A B C D

【知识链接】

运用图形化工具管理数据表

一、使用 Navicat 工具创建数据库

Navicat for MySQL 是一个可以用于管理 MySQL 数据库的工具，Navicat 为用户提供了强大的图形界面，让用户可以直观地使用图形界面来管理数据库，既可以使用在工具中输入 SQL 语句，也可以使用图形管理工具直接管理数据库。

1. 使用 Navicat 工具连接 MySQL 服务器

打开 Navicat 工具后，点击工具中左上角的"链接"，可以打开连接数据库服务器的对话框，如图 3-4-1 所示。

在连接对话框中每一个选项的含义如下：

连接名：与 MySQL 服务器链接以后的名称，可任取。

主机：MySQL 服务器的主机名或者 IP 地址，如果是 MySQL 服务器在本机可以直接输入"localhost"。

图 3-4-1　连接数据库服务器

端口：连接 MySQL 服务器的端口号，默认为 3306。

用户名：需要 MySQL 服务器中创建的用户才能登录，这里可以使用"root"用户。

密码：MySQL 用户的登录密码。

将相关参数输入完毕以后，点击对话框中的"确定"按钮即可连接，如图 3-4-2 所示，已经成功连接到了 MySQL 服务器。

图 3-4-2　成功连接 MySQL 服务器

2. 创建数据库

在图 3-4-2 所示的界面中，将鼠标放在连接名的位置（这里为"test"），单击右击，选择"新建数据库"即可弹出数据库创建界面，如图 3-4-3 所示。在图中字符集代表创建的数据库支持的字符编码，比如选择支持中文的编码 utf-8、utf-16；不同的字符集其排序规则不同，需要根据所选的字符集进行选择。也可以不填，代表使用默认的字符集、排序规则。

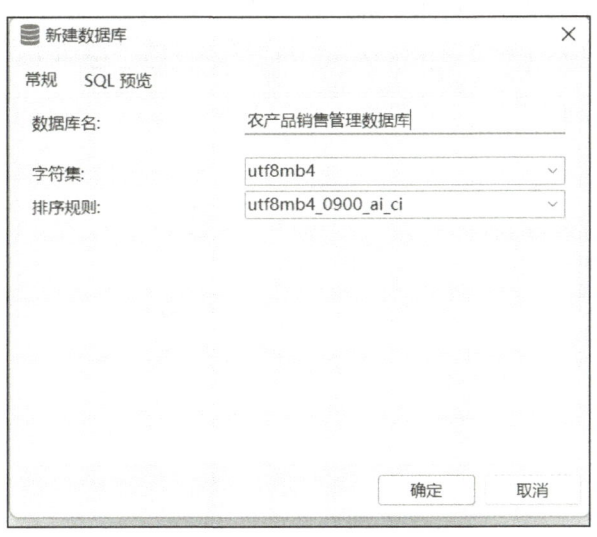

图 3-4-3　创建数据库

在填好相关参数以后，点击"确定"按钮即可创建数据库。

二、使用 Navicat 工具创建数据表

创建数据表的步骤如下：

首先选择数据库，在工具左边，双击需要存储数据表的数据库名即可打开数据库，注意已选择的数据库颜色会变成绿色。接下来在上方中间位置点击"新建表"，即可创建数据表。如图 3-4-4 所示。

图 3-4-4　打开数据库

如图 3-4-5 所示，在"名"的下方可以输入"字段名"；"类型"的下方，点击即可选择数据类型，如果是整数、字符串类型可以规定最大长度，小数类型的可以选择该字段的小数位数。"不是 null"可以添加非空约束，如果需要设置主键，只需在该字段最后面，点击一下"键"即可。如果需要插入下一个字段，点击对话框上方的"添加字段"。

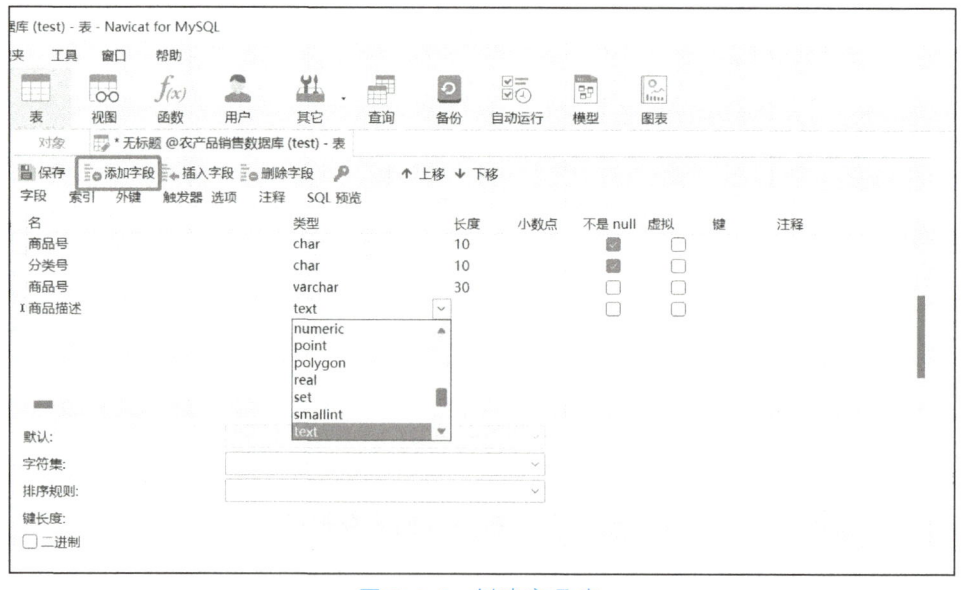

图 3-4-5　创建商品表

将表中所有字段全部录入完毕，点击上方的"保存"按钮，会出现提示框，如图 3-4-6

所示，此时输入表名，点击确定即可。当创建完成以后，刷新一下数据库，可以看到数据库的表中出现了"商品表"（见图 3-4-7），说明表已经创建成功。

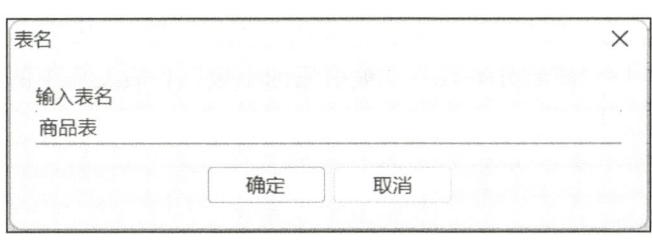

图 3-4-6　保存表名

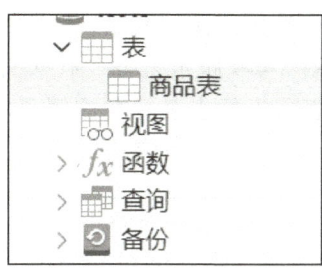

图 3-4-7　创建成功

请读者用同样的方式自己创建"商品分类表"。

三、使用 Navicat 工具管理数据表

1. 设置主键

如果创建表的时候没有定义主键，可以将鼠标放在数据表名的位置，点击鼠标右键，选择"设计表"。选中在所需创建主键的行，然后点击上方的"主键"即可。

例如，将"商品号"设置为主键，选择商品号这一行，点击图 3-4-8 中圈中的"主键"，可以发现"商品号"最后出现了一把钥匙的图形，说明已经将"商品号"设置为主键，点击保存即可。（请读者用同样的方式将"商品分类表"中的"分类号"设置为主键）

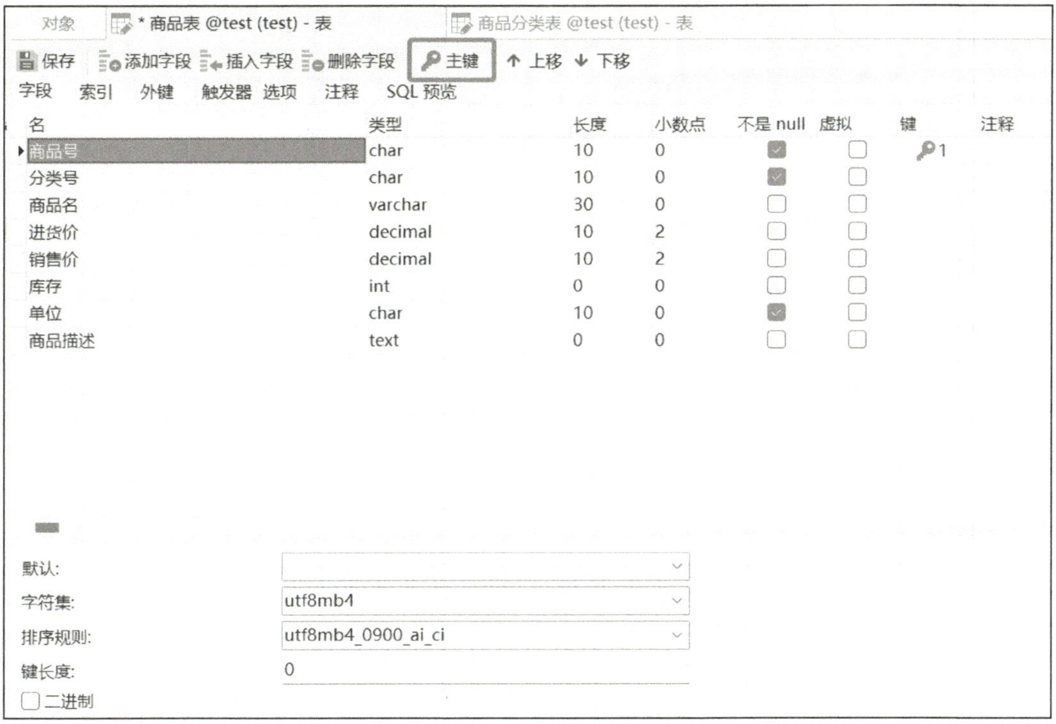

图 3-4-8　设置主键

2. 设置外键

如果需要设置外键，点击"工具栏"中的外键，在弹出的窗口中即可设置。

例如，在"商品表"中将"分类号"设置为外键，链接"商品分类表"中的"分类号"。如图 3-4-9 所示，"名"代表外键的名字，"字段"是需设置为外键的字段，"被引用的表（父）"代表父表的表名。在该例子中，父表是"商品分类表"，"被引用的字段"代表父表中的主键"分类号"。设置完成以后点击"保存"即可。

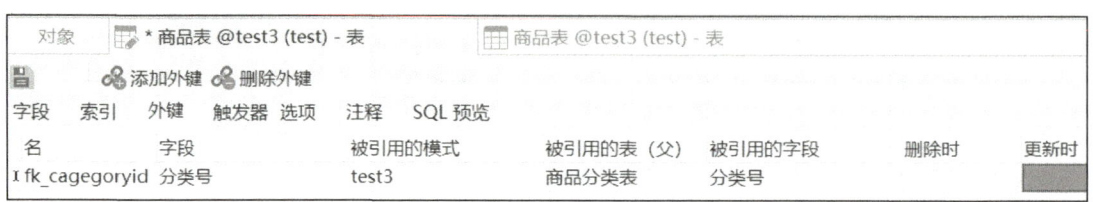

图 3-4-9　设置外键

3. 修改表

如果需要修改数据表的结构，可以将鼠标放在数据表名的位置，点击鼠标右键，选择"设计表"。可以修改表的结构，比如：删除、添加字段，修改字段的数据类型，给字段设置约束条件等，如图 3-4-10 所示。修改完成以后记得点击"保存"。

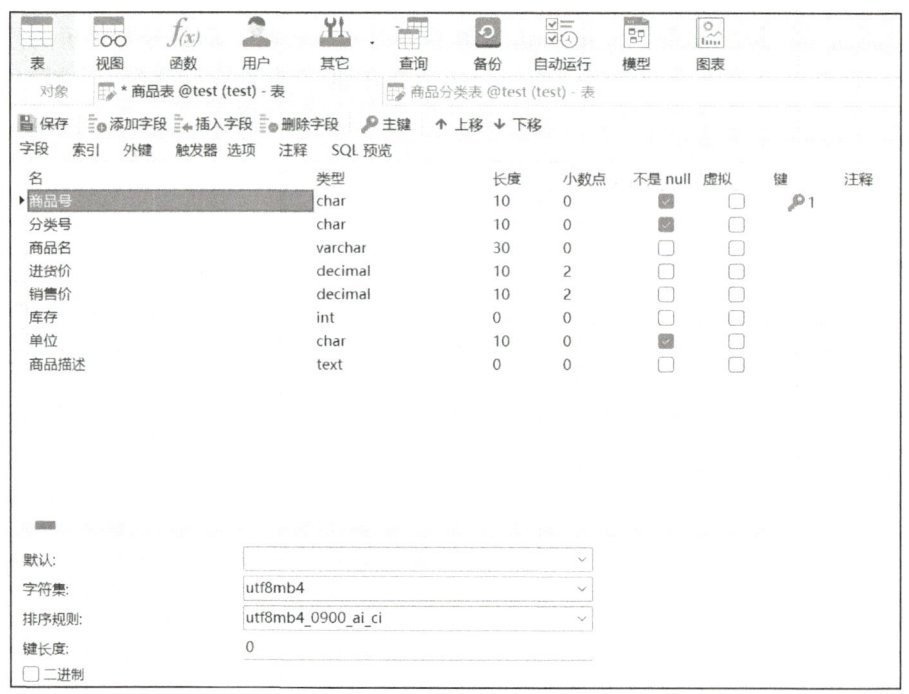

图 3-4-10　修改数据表

4. 删除表

如果需要删除数据表，只需将鼠标放在数据表名的位置，点击"删除表"即可。需要注意，最好先做好备份再删除数据表，以免造成数据丢失。

【任务评价】

在本次任务中,同学们顺利完成了王组长所安排的任务,成功安装了 Navicat for MySQL 管理工具,并使用该工具创建了数据库、数据表,也能熟练使用 Navicat for MySQL 工具对数据库、数据表进行管理。王组长很满意大家的工作态度与工作效率,他将对大家在本次任务的表现进行评价。

操作能力 ☆☆☆☆☆
分工协作能力 ☆☆☆☆☆
学习能力 ☆☆☆☆☆
分析问题能力 ☆☆☆☆☆
管理能力 ☆☆☆☆☆

任务五 综合实例——农产品销售管理系统数据表管理

【情景导入】

小明已经学会在数据库中创建数据表、管理数据表了。王组长要求小明将农产品销售管理数据库中剩余的用户表、订单表、订单明细表创建出来。

【任务目标】

（1）创建用户表、订单表、订单明细表。
（2）对订单表、订单明细表设置外键约束。

综合实例——农产品销售
管理系统数据表管理

【任务实施】

步骤一　在农产品销售管理数据库中创建用户表、订单表、订单明细表。
过程 1：小组分工合作，设计出用户表、订单表、订单明细表中字段的数据类型、需要的约束条件，并制作为 Excel 表格。
过程 2：根据上一步设计数据类型等条件创建用户表、订单表、订单明细表。
过程 2：为用户表、订单表、订单明细表设置主键约束、非空约束、自增约束。
过程 3：为订单表、订单明细表设置外键约束。
步骤二　展示成果。
过程 1：各小组派成员代表上台展示学习成果。
过程 2：教师讲解任务并点评各小组成果。
过程 3：各小组展开自评和互评，并完成技能评价表。

表 3-5-1　技能评价表

序号	评价内容与目标	评价等级
1	掌握使用 Navicat for MySQL 创建数据表的操作	A B C D
2	掌握使用 Navicat for MySQL 设置约束条件的操作	A B C D

【知识链接】

一、创建用户表、订单表、订单明细表

1. 用户表、订单表、订单明细表三张表结构

（1）用户表用于存储商店会员信息的表，其中用户为主键。用户表结构如表 3-5-2 所示。

表 3-5-2 用户表结构

列名	数据类型	长度	备注
用户号	CHAR	6	主键
用户名	VARCHAR	10	非空
密码	VARCHAR	20	非空
性别	CHAR	2	非空
地址	VARCHAR	40	
邮箱	VARCHAR	20	
电话	VARCHAR	11	非空

（2）订单表用于存储每一笔订单的信息，其中订单号是主键，每笔订单的编号由系统自动递增生成，所以需要给订单号设置自增约束。为了保证系统数据的完整性，需要将用户号设置为外键。订单表结构如表 3-5-3 所示。

表 3-5-3 订单表结构

列名	数据类型	长度	备注
订单号	INT		主键、自增
用户号	CHAR	6	非空
订单日期	DATETIME		非空
订单总价	DECIMAL	长度10，小数2位	非空
订单状态	TINYINT	1	

（3）订单明细表用于存储每一笔订单的详细信息，订单号、商品号组合成主键。订单号是外键，其父表为订单表；商品号也是外键，其父表为商品表。订单明细表结构如表 3-5-4 所示。

表 3-5-4 订单明细表结构

列名	数据类型	长度	备注
订单号	INT		主键
商品号	CHAR	10	主键
数量	INT		非空
单价	DECIMAL	长度10，小数2位	非空

2. 创建用户表、订单表、订单明细表

可以使用 MySQL 自带的 Command Line Client 输入 SQL 语句创建，也可以使用 Navicat 图形管理工具创建。这里只演示输入 SQL 语句创建的方法。

（1）创建用户表。

CREATE TABLE 用户表

(
用户号　CHAR(6)　PRIMARY KEY,
用户名　VARCHAR(10)　NOT NULL,
密码　VARCHAR(20)　NOT NULL,
性别　CHAR(2)　NOT NULL,
地址　VARCHAR(40),
邮箱　VARCHAR(20),
电话　VARCHAR(11)　NOT NULL
);

（2）创建订单表。

CREATE TABLE 订单表
(
订单号　INT　PRIMARY KEY AUTO_INCREMENT,
用户号　CHAR(6)　NOT NULL,
订单日期　DATETIME NOT NULL,
订单总价　DECIMAL(10,2)　NOT NULL,
订单状态　TINYINT(1)
);

（3）创建订单明细表。

CREATE TABLE 订单明细表
(
订单号　INT,
商品号　CHAR(10),
数量　INT NOT NULL,
单价　DECIMAL(10,2)　NOT NULL,
PRIMARY KEY(订单号,商品号)
);

二、对订单表、订单明细表设置外键约束

1. 订单表设置外键

订单表中的字段"用户号"和用户表中的"用户号"具有关联关系。为了保证数据的完整性、一致性，可以将用户表作为父表、订单表作为子表，通过"用户号"将它们关联起来，所以可以在订单表中将"用户号"设置为外键。设置的语句如下：

ALTER TABLE 订单表 ADD CONSTRAINT FK_userid FOREIGN KEY（用户号）
REFERENCES 用户表（用户号）

2. 订单明细表设置外键

订单明细表中的字段"订单号"和订单表中的"订单号"具有关联关系。为了保证数据

的完整性、一致性，可以将订单表作为父表、订单明细表作为子表，通过"订单号"将它们关联起来，所以可以在订单明细表中将"订单号"设置为外键。设置的语句如下：

ALTER TABLE 订单明细表 ADD CONSTRAINT FK_orderid FOREIGN KEY（订单号）REFERENCES 订单表（订单号）

订单明细表中还有一个"商品号"与商品表中的"商品号"也具有关联关系。同理，可以在订单明细表中将"商品号"设置为外键。设置的语句如下：

ALTER TABLE 订单明细表 ADD CONSTRAINT FK_productid FOREIGN KEY（商品号）REFERENCES 商品表（商品号）

读者也可以自行使用 Navicat 图形化管理工具创建订单表、订单明细表的外键约束。

【任务评价】

在本次任务中，同学们顺利完成了王组长所安排的任务，成功创建了用户表、订单表、订单明细表，并设置好了约束条件。看着同学们学习讨论和操作过程中认真的态度，王组长很满意，他要综合地对大家此次工作内容进行评价。

操作能力	★★★★☆
分工协作能力	★★★★☆
举一反三能力	★★★★☆
归纳总结能力	★★★★☆

【项目总结】

本项目总共包含五个任务，通过这五个任务的学习应该掌握数据库的创建与管理，数据表的创建与管理，数据表中 7 个约束条件。读者应熟练掌握创建数据库的方式、创建数据表的方式，掌握数据表中七个约束条件的作用是什么，关键字是什么，以及如何在创建表时创建约束条件、在修改表时创建约束条件。应学会在"MySQL Command Line Client"工具中执行 SQL 语句，在熟练掌握之后可使用 Navicat 工具进行图形化的操作。为了给后续项目打好基础，应多多练习本项目中的任务。

【思考与练习】

一、单选题

1. 在创建表时，非空约束的关键字是（　　）。
   A. NOT NULL　　　　　　　　B. NO NULL
   C. NULL　　　　　　　　　　D.　NOT

2. 以下有关主键说法正确的是（　　）。
   A. 主键的值可以为空，可以重复　　B. 主键的值可以为空，不可以重复
   C. 主键的值不可以为空，但可以重复　D. 主键的值不可以为空，也不能重复

3. 以下有关唯一性约束的说法错误的是（　　）。
   A. 关键字是 UNIQUE
   B. 设置了唯一性约束的列，其值可以为 null
   C. 一个数据表中只能创建一个唯一性约束
   D. 作用是所有记录中该字段的值不能重复

4. "ALTER TABLE 商品表 ADD 商品信息 CHAR（10）FIRST"该 SQL 语句的作用是（　　）。
   A. 在表中的最前面添加"商品信息"列
   B. 在表中的中间面添加"商品信息"列
   C. 在表中的最后面添加"商品信息"列
   D. 在表中的任意位置添加"商品信息"列

5. 删除订单表正确的语句是（　　）。
   A. DROP 订单表　　　　　　　　B. DROP DATABASE 订单表
   C. DROP TABLE 订单表　　　　　D. DELETE TABLE 订单表

6. 在创建数据表时设置外键，正确的语句是（　　）。
   A. CONSTRAINT 外键名 FOREIGN KEY（字段名）REFERENCES 父表名；
   B. CONSTRAINT 外键名 FOREIGN（字段名）REFERENCES 父表名（主键字段名）；
   C. CONSTRAINT 外键名 FOREIGN KEY（字段名）REFERENCES 父表名（主键字段名）；
   D. CONSTRAINT（字段名）REFERENCES 父表名（主键字段名）；

7. 以下说法正确的是（　　）。
   A. 设置了主键的字段，其值可以重复
   B. 可以给数据类型为"CHAR"的列设置自增约束

C. 一张表中设置为主键的字段可以是 2 个

D. 同一个数据库中可以创建名字相同的两张数据表

二、填空题

1. 修改数据表的命令是：_____ TABLE。
2. 请用 SQL 语言完成下面操作：查看当 book 表的表结构 _____。
3. 定义主键的关键字是：_____。
4. 创建数据库的关键字是：_____。
5. 创建数据表的关键字是：_____。
6. 删除数据库的关键字是：_____。

三、实操题

请将项目二中的"教务系统数据库"创建出来。

（1）创建"教务系统管理数据库"。

（2）在"教务系统管理数据库"中创建"学生表""课程表""成绩表"，三张表的字段要求如下：

① 学生表

列名	数据类型	长度	备注
学号	CHAR	7	主键
姓名	VARCHAR	10	非空
性别	ENUM	值为（'男'，'女'）	非空
出生日期	DATE		非空
系部	ENUM	值为（'计算机技术系'，'电子工程系'，'电子商务系'，'教育科技系'）	非空
班级	CHAR	25	非空
电子邮箱	VARCHAR	20	
手机号码	CHAR	11	非空

② 课程表

列名	数据类型	长度	备注
课程编号	TINYINT	1	主键
课程名称	VARCHAR	30	非空
学时	SMALLINT		非空

③ 成绩表

列名	数据类型	长度	备注
学号	CHAR	7	主键，外键
课程编号	TINYINT	1	主键，外键
成绩	TINYINT		

（3）为上面三张表设置约束条件。（可以在创建表时设置）

项目四
数字法规——数据操作

项目综述

小明团队成功设计了公司的农产品销售管理系统数据库,并完成了数据表的创建。接下来,他们需要实现在数据库中对数据表内数据进行插入、修改、删除等操作。

本项目通过农产品销售管理系统实践教学活动,通过对数据的插入、修改、删除等任务学习,掌握数据操作的相关知识技能,方便数据管理和维护,同时可以帮助企业或组织更好地利用数据资源,提高工作效率和业务运营水平。

项目任务

任务一　数据表数据插入
任务二　数据表数据修改
任务三　数据表数据删除
任务四　综合实例——农产品销售管理系统数据操作

素养目标

(1) 培养学生注重细节的品质;
(2) 提升学生动手能力;
(3) 增强学生法律法规意识。

思维导图

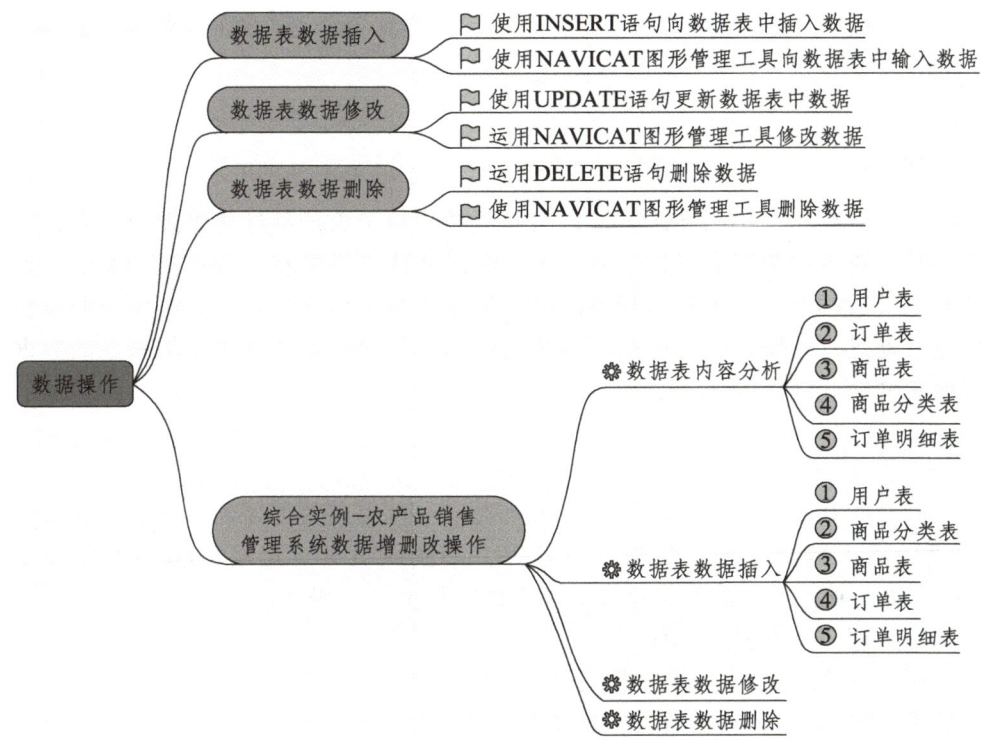

任务一 数据表数据插入

【情景导入】

在王组长的带领下，小明和团队伙伴已经成功创建了农产品销售管理数据库，并在其中建立了农产品销售管理数据表。接下来，小明和团队伙伴需要将与农产品相关的数据插入到表中，从而完善数据库。王组长将指导团队成员完成数据插入操作，并协助他们检查数据是否符合规范。通过这些操作，小明团队将为农产品销售管理系统提供更加精准的数据支持，为企业提供更便捷、高效的服务。

【任务分解】

王组长向小明和团队伙伴提出了一个重要提示：在完成数据库和数据表的创建后，接下来需要向表中插入数据。为了实现这一目标，团队成员可以运用 SQL 中的 INSERT 或 REPLACE 语句，或者通过图形化管理工具来进行数据插入操作。

（1）学习数据插入 SQL 语句；
（2）运用 SQL 语句插入一条完整记录；
（3）运用 SQL 语句一次性插入多条完整记录；
（4）运用图形化管理工具插入数据。

【任务目标】

（1）掌握数据插入的语法；
（2）学会运用 SQL 语言和图形化工具实现数据插入操作。

【任务实施】

步骤一　向数据表中添加一条新的数据记录。
过程1：对团队成员进行分组，小组成员学习数据插入操作，讨论数据插入注意事项。
过程2：小组成员对新增的数据记录进行分析。
过程3：小组成员使用 INSERT 或 REPLACE 语句向数据表中添加一条新的数据记录。
步骤二　向数据表中添加多条新数据记录。
过程1：小组成员对插入数据进行分析。
过程2：小组成员使用 INSERT INTO 语句向数据表中插入多条记录。
过程3：通过查询，检查新增数据是否插入成功。
步骤三　运用图形化管理工具向数据表中插入数据。
过程1：小组成员对插入数据进行分析，然后打开 NAVICAT 图形化管理工具。
过程2：小组成员在 NAVICAT 图形化管理工具中，连接服务器，打开对应数据库，打开对应数据表，在表中输入需要插入的数据。

过程3：录入数据完成后，保存数据，检查新增数据是否插入成功。
步骤四　展示成果。
过程1：各小组派成员代表上台展示数据插入操作过程及结果。
过程2：教师讲解任务知识点并点评各小组成果。
过程3：各小组展开自评和互评，并完成技能评价表。

表 4-1-1　技能评价表

序号	评价内容与目标	评价等级
1	掌握数据插入语句语法	A B C D
2	掌握如何运用 SQL 语句插入一条或多条完整记录	A B C D
3	掌握如何运用图形化管理工具 NAVICAT 插入数据	A B C D

【知识链接】

一、使用 INSERT 语句向数据表中插入数据

1. 数据插入语句

数据表数据插入

插入数据即向数据表中写入新的记录。向数据表中插入的新记录，需要遵守数据完整性约束。简单来说，数据完整性约束指的是对于每个字段所设定的数据类型、数据长度、数据范围、有效性等规则。只有满足了这些规则，新记录才能被成功插入到数据表中。在实际操作中，如果向表中插入的新记录不符合数据完整性约束，则会导致插入记录失败并返回错误提示信息。

在 MySQL 中，可以通过 INSERT 或 REPLACE 语句向表中插入一行或多行数据。
语法格式如下：

INSERT | REPLACE
INTO <表名> [（列名，...）]
VALUES（{表达式|DEFAULT}，...），（...），...
|SET COL_NAME ={表达式| DEFAULT}，...

数据插入有两种语法形式，分别是 INSERT...VALUES 语句和 INSERT...SET 语句。
（1）INSERT...VALUES 语句语法格式如下：

INSERT INTO <表名>[<列名 1>[, ...<列名 N>]]
VALUES（值 1）[...,（值 N）];

<表名>：指定被操作的表名。
<列名>：指定需要插入数据的列名。若向表中的所有列插入数据，则全部的列名均可以省略，直接采用 INSERT INTO <表名> VALUES（...）即可。
VALUES 子句：该子句包含要插入的数据清单。数据清单中数据的顺序要和列的顺序相对应。

（2）INSERT...SET 语句语法格式如下：
INSERT INTO <表名>
SET <列名 1>=<值 1>,
<列名 2>=<值 2>;

此语句用于直接给表中的某些列指定对应的列值，即要插入的数据的列名在 SET 句中指定，COL_NAME 为指定的列名，等号后为指定的数据值，对于未指定的列，列值会指定为该列的默认值。

小结：由 INSERT 语句的两种形式可以看出：使用 INSERT...VALUES 语句可以向表中插入一行数据，也可以插入多行数据；使 INSERT...SET 语句可以指定插入每列中的值，也可以指定部分列的值。

向数据表插入数据时注意事项：

● 插入字符型（CHAR 和 VARCHAR）和日期时间型（DATE 等）数据时，都必须在数据的前后加半角单引号，只有数值型（INT 等）的值前后不加半角单引号。

● 对于 DATE 类型的数据，插入时，必须使用"YYYY-MM-DD"的格式，并且日期数据必须用半角单引号。

● 若某个字段不允许为空，且无默认值约束，则表示向数据表中插入一条记录时，该字段必须写入值。若某字段不允许为空，但它有默认值约束，则插入记录时自动使用默认值代替。

● 若某个字段设置了主键约束，则插入记录时不允许出现重复值。

（3）将一张数据表中的数据插入到另一张数据表中。

SQL 语法格式：

INSERT INTO <目标数据表名称> SELECT *|<字段列表> FROM <源数据表名称>;

（4）插入查询后的结果数据。

INSERT 语句可以将 SELECT 语句查询的结果插入到数据表中，而不需要把多条记录的值一条一条地输入，通过 INSERT 和 SELECT 语句组合可快速地实现从一张数据表或多张数据表向另一张数据表中插入多条记录。

语法格式如下：

INSERT INTO <数据表名>|<字段列表>|<SELECT 语句>;

上述方法必须合理地设置查询语句的结果字段顺序，保证查询结果字段和被插入数据表的字段相匹配，否则会导致插入失败。

【例 4.1.1】农产品用户表包括用户号、用户名、密码、性别、地址、邮箱、电话字段，向用户表中插入一条记录，如下表 4-1-2 所示。

表 4-1-2 一条记录

用户号	用户名	密码	性别	地址	邮箱	电话
u0007	胡小庆	123456	男	广东珠海市	huxiaoqing@163.com	13984624444

代码如下：

USE 农产品销售管理数据库；

INSERT INTO 用户表

VALUES（'u0007','胡小庆','123456','男','广东珠海市','huxiaoqing@163.com','13984624444'）；

代码中未给出插入的列的字段名列表，是因为如果在 VALUES 中给出了全部列的插入数据，则可以省略字段名列表。

【例 4.1.2】运用 REPLACE INTO 语句向用户表中插入记录（'u0007','胡小梅','123456','男','广东佛山','HUXIAOQING@163.COM','13984621111'）。执行结果显示如下。

REPLACE INTO 用户表 VALUES（'u0007','胡小梅','123456','男','广东佛山','huxiaoqing@163.com','13984621111'）；

运用 REPLACE INTO 语句用 VALUES 子句的值替换已经存在的记录，而使用 INSERT INTO 插入主键冲突的数据则会报错，执行结果显示如下。

INSERT INTO 用户表 VALUES（'u0007','胡小梅','123456','男','广东佛山','huxiaoqing@163.com','13984621111'）；

由于用户表中已经有 u0007 用户的记录，因此将出现主键冲突错误，执行结果显示如下。

INSERT INTO 用户表 VALUES（'u0007','胡小庆','123456','男','广东珠海市','HUXIAOQING@163.COM','13984624444'）；

> 1062 - DUPLICATE ENTRY 'u0007' FOR KEY '用户表.PRIMARY'

> 时间：0S

【例 4.1.3】向用户表插入两条记录，如表 4-1-3 所示。

表 4-1-3 两条记录

用户号	用户名	密码	性别	地址	邮箱	电话
u0007	王小与	123456	女	广东中山市	wangxy@163.com	13802345678
u0008	李小夏	123456	女	广东广州市	Lixiaoxia@163.com	13984324455

SQL 代码如下：

INSERT INTO 用户表 VALUES

（'u0007','王小与','123456','女','广东中山市','wangxy@163.com','13802345678'）；

（'u0008','李小夏','123456','女','广东广州市','Lixiaoxia@163.com','13984324455'）；

从上面代码可以看出，当一次插入多条记录时，每条记录的数据要用括号括起，记录与记录之间必须用逗号分开。

二、使用 NAVICAT 图形管理工具向数据表中输入数据

运用 NAVICAT 图形化管理工具，可以通过可视化的方式进行数据插入操作。这种方法通常比较直观和简便。

【例 4.1.4】在 NAVICAT 图形管理工具中输入表 4-1-4 所示的"用户表"的全部数据。

表 4-1-4 "用户表"数据

用户号	用户名	密码	性别	地址	邮箱	电话
u0001	刘晓和	123456	男	广东深圳市	liuxh@163.com	13512345678
u0002	张嘉庆	123456	男	广东深圳市	zhangjq@163.com	13512345679
u0003	罗红红	123456	女	广东深圳市	longhh@163.com	13512345689
u0004	李昊华	123456	女	广东广州市	lihh@163.com	13812345679
u0005	吴美霞	123456	女	广东珠海市	wumx@163.com	13512345879
u0006	王天赐	123456	男	广东中山市	wangtc@163.com	13802345679

操作步骤如下：

（1）启动图形管理工具 NAVICAT，如图 4-1-1 所示。

图 4-1-1 启动图形管理工具

（2）使用 NAVICAT 连接到服务器，如图 4-1-2 所示。

图 4-1-2 连接服务器

（3）打开"农产品销售管理数据库"。

在左侧"数据库对象"窗格中的数据库列表中双击"农产品销售管理数据库"，打开该数据库，如图 4-1-3 所示。

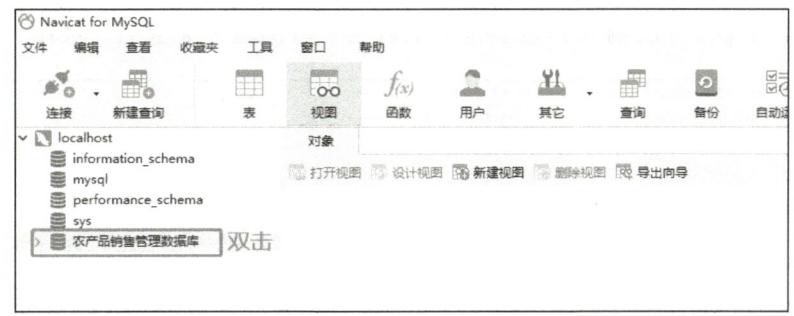

图 4-1-3　打开数据库

（4）打开"打开表"命令。

双击数据库下的表格或者点击工具栏上的"打开表"按钮，如图 4-1-4 所示。

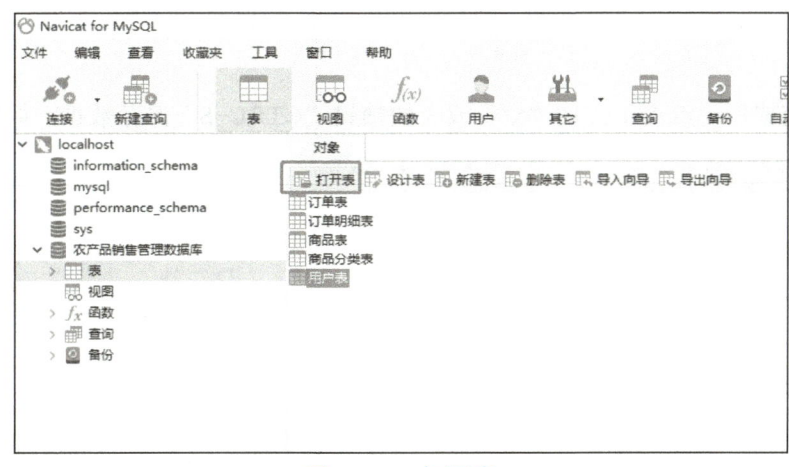

图 4-1-4　打开表

（5）输入"用户表"数据。

在第 1 行的"用户号"字段对应的单元格中单击，输入"u0001"，将光标移到"用户名"对应的单元格中并输入"刘晓和"，再一次按"→"键将光标移到下一个单元格或者在单元格中直接单击，然后输入该记录的其他数据，如图 4-1-5 所示。

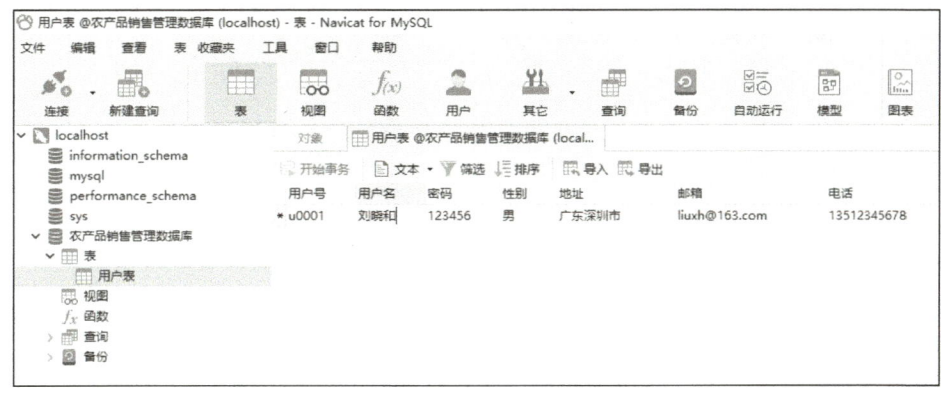

图 4-1-5　插入单行记录

（6）以同样的操作方法输入其余多行记录数据，数据输入完成后，如图 4-1-6 所示。

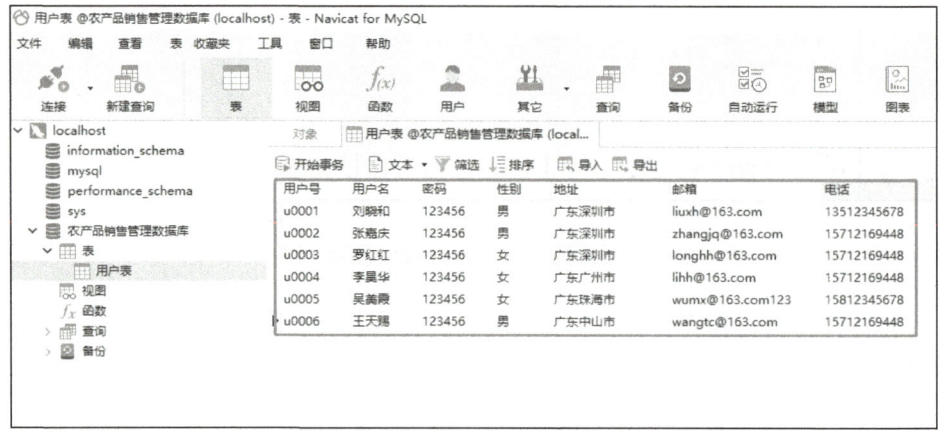

图 4-1-6　输入多行记录

（7）录入完成后，点击下方的"√"或者快捷键"CTRL+S"保存数据，如图 4-1-7 所示。

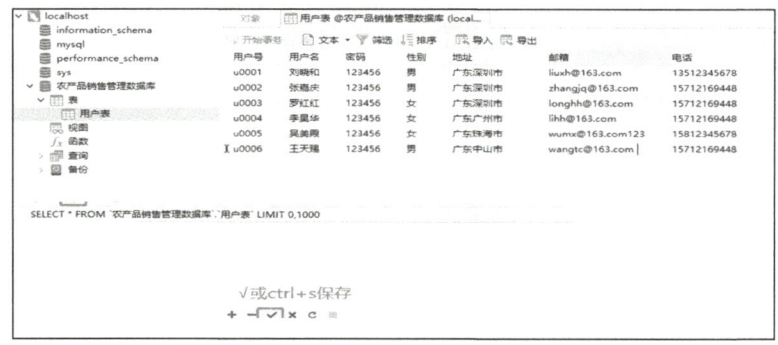

图 4-1-7　保存数据

（8）关闭"记录编辑"选项卡，如图 4-1-8 所示。

图 4-1-8　关闭记录编辑

【任务评价】

在本次任务中，同学们成功完成了王组长安排的向数据表添加新数据记录的任务，不仅深入掌握了相关知识点，还在实际操作中展示了SQL语句或图形化管理工具的运用能力。看着同学们在台上神采飞扬地与大家分享学习成果、自身不足和需要努力的方向，王组长感到很满意，他决定尽可能全面地对大家此次工作内容进行评价。

数据分析能力　☆☆☆☆☆
信息搜索能力　☆☆☆☆☆
总结归纳能力　☆☆☆☆☆
分工协作能力　☆☆☆☆☆
沟通表达能力　☆☆☆☆☆
分析问题能力　☆☆☆☆☆

任务二 数据表数据修改

【情景导入】

在王组长的带领下，小明和团队成员已经向农产品销售管理数据库插入了大量业务数据。然而在插入数据的过程中，他们发现了一些数据重复或存在错误等问题，这使得小明有些疑惑：应该如何修改这些错误的数据呢？为了解决这个问题，王组长将会指导团队成员进行数据表中数据的修改操作。

小明和团队成员及时修正错误数据，并确保数据表中的数据始终保持正确和可靠，为农产品业务的顺利开展提供了坚实的支撑。

【任务分解】

（1）学习数据修改 SQL 语句；
（2）运用 UPDATE 语句对单表数据进行修改；
（3）运用 UPDATE 语句对多表数据进行修改；
（4）运用 NAVICAT 图形管理工具修改数据。

【任务目标】

（1）掌握数据修改的语法；
（2）学会使用 SQL 语言和图形化工具实现单表数据修改操作；
（3）学会使用 SQL 语言和图形化工具实现多表数据修改操作。

【任务实施】

步骤一　对单表数据进行修改。
过程 1：对团队成员进行分组，小组成员学习数据修改操作，讨论数据修改注意事项。
过程 2：小组成员对需要修改的数据进行分析。
过程 3：小组成员使用 UPDATE 语句对单表数据进行修改并保存。
步骤二　对多表数据进行修改。
过程 1：小组成员对需要修改的数据进行分析。
过程 2：小组成员使用 UPDATE 语句对多表数据进行修改。
过程 3：通过查询，检查修改数据是否修改成功，修改成功则保存。
步骤三　运用图形管理工具修改数据表。
过程 1：小组成员对修改数据进行分析，然后打开 NAVICAT 图形化管理工具。
过程 2：小组成员在 NAVICAT 图形化管理工具中，连接服务器，打开对应数据库，打开对应数据表，在表中修改数据。

过程3：修改数据完成后，保存数据，检查数据是否修改成功。
步骤四　展示成果。
过程1：各小组派成员代表上台展示数据修改操作过程及结果。
过程2：教师讲解任务知识点并点评各小组成果。
过程3：各小组展开自评和互评，并完成技能评价表。

表 4-2-1　技能评价表

序号	评价内容与目标	评价等级
1	掌握数据修改语句语法	A B C D
2	掌握如何运用 UPDATE 语句对单表数据进行修改	A B C D
3	掌握如何运用 UPDATE 语句对多表数据进行修改	A B C D
4	掌握如何运用图形化管理工具 NAVICAT 修改数据	A B C D

【知识链接】

一、使用 UPDATE 语句更新数据表中数据

数据表数据修改

当发现数据表中的数据不符合要求时，需要对其进行修改以确保数据的准确性和完整性。要修改表中的数据，可以使用 UPDATE 语句修改单个表，也可以修改多个表。通过该语句可以精确地定位需要修改的数据并针对性地进行修改，而不会影响其他数据的完整性。同时，还需要注意在执行数据修改操作之前备份原始数据，以便在修改过程中遇到问题时可以及时恢复数据。

1. 单表数据修改

运用 UPDATE 语句进行单表数据修改时，可以修改特定的数据，也可以进行批量数据修改。

UPDATE 语法格式：

UPDATE <表名>
SET <字段名1>=<字段值1>[，<字段名2>=<字段值2> ...]
[WHERE<条件表达式>];

语法说明：
<表名> 指要修改的表名；
<字段名> 指要修改的表字段名；
<字段值> 指修改后的新值；
<条件表达式> 指用于筛选被修改数据的条件。

如果数据表中只有一个字段的值需要修改，则只需要在 UPDATE 语句的 SET 子句后跟一个表达式。如果需要修改多个字段的值，则需要在 SET 子句后跟多个表达式，各个表达式之间使用半角逗号","分隔。

如果数据表中所有记录的某个字段值都需要修改，则无需加 WHERE 子句，即为无条件修改。

【例 4.2.1】将农产品销售管理数据库中，农产品商品表中商品名称为"羊肉粉"的销售价增加 5 元；将用户表中用户名为"罗红红"的电话改为"13802251234"，密码改为"111111"。

```
UPDATE 商品表
SET 销售价 = 销售价+ 5
WHERE
    商品名 = '羊肉粉';
UPDATE 用户表
SET 电话 = '13802251234', 密码= '111111'
WHERE
    用户名 = '罗红红';
```

2. 多表数据修改

语法格式：

```
UPDATE <表名列表>
SET <字段名 1>=<字段值 1>[，<字段名 2>=<字段值 2> ...]
[WHERE <条件表达式>];
```

语法说明：

<表名列表>：包含多个表的联合，多个表之间用逗号隔开。

【例 4.2.2】农产品销售管理数据库商品表中，商品号为'AV-SB-02'的商品，因超市促销活动销售价统一调整为 39 元，请在商品表和订单明细表中修改对应的数据。

```
UPDATE 商品表,订单明细表
SET 商品表.销售价 = 39,
订单明细表.单价 =商品表.销售价
WHERE
    商品表.商品号 = 'AV-SB-02'
    AND 商品表.商品号 =订单明细表.商品号
```

当用 UPDATE 修改多个表时，要修改的表名之间用逗号隔开。字段名如果涉及多表，可以用"表名.字段名"表示，如"订单明细表.单价"。多表连接条件须在 WHERE 子句中指定。

数据表数据修改操作需要非常谨慎，因为一次小小的疏忽可能导致严重后果。在进行操作之前，一定要备份原始数据，以便在修改过程中出现问题时可以及时恢复数据。同时，还需要注意表与表之间的关系，避免因为修改一个表的数据而影响到其他表的数据。无论是在学习还是工作中，我们都需要注重细节，很多时候，我们会忽视一些细节问题而导致失败，认为这只是一次疏忽，一次失误，但实际上细节问题往往是决定成败的关键因素。数据操作过程中需要谨慎、注重细节。

二、运用 NAVICAT 图形管理工具修改数据

运用 NAVICAT 图形管理工具实现数据修改操作，可以通过 GUI 界面进行操作，较为直观和便捷。具体步骤如下：

① 打开 NAVICAT 工具，并连接到所需的 MySQL 数据库

② 在导航栏中找到需要更改数据的表，并右键单击该表，选择"编辑数据"选项。

③ 在"编辑数据"窗口中，选择需要修改的数据行，并在要修改的字段上双击。

④ 修改该字段的值，完成后单击窗口底部的"保存"按钮即可。

⑤ 如果需要修改多条数据，可以按住 Shift 或 Ctrl 键选择多个数据行进行批量修改。

通过 NAVICAT 工具进行数据修改时，注意选择正确的数据库和数据表，并确保对数据修改前进行备份以避免意外删除或覆盖原始数据。

【例 4.2.3】用 NAVICAT 工具在"用户表"中，将用户名为"罗红红"的记录中密码由原来的"123456"修改为"111111"。

（1）查看数据表的全部记录。

启动 NAVICAT 图形管理工具，连接服务器，打开"农产品销售管理数据库"，然后右击"用户表"选择"打开表"命令，查看该数据表中的记录，结果如图 4-2-1 所示。

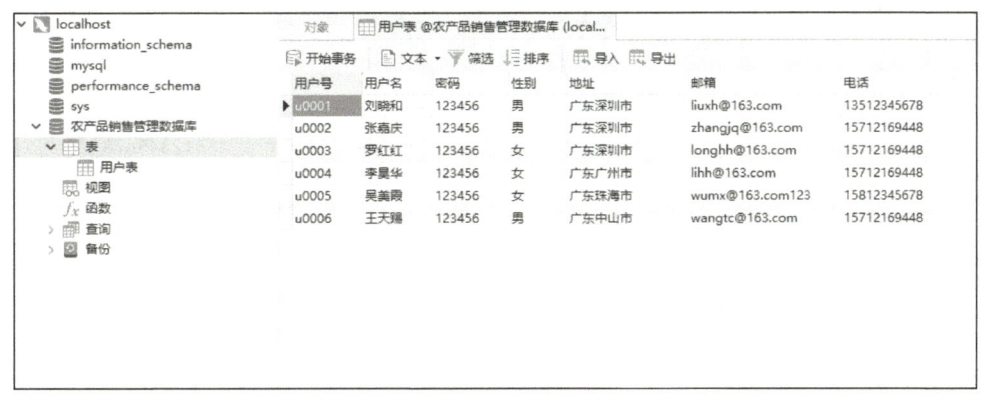

图 4-2-1　查看数据表的全部记录

（2）修改数据表的记录数据。

打开数据库"农产品销售管理数据库"。在"用户表"中，将用户名为"罗红红"的记录中密码由原来的"123456"修改为"111111"即可，修改结果如图 4-2-2 所示。

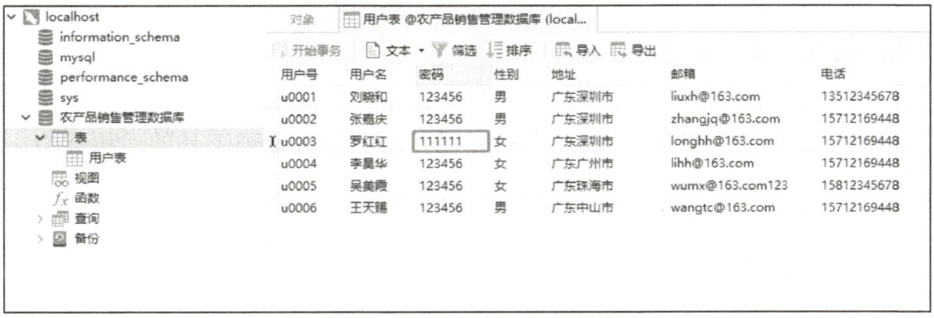

图 4-2-2　修改结果

记录数据修改后，如果单击下方的"应用改变"按钮"✔"，则数据修改生效；如果单击下方的"应用改变"按钮"✘"，则数据修改失效，将恢复为修改之前的数据。当然数据修改完成后，单击其他单元格，数据修改也会生效。

【说明】在 NAVICAT 图形管理工具数据表中，单击下方的"添加记录"按钮可以在尾部增加一行空白记录，如图 4-2-3 所示。删除记录时可以选中需要删除的记录，然后单击下方的"删除记录"按钮删除，如图 4-2-4 所示。

u0025	刘小华	123456	女	浙江省杭州市	lxh@163.com	15512345678
u0026	张兴林	123456	男	江苏省南京市	zxm@163.com	15612345678
u0027	赵小红	123456	女	北京市海淀区	zxh@163.com	15712345678
u0028	李晓莉	123456	女	广东省广州市	lxl@163.com	15912345678
u0029	王小明	123456	男	四川省成都市	wxm@163.com	15012345679
u0030	张辉	123456	女	湖南省长沙市	zxh@163.com	18012345678
u0031	李道明	123456	男	江苏省南京市	lxm@163.com	18112345678
u0032	王丽123	123456	女	北京市朝阳区	wxh@163.com	18212345678

UPDATE \`农产品销售数据库\`.\`用户表\` SET \`用户名\` = '王丽123' WHERE \`用户号\` = 'u0032'

图 4-2-3　添加记录

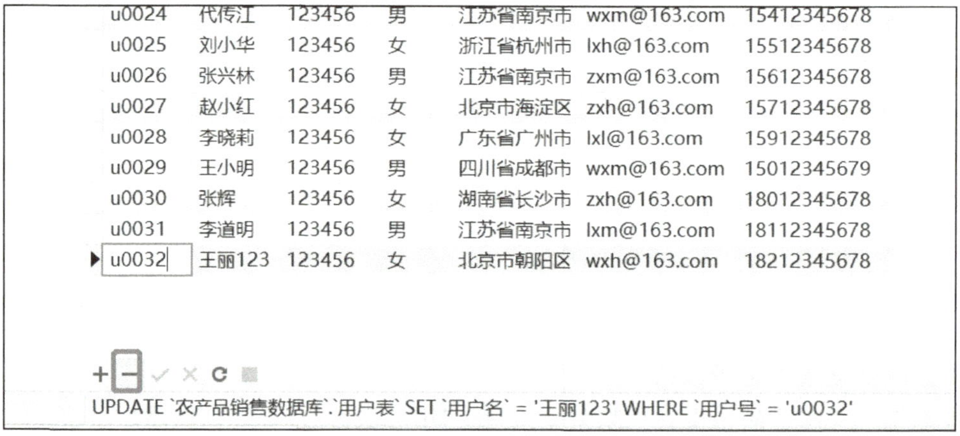

u0024	代传江	123456	男	江苏省南京市	wxm@163.com	15412345678
u0025	刘小华	123456	女	浙江省杭州市	lxh@163.com	15512345678
u0026	张兴林	123456	男	江苏省南京市	zxm@163.com	15612345678
u0027	赵小红	123456	女	北京市海淀区	zxh@163.com	15712345678
u0028	李晓莉	123456	女	广东省广州市	lxl@163.com	15912345678
u0029	王小明	123456	男	四川省成都市	wxm@163.com	15012345679
u0030	张辉	123456	女	湖南省长沙市	zxh@163.com	18012345678
u0031	李道明	123456	男	江苏省南京市	lxm@163.com	18112345678
u0032	王丽123	123456	女	北京市朝阳区	wxh@163.com	18212345678

UPDATE \`农产品销售数据库\`.\`用户表\` SET \`用户名\` = '王丽123' WHERE \`用户号\` = 'u0032'

图 4-2-4　删除记录

【任务评价】

在本次任务中，同学们出色地完成了王组长安排的数据修改任务，不仅深入掌握了数据修改相关知识点，还在实际操作中展示了 SQL 语句或图形化管理工具的运用能力。王组长对同学们在任务中的积极投入和扎实实践感到很满意，他决定尽可能全面地对大家此次工作内容进行评价。

分析问题能力　　☆☆☆☆☆
解决问题能力　　☆☆☆☆☆
沟通协作能力　　☆☆☆☆☆
数据操作能力　　☆☆☆☆☆

任务三
数据表数据删除

【情景导入】

小明和团队成员已经掌握了向农产品销售管理数据库包含的表中插入和修改数据的方法。他们导入了大量农产品业务数据，但在任务检查中，王组长发现小明错误地将一些数据重复导入到了数据表中，导致数据表中存在农产品重复数据。

为了解决数据重复问题，王组长将带领团队成员实施数据删除操作。他们需要通过编写 SQL 语句或运用 NAVICAT 等数据管理工具来筛选出数据库中的重复数据，并将其从数据表中删除。在执行删除操作之前，团队成员需要注意对数据进行备份，以防意外删除或数据丢失。

通过此次任务，小明和团队成员将进一步提高数据处理能力，并为业务数据的准确性和完整性提供保障。

【任务分解】

在本任务中，学习删除数据表中的无用数据，可以运用 DELETE 语句删除数据，或运用 TRUNCATE TABLE 语句清除表数据。

（1）学习数据删除 SQL 语句；
（2）运用 DELETE 语句删除数据；
（3）运用 TRUNCATE TABLE 语句清除表数据；
（4）运用 NAVICAT 图形管理工具删除数据。

【任务目标】

（1）掌握数据删除的语法；
（2）运用 SQL 语言和图形化工具实现数据删除操作；
（3）运用 SQL 语言和图形化工具清除表数据。

【任务实施】

步骤一　删除数据表中数据。
过程 1：对团队成员进行分组，小组成员学习数据删除操作。
过程 2：小组成员对需要删除的数据进行分析。
过程 3：小组成员使用 DELETE 语句对表数据进行删除操作并保存。
步骤二　清除数据表数据。
过程 1：小组成员对需要清除的表数据进行分析。
过程 2：小组成员使用 TRUNCATE TABLE 语句清除表数据。
步骤三　运用图形管理工具删除数据。

过程1：小组成员对删除数据进行分析，然后打开NAVICAT图形化管理工具。

过程2：小组成员在NAVICAT图形化管理工具中，连接服务器，打开对应数据库，打开对应数据表，在表中进行删除数据操作。

过程3：删除数据完成后，保存数据，检查数据是否删除成功。

步骤四　展示成果。

过程1：各小组派成员代表上台展示数据删除操作过程及结果。

过程2：教师讲解任务知识点并点评各小组成果。

过程3：各小组展开自评和互评，并完成技能评价表。

表 4-3-1　技能评价表

序号	评价内容与目标	评价等级
1	掌握数据删除语句语法	A B C D
2	掌握如何运用 DELETE 语句删除数据	A B C D
3	了解如何运用 TRUNCATE TABLE 语句清除表数据	A B C D
4	掌握如何运用图形化管理工具 NAVICAT 删除数据	A B C D

【知识链接】

数据表数据删除

一、运用 DELETE 语句删除数据

数据删除操作可以使用 DELETE 语句来实现。需要注意删除前需要确认筛选条件能够精确匹配要删除的数据，避免误删重要数据。

1. 从单个表中删除行

语法格式：

DELETE FROM <数据表名称> [WHERE<条件表达式>];

【说明】：

<FROM 子句>：用于说明从何处删除数据。

<WHERE 子句>：表示条件中的内容为指定的删除条件。DELETE 语句中如果 WHERE 子句省略，则表示无条件删除，数据表中所有记录都被删除。

【例 4.3.1】在农产品销售管理数据库中，从用户表中删除姓名为"罗红红"的用户记录。

DELETE FROM 用户表
　　WHERE 用户名='罗红红';

【例 4.3.2】在农产品销售管理数据库中，删除订单明细表中数量大于 10 的所有记录。

DELETE FROM 订单明细表
　　WHERE 数量>10;

2. 从多表中删除行

多表删除行是指在一个 DELETE 语句中同时删除多张表的数据行。可以通过联结查询或

者子查询等方式来实现。在数据库之间存在外键关系的情况下，可以同时删除多个表的记录。
语法格式：

DELETE <数据表名称 1>，<数据表名称 2>，....
FROM <表名列表>
[WHERE<条件表达式>];

或

DELETE
FROM <数据表名称 1>，<数据表名称 2>，....
USING<表名列表>
[WHERE<条件表达式>];

【说明】：
<表名列表>：多个表的联合，各个表之间用逗号隔开。
<FROM 子句>：用于说明从何处删除数据。
<WHERE 子句>：表示条件中的内容为指定的删除条件。DELETE 语句中如果 WHERE 子句省略，则表示无条件删除，数据表中所有记录都被删除。

在进行数据删除操作之前，一定要做好数据备份工作，以免误删数据后无法恢复。同时，在确认要进行删除操作时，应该谨慎地选择筛选条件，避免误删重要数据。如果不能确定要删除的数据是否正确，可以先进行查询操作，再根据查询结果来决定是否进行删除操作。另外，对于一些关键性数据，建议设置特殊的权限控制，以保证数据的安全性。

【例 4.3.3】从农产品销售管理数据库中删除用户号为"u0001"的客户，并在相关订单表中将该用户相关记录删除。

```
DELETE 用户表，订单表
FROM
    用户表，订单表
WHERE
    订单表.用户号 =用户表.用户号
    AND 订单表.用户号 = 'u0001';
```

或者

```
DELETE
FROM
    用户表，订单表 USING 用户表，订单表
WHERE
    订单表.用户号 =用户表.用户号
    AND 用户表.用户号 = 'u0001';
```

上面的两段 SQL 语句代码写法不同，作用都是同时删除用户表和订单表中的对应行。

3. 运用 TRUNCATE 语句删除表数据

TRUNCATE 语句可以用来删除表中的所有行，同时将表格的自增长等设置恢复到初始值。
语法格式：

TRUNCATE TABLE <表名>；

【说明】：

<表名> 是要清空数据的表的名称。

对于参与索引或视图的表，不建议使用 TRUNCATE 语句操作，而应使用 DELETE 语句。

使用 TRUNCATE 命令会直接删除表中的所有行，同时包括表定义、索引和关联约束等所有信息都会被删除。所以，在使用 TRUNCATE 命令时需要特别小心，务必谨慎考虑。另外，TRUNCATE 命令也不会将删除的行记录保存到回收站中，所以删除之前要备份重要数据，以免误操作导致丢失数据。

【例 4.3.4】删除"用户表"中所有记录。

TRUNCATE TABLE 用户表

二、使用 NAVICAT 图形管理工具删除数据

1. 使用 NAVICAT 图形管理工具删除数据表中的记录数据

在 NAVICAT 中删除数据的步骤如下：

（1）打开 NAVICAT，连接到相应的 MySQL 数据库。

（2）选择需要删除数据的表格，并点击"打开表格"按钮。

（3）在表格中选中需要删除的行。

（4）点击"删除记录"按钮或者在菜单栏中选择"记录"→"删除记录"。

（5）在弹出的窗口中，确认要删除的记录数和数据内容是否正确，然后点击"确定"按钮即可完成数据的删除。

需要注意的是，在删除数据时，要谨慎考虑数据的重要性和完整性，避免误删或者删除错误的数据。建议在删除之前先备份数据以备不时之需。

【例 4.3.5】使用 NAVICAT 图形管理工具，删除用户表中前三行记录。

操作步骤如下：

（1）启动图形管理工具 NAVICAT。

（2）连接服务器，打开"农产品销售管理数据库"。

在左侧"数据库对象"窗格中的数据库列表中双击"农产品销售管理数据库"，打开该数据库，如图 4-3-1 所示。

图 4-3-1　打开数据库

（3）打开"打开表"命令。

双击数据库下的表格或者点击工具栏上的"打开表"按钮，如图 4-3-2 所示。

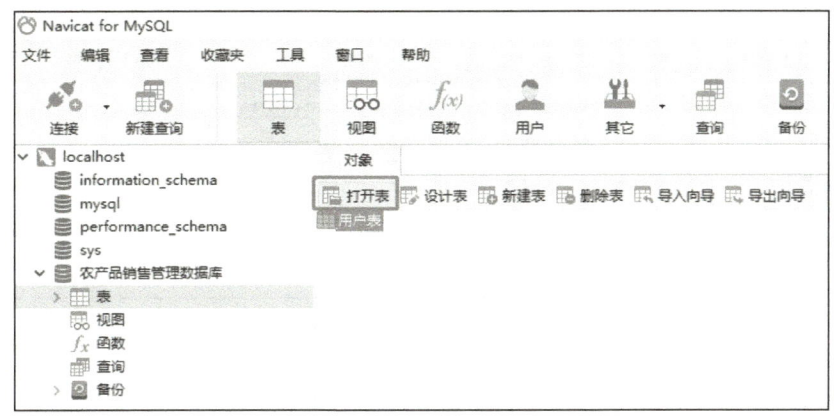

图 4-3-2　打开表

（4）选择要删除的三条记录。

先直接单击用户名为"刘晓和"的记录数据，然后在按住"Ctrl"键的同时，依次单击用户名为"张嘉庆"和"罗红红"的两条记录数据。接着右击选中的记录行，在弹出的快捷菜单中选择"删除记录"命令，如图 4-3-3 所示。

在弹出的"确认删除"的信息对话框中单击"删除 3 条记录"按钮，即可删除选中的 3 条记录，如图 4-3-4 所示。

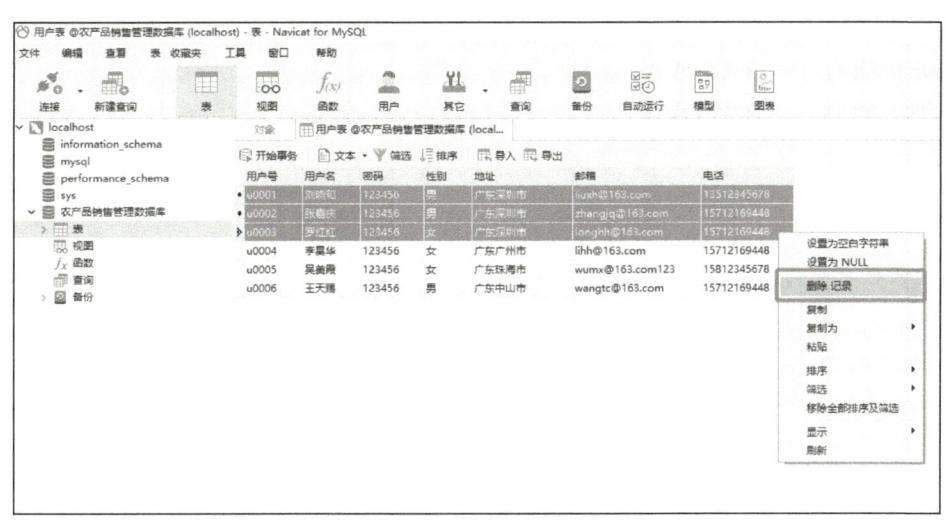

图 4-3-3　选择"删除记录"命令

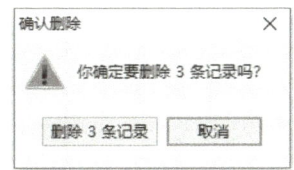

图 4-3-4　单击"删除 3 条记录"按钮

"用户表"删除以前共有 6 条记录，删除 3 条记录后剩余 3 条记录，如图 4-3-5 所示。

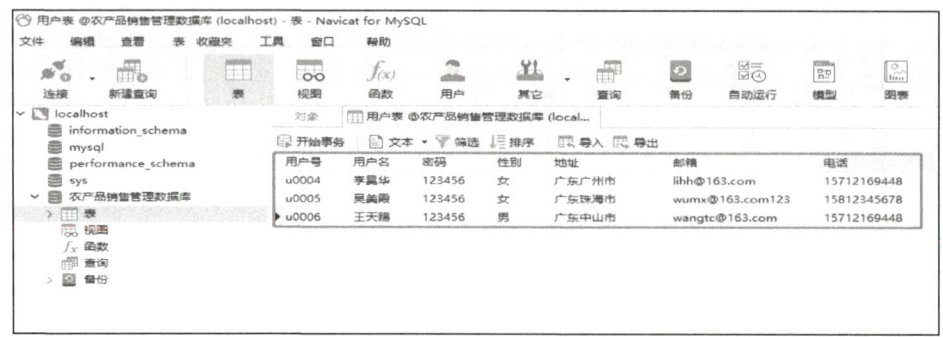

图 4-3-5　删除记录后结果

【任务评价】

在本次任务中，同学们充分展示了他们对数据删除相关知识的掌握程度，以及在实践中运用 SQL 语句或图形化管理工具进行数据删除的能力。看着同学们在台上神采飞扬地与大家分享学习成果、自身不足和需要努力的方向，王组长感到很满意，他决定尽可能全面地对大家此次工作内容进行评价。

专注细心能力　　　☆☆☆☆☆
数据分析能力　　　☆☆☆☆☆
数据操作能力　　　☆☆☆☆☆
沟通协作能力　　　☆☆☆☆☆
总结分析能力　　　☆☆☆☆☆
专注细心能力　　　☆☆☆☆☆

任务四
综合实例——农产品销售管理系统数据操作

【情景导入】

小明和团队成员已经学会了如何创建数据库，在此基础上，王组长要求他们对农产品销售管理数据表进行内容分析，并完成数据插入、修改和删除等操作。这样的任务旨在锻炼成员的团队合作意识，同时也是对之前学习内容的一次综合检验。

具体来说，小明和团队成员需要对农产品销售管理数据表进行全面分析，按照要求将农产品信息逐条插入到数据表中，确保数据的正确性和完整性。对数据表中的记录进行修改和删除等操作。做好记录和备份工作，确保数据可靠性和安全性，避免数据丢失或损坏。

【任务分解】

在本任务中，将运用 NAVICAT 图形管理工具来创建数据表，用 SQL 语句对数据表进行插入、修改和删除操作。

（1）分析农产品销售管理系统数据表；
（2）运用 NAVICAT 图形管理工具创建数据表；
（3）运用 SQL 语句进行数据插入；
（4）运用 SQL 语句进行数据修改；
（5）运用 SQL 语句进行数据删除。

【任务目标】

（1）掌握数据表数据分析；
（2）运用 SQL 语言和图形化工具实现对数据插入、修改、删除等操作。

【任务实施】

步骤一　分析农产品销售管理系统数据表。
步骤二　运用图形管理工具创建数据表。
小组成员打开 NAVICAT 图形化管理工具，连接服务器，打开对应数据库，创建数据表。
步骤三　新增数据。
过程1：小组成员对插入数据进行分析。
过程2：小组成员使用 INSERT INTO 语句向数据表中插入多条记录。
过程3：通过查询，检查新增数据是否插入成功。
步骤四　修改数据。
过程1：小组成员对需要修改的数据进行分析。
过程2：小组成员使用 UPDATE 语句对多表数据进行修改。

过程 3：通过查询，检查修改数据是否修改成功，修改成功则保存。
步骤五　删除数据。
过程 1：小组成员对需要删除的数据进行分析。
过程 2：小组成员使用 DELETE 语句对表数据进行删除操作并保存。
步骤六　展示成果。
过程 1：各小组派成员代表上台展示综合实例操作过程和操作结果。
过程 2：教师讲解综合实例知识点并点评各小组成果。
过程 3：各小组展开自评和互评，并完成技能评价表。

表 4-4-1　技能评价表

序号	评价内容与目标	评价等级
1	了解如何分析数据表以及其内容	A B C D
2	掌握使用图形化管理工具 NAVICAT 创建数据表	A B C D
3	掌握使用 SQL 语句进行数据插入、修改和删除操作	A B C D

【知识链接】

一、数据表内容分析

数据表内容分析是指对于一个数据表中的数据进行深入挖掘和分析，以了解这些数据的特点和规律，进而为后续的数据处理和运用提供支持。

综合实例——农产品销售
管理系统数据操作

1. 分析农产品销售管理数据库中数据表

（1）用户表。

用户表中记录用户注册的相关信息，其详细内容如表 4-4-2 所示。

表 4-4-2　用户表

用户号	用户名	密码	性别	地址	邮箱	电话
u0001	刘晓和	123456	男	广东深圳市	liuxh@163.com	13512345678
u0002	张嘉庆	123456	男	广东深圳市	zhangjq@163.com	13512345679
u0003	罗红红	123456	女	广东深圳市	longhh@163.com	13512345689
u0004	李昊华	123456	女	广东广州市	lihh@163.com	13812345679
u0005	吴美霞	123456	女	广东珠海市	wumx@163.com	13512345879
u0006	王天赐	123456	男	广东中山市	wangtc@163.com	13802345679

（2）订单表。

订单表记录了用户购买商品的订单信息，其详细内容如表 4-4-3 所示。

表 4-4-3 订单表

订单号	用户号	订单日期	订单总价	订单状态
20130411	u0001	2020/4/11 15:07:34	500	0
20130412	u0002	2020/5/9 15:08:11	305.6	0
20130413	u0003	2020/6/15 15:09:00	212.4	0
20130414	u0003	2020/7/16 15:09:30	120.45	1
20130415	u0004	2021/4/2 15:10:05	120.3	0

（3）商品表。

商品表用于存放农产品销售管理系统中的商品信息，其详细内容如表 4-4-4 所示。

表 4-4-4 商品表

商品号	分类号	商品名	进货价	销售价	库存	单位	商品描述
AV-CB-01	05	薏仁米	50	60	100	斤	圆润饱满小粒薏仁
AV-CB-02	05	黑米	40	50	200	斤	黑色颗粒饱满，香甜可口
AV-CB-03	02	葡萄	20	25	150	斤	新鲜采摘，酸甜可口
AV-CB-05	02	西瓜	15	18	80	斤	果肉鲜嫩，多汁甜美
AV-CB-06	02	黄瓜	5	6	500	斤	嫩爽清脆，品质上乘
AV-CB-07	14	鹅蛋	2.5	3	1000	个	新鲜可口，营养丰富
AV-CB-08	14	鸭蛋	3.5	4	800	个	香味浓郁，营养丰富
AV-CB-09	04	绿茶	30	35	200	包	清香幽雅，口感爽口
AV-CB-10	04	红茶	35	40	180	包	香气扑鼻，口感浓郁
AV-CB-11	04	龙井茶	120	150	50	斤	中国十大名茶之一，香气清幽
AV-CB-12	02	新鲜草莓	20	25	200	斤	鲜美甜蜜，营养丰富
AV-CB-13	13	鲜花	30	35	150	束	花香四溢，生机勃勃
AV-CB-14	02	水果礼盒	100	120	50	盒	清新健康，营养丰富
AV-CB-15	14	土鸡蛋	2.5	3	500	个	天然散养，鲜美可口
AV-CB-16	05	糯米	20	25	100	斤	口感鲜美，软糯可口
AV-CB-17	13	盆栽植物	50	60	80	盆	生机盎然，美丽芬芳
AV-CB-18	02	苹果	8	10	300	斤	新鲜健康，口感甘甜
AV-CB-19	04	普洱茶	600	750	60	斤	陈年老茶，香气独特
AV-CB-20	01	土豆片	45.5	55.5	300	包	酥脆、鲜香、味美、金黄

（4）商品分类表。

商品分类表用于进行商品的分类管理，其详细内容如表 4-4-5 所示。

表 4-4-5　商品分类表

分类号	分类名称	分类号	分类名称
01	特色美食	08	水产
02	生鲜蔬果	09	家禽
03	酒水	10	谷物
04	名茶	11	药材
05	粮油副食	12	木材
06	调味	13	鲜花
07	山珍干货	14	蛋类

（5）订单明细表。

订单明细表记录用户购买商品的数量、单价等信息，其详细内容如表 4-4-6 所示。

表 4-4-6　订单明细表

订单号	商品号	数量	单价
20130411	FI-SW-01	10	18.5
20130411	FI-SW-02	12	16.5
20130412	K9-BD-01	2	120
20130412	K9-PO-02	1	220
20130413	K9-DL-01	1	130
20130414	RP-SN-01	2	125
20130415	AV-SB-02	2	50

通过对上述数据表进行分析，请使用 NAVICAT 图形化管理工具创建农产品销售管理数据库中数据表，如图 4-4-1 所示。

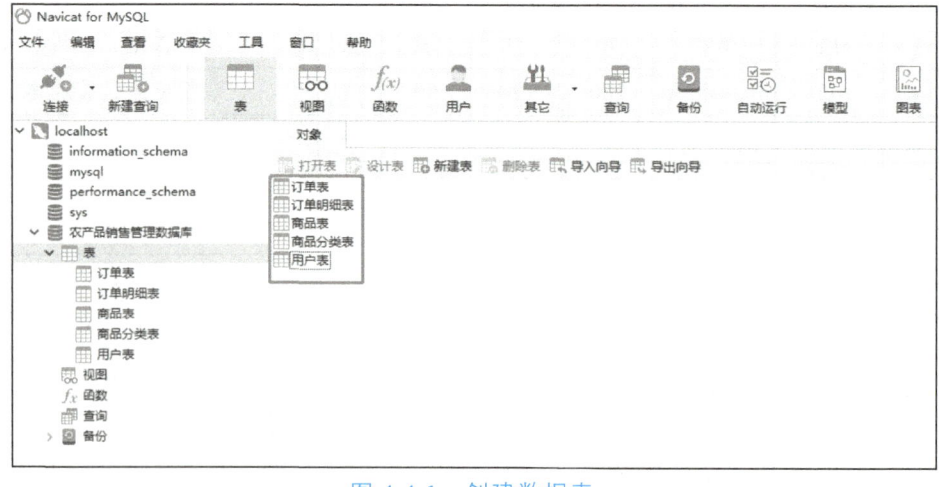

图 4-4-1　创建数据表

二、数据表数据插入

农产品销售管理数据库中的各表结构已经建立，本节将为数据库中各表添加样表中所示数据。

1. 用户表

为用户表插入多行记录，SQL 代码如下。

```
INSERT INTO 用户表 VALUES ('u0001','刘晓和','123456','男','广东深圳市','liuxh@163.com','13512345678');
INSERT INTO 用户表 VALUES ('u0002','张嘉庆','123456','男','广东深圳市','zhangjq@163.com','13512345679');
INSERT INTO 用户表 VALUES ('u0003','罗红红','123456','女','广东深圳市','longhh@163.com','13512345689');
INSERT INTO 用户表 VALUES ('u0004','李昊华','123456','女','广东广州市','lihh@163.com','13812345679');
INSERT INTO 用户表 VALUES ('u0005','吴美霞','123456','女','广东珠海市','wumx@163.com','13512345879');
INSERT INTO 用户表 VALUES ('u0006','王天赐','123456','男','广东中山市','wangtc@163.com','13802345679');
```

2. 商品分类表

为商品分类表插入多行记录，SQL 代码如下。

```
INSERT INTO 商品分类表 VALUES ('01','特色美食');
INSERT INTO 商品分类表 VALUES ('02','生鲜蔬果');
INSERT INTO 商品分类表 VALUES ('03','酒水');
INSERT INTO 商品分类表 VALUES ('04','名茶');
INSERT INTO 商品分类表 VALUES ('05','粮油副食');
INSERT INTO 商品分类表 VALUES ('06','调味');
INSERT INTO 商品分类表 VALUES ('07','山珍干货');
INSERT INTO 商品分类表 VALUES ('08','水产');
INSERT INTO 商品分类表 VALUES ('09','家禽');
```
（省略）

3. 商品表

为商品表插入多行记录，SQL 代码如下。

```
INSERT INTO 商品表 VALUES ('AV-CB-01','05','薏仁米',50.00,60.00,100,'斤','圆润饱满小粒薏仁');
INSERT INTO 商品表 VALUES ('AV-CB-02','05','黑米',40.00,50.00,200,'斤','黑色颗粒饱满，香甜可口');
INSERT INTO 商品表 VALUES ('AV-CB-03','02','葡萄',20.00,25.00,150,'斤',
```

'新鲜采摘，酸甜可口'）；
　　INSERT INTO 商品表 VALUES（'AV-CB-05'，'02'，'西瓜'，15.00，18.00，80，'斤'，'果肉鲜嫩，多汁甜美'）；
　　INSERT INTO 商品表 VALUES（'AV-CB-06'，'02'，'黄瓜'，5.00，6.00，500，'斤'，'嫩爽清脆，品质上乘'）；
　　INSERT INTO 商品表 VALUES（'AV-CB-07'，'14'，'鹅蛋'，2.50，3.00，1000，'个'，'新鲜可口，营养丰富'）；
　　INSERT INTO 商品表 VALUES（'AV-CB-08'，'14'，'鸭蛋'，3.50，4.00，800，'个'，'香味浓郁，营养丰富'）；

（省略）

4. 订单表

为订单表插入多行记录，SQL 代码如下。

INSERT INTO 订单表 VALUES（20130411，'u0001'，'2020-04-11 15:07:34'，500.00，0）；
INSERT INTO 订单表 VALUES（20130412，'u0002'，'2020-05-09 15:08:11'，305.60，0）；
INSERT INTO 订单表 VALUES（20130413，'u0003'，'2020-06-15 15:09:00'，212.40，0）；
INSERT INTO 订单表 VALUES（20130414，'u0003'，'2020-07-16 15:09:30'，120.45，1）；
INSERT INTO 订单表 VALUES（20130415，'u0004'，'2021-04-02 15:10:05'，120.30，0）；

5. 订单明细表

为订单明细表插入多行记录，SQL 代码如下。

INSERT INTO 订单明细表 VALUES（20130411，'FI-SW-01'，10，18.50）；
INSERT INTO 订单明细表 VALUES（20130411，'FI-SW-02'，12，16.50）；
INSERT INTO 订单明细表 VALUES（20130412，'K9-BD-01'，2，120.00）；
INSERT INTO 订单明细表 VALUES（20130412，'K9-PO-02'，1，220.00）；
INSERT INTO 订单明细表 VALUES（20130413，'K9-DL-01'，1，130.00）；
INSERT INTO 订单明细表 VALUES（20130414，'RP-SN-01'，2，125.00）；
INSERT INTO 订单明细表 VALUES（20130415，'AV-SB-02'，2，50.00）；

三、数据表数据修改

1. 数据修改

订单号为"20130411"的订单已经发货，请将该订单的状态修改为"1"，同时此订单对应商品表中库存信息也发生变化，需要进行修改。

修改订单的状态，SQL 代码如下。

UPDATE 订单表
SET 订单状态=1
WHERE 订单号='20130411'；

修改商品表的库存，SQL 代码如下。

```
UPDATE 订单明细表，商品表
SET   商品表.库存=商品表.库存-订单明细表.数量
WHERE 订单明细表.商品号=商品表.商品号
AND 订单明细表.订单号='20130411'；
```

如果想要一次性修改所有数据，则涉及三张表的修改，可以将上述两段代码进行合并为一段 UPDATE 语句，SQL 代码如下。

```
UPDATE 订单表，订单明细表，商品表
SET   订单表.订单状态=1,
      商品表.库存=商品表.库存-订单明细表.数量
WHERE 订单表.订单号=订单明细表.订单号
      AND 订单明细表.商品号=商品表.商品号
      AND 订单表.订单号='20130411'；
```

四、数据表数据删除

1. 数据删除

请将用户号为"u0004"的所有订购信息删除，并删除其用户记录。

删除该用户号相关订购信息，包括订单表和订单明细表的信息，涉及多表删除，SQL 代码如下。

```
DELETE 订单表，订单明细表
FROM 订单表，订单明细表
WHERE 订单表.订单号=订单明细表.订单号
      AND 订单表.用户号='u0004'；
```

删除订单信息时，要根据"用户号为'u0004'"来查找订单表中的订单记录，同时要根据对应订单号去找订单明细表中的记录，所以要用 WHERE 条件语句将两个表进行连接。

删除用户表中的用户记录，SQL 代码如下。

```
DELETE FROM 用户表
     WHERE 用户号='u0004'；
```

如果想要一次删除所有数据，则涉及三表操作，合并上述两段代码如下，会产生同样的效果。

```
DELETE 订单表，订单明细表，用户表
FROM 订单表，订单明细表，用户表
WHERE 用户表.用户号=订单表.用户号
      AND 订单表.订单号=订单明细表.订单号
      AND 订单表.用户号='u0004'；
```

在数据操作过程中，遵守法律法规是首要任务，确保数据的合法性、安全性和隐私保护至关重要。根据 2021 年 8 月 20 日通过的《中华人民共和国个人信息保护法》规定，数据操作人员必须获得用户授权，并在合法、正当、必要的范围内收集、使用和处理个人信息，充分尊重用户隐私权益。同时，采取技术和组织措施来保护个人信息的安全，预防未经授权的

访问和泄露。同学们应该高度重视数据操作的合法性、安全性和隐私保护，积极落实相关法律法规，采用科学有效的技术手段，保护用户隐私权益，推动数据产业的健康发展。

【任务评价】

在本任务中，同学们积极参与，通过实践操作农产品销售管理数据库的表数据，巩固了数据插入、修改和删除等多个知识点。这种实践能力是大学生就业的重要基础之一，王组长建议同学们在今后的学习过程中，要积极动手实践，多做练习。只有通过不断的实践和积累经验，才能更好地理解和掌握所学知识，提高解决实际问题的能力。最后王组长决定对大家的工作内容进行尽可能全面的评价。

实践操作能力	☆☆☆☆☆
综合分析能力	☆☆☆☆☆
解决问题能力	☆☆☆☆☆
举一反三能力	☆☆☆☆☆

【项目总结】

本项目共包含四个任务，可以帮助学生掌握数据表中数据的基本操作。其中包括对数据表中数据的插入、修改和删除等操作。插入数据是将数据插入到数据表中指定位置的过程，可以通过 INSERT 语句来向数据表中插入一条或多条数据记录，以满足各种数据管理需求；数据修改是根据需要对数据表中的数据进行更改的过程，可以通过 UPDATE 语句来修改单个数据表中的数据记录，也可以修改多个数据表之间的数据记录，以便更好地管理数据；删除操作是将数据表中的多余记录删除的过程，可以使用 DELETE 语句来删除单个数据表中的记录，也可以删除多个数据表记录，以便更好地维护数据表的内容。

实践能力是当前大学生就业的重要基础之一，要想提升我们的就业竞争力，就一定要注重实践能力的培养，只有这样才能将理论知识转化为实际操作能力，因此我们在学习本门课程的时候，应当积极动手，多做练习，才能更快更好地掌握知识点。

【思考与练习】

一、单选题

1. 要快速完全清空一张数据表中的记录可以运用（　　　）语句。
   A. TRUNCATE TABLE　　　　　　　B. DELETE TABLE
   C. DROP TABLE　　　　　　　　　D. CLEAR TABLE
2. 运用 INSERT 语句插入记录时，使用（　　　）关键字会忽略导致重复关键字的错误记录。
   A. NO SAME　　　B. IGNORE　　　C. REPEAT　　　D. UNIQUE
3. 以下（　　　）语句无法在数据表中增加记录。
   A. INSERT TNTO VALUES　　　　　B. INSERT TNTO SELECT
   C. INSERT TNTO SET　　　　　　　D. INSERT TNTO UPDATE
4. 以下关于向 MySQL 数据表中添加数据的描述中错误的是（　　　）。
   A. 可以一次性向数据中的所有字段添加数据
   B. 可以根据条件向数据表中的字段添加数据
   C. 可以一次性向数据表中添加多条数据记录
   D. 只能一次性向数据表中添加一条数据记录
5. 以下关于修改 MySQL 数据表中的数据的描述中正确的是（　　　）。
   A. 一次只能修改数据中的一条记录
   B. 一次可以指定修改多条记录
   C. 不能根据指定条件修改部分记录的数据
   D. 以上说法都不对
6. 以下关于删除 MySQL 数据表中的记录的描述中正确的是（　　　）。
   A. 运用 DELETE 语句可以删除数据表中全部记录
   B. 运用 DELETE 语句可以删除数据表中一条或多条记录
   C. 运用 DELETE 语句一次只能删除一条记录
   D. 以上说法都不对

二、填空题

1. 向 MySQL 数据表中插入数据记录时，使用的关键字是_____。
2. 修改 MySQL 数据表中的记录数据时，使用的关键字是_____。
3. 删除 MySQL 数据表中的记录数据时，使用的关键字是_____。
4. 更新 MySQL 数据表某个字段所有数据记录的关键字是_____。
5. 在 MySQL 中，可以使用_____命令将文本文件导入数据库中，并且不需要登录 MySQL 客户端。
6. 在 MySQL 中，可以使用_____语句将表的内容导出成一个文本文件，并用_____语句恢复数据。但这是这种方法只能导入和导出记录的内容，不包括表的_____。
7. "MySQL"命令既可以用来登录 MySQL 数据库服务器，又可以用来_____，同时还可以_____。

三、实操题

1. 教务系统数据库各样本数据如下表所示，请将样本数据通过图形化管理工具添加到教务系统数据库各表中。

表 1　学生表

学号	姓名	性别	出生日期	系部	班级	电子邮箱	手机号码
00001	李奎	男	2001/12/12	计算机技术系	20软件技术1班	372168777@QQ.COM	13718239120
00002	王西一	男	2002/1/3	计算机技术系	20软件技术2班	2322@QQ.COM	17012321312
00003	张茜	女	2002/2/2	电子工程系	20电子工程2班	123@SINA.COM	18312312222
00004	李乐平	女	2002/3/3	计算机技术系	20软件技术2班	123@QQ.COM	18912311234
00005	裴青柠	女	2000/3/3	计算机技术系	20软件技术1班	12@SOHU.COM	17789333123
00006	李爱国	男	1999/10/1	电子商务系	19电子商务1班	8888800@QQ.COM	18999037293
00007	黄喜	女	2003/3/22	教育科技系	21音乐表演2班	40087980@SINA.COM	12793654254
00008	莫肖雷	男	2001/3/6	电子工程系	20电子工程1班	2398333@QQ.COM	17893500247
00009	陶乐乐	女	2000/4/13	教育科技系	20音乐表演1班	5729783@163.COM	18439029483
00010	杨一鸣	男	2003/6/16	电子工程系	21电子工程1班	4763823@SINA.COM	13987596321

表 2　课程表

课程编号	课程名称	学时	课程编号	课程名称	学时
1	信息技术基础	72	8	网络爬虫	80
2	英语	68	9	大数据系统运维	40
3	数学	68	10	大数据实践	120
4	FLASH动画制作	72	11	PHP动态网站设计	80
5	PHOTOSHOP图像处理	90	12	JAVA基础实践	100
6	电路分析基础	80	13	PHP测试数据	120
7	电子商务理论	120	14	云计算	80

表 3　成绩表

学号	课程编号	成绩	学号	课程编号	成绩
00001	1	33	00002	2	98
00001	7	89	00002	5	67
00001	8	67	00002	6	80
00001	9	56	00002	10	78
00001	11	45			

2. 写出完成下列操作的 SQL 语句。

（1）向学生表中新增一条学号为"00011"的学生数据。

学号	姓名	性别	出生日期	系部	班级	电子邮箱	手机号码
00011	李小明	男	2003/6/16	计算机系	23 大数据 3 班	123456@sina.com	13981234567

（2）把学号为"00010"的学生从学生表中删除。

（3）把学号为"00006"的学生姓名修改为"李爱民"。

（4）将成绩表中的成绩一列，全部统一增加 5 分。

（5）将课程表中学时超过 100 以上的课程删除。

项目五
数字实践——数据查询

项目综述

在完成数据操作学习之后，王组长给出了新任务：要求小明和他的团队能够根据用户的需求快速找到之前添加的数据内容。小明和团队将农产品信息存入数据库后发现，数据表中的信息过于庞杂，并且在浏览数据时感到难以辨别想要的数据信息。为了更好地实现数据管理，小明和同学们需要在数据库中学习如何查询和筛选所需的数据信息。

项目任务

任务一　列查询
任务二　复杂查询
任务三　特殊查询
任务四　多表连接查询
任务五　子查询
任务六　分类汇总与排序
任务七　综合实例——农产品销售管理系统数据查询管理

【素养目标】

（1）培养学生良好的学习实践行为习惯；
（2）促进多角度思维意识培养。

【思维导图】

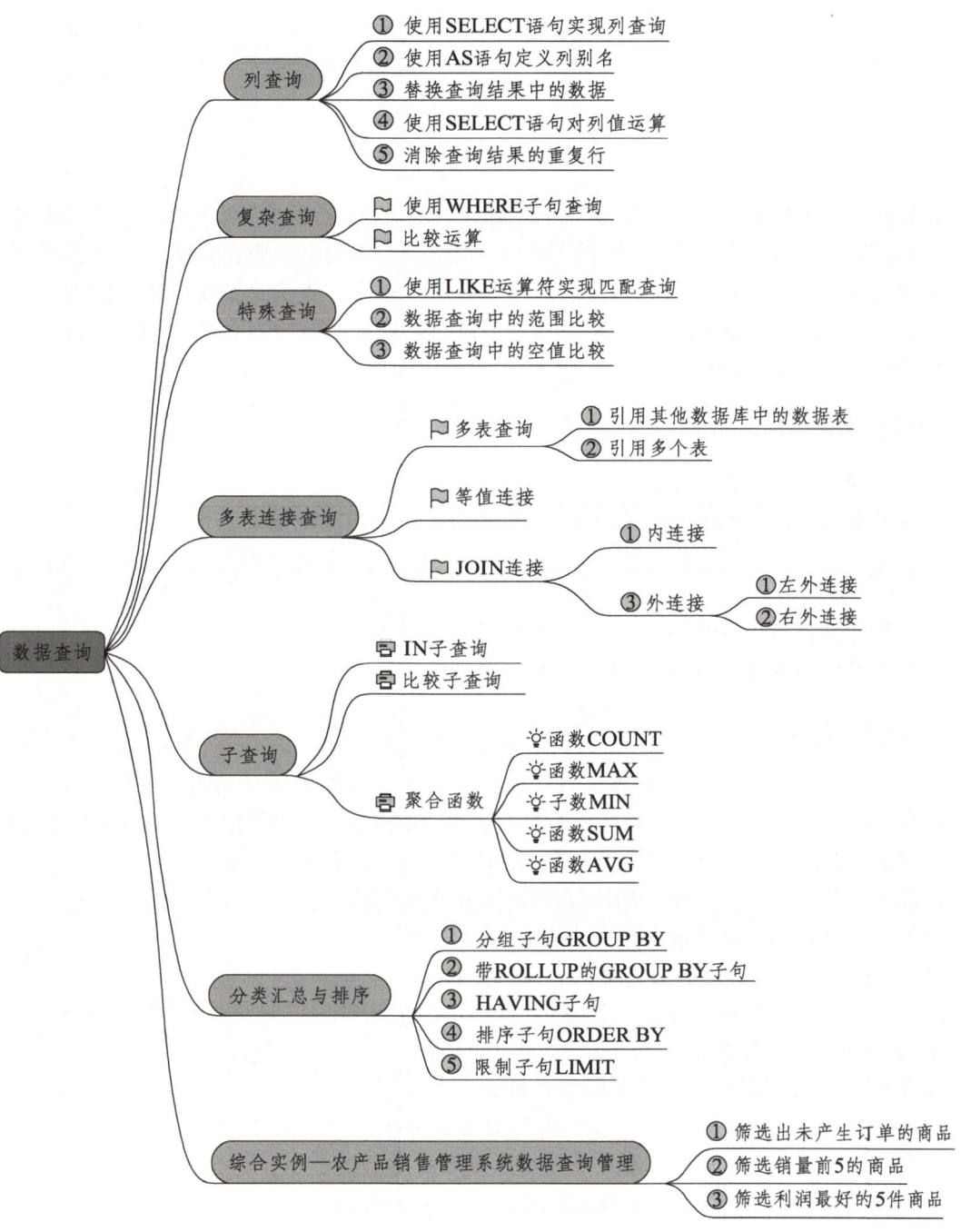

任务一 列查询

【情景导入】

随着农产品销售管理系统中数据量的不断增加，小明发现如果要查看整个数据表格，数据量很大，其中有许多不必要的信息。为了更快速、有效地获取自己所需的内容，小明开始学习如何对数据库表进行查询。他发现，在数据库系统中，查询是最重要的功能之一，用户可以根据自己的需求查询相应的数据内容。不过，数据库系统中有各种不同的查询方式，这也给小明的学习带来了挑战。

【任务分解】

（1）明确数据库查询需求；
（2）根据 SELECT 语句的使用方法，选择对应的语句实现数据查询。

【任务目标】

（1）掌握列查询中 SELECT 语句的相关用法；
（2）能够使用 SELECT 语句进行简单查询。

【任务实施】

步骤一　使用 SELECT 语句查询农产品销售管理数据库中用户表的用户信息。
过程1：学生以小组方式，学习 SELECT 语句使用方法，选择数据表中的信息列进行查询。
过程2：查询内容涉及到多个列，各列名之间要以逗号进行分隔。
过程3：提前预习，了解 LIMIT 语句使用方法及含义。
步骤二　使用 AS 语句根据不同需求设定列别名。
过程1：学习 AS 语句的语法格式和使用条件。
过程 2：练习 AS 语句定义列别名的方法，尤其当自定义的列标题中含有空格时，必须使用单引号将别名括起来。
步骤三　查询数据内容结果使用别名显示。
过程1：学习 CASE WHEN THEN 语句的语法格式和使用条件。
过程2：练习商品查询时数量关系以状态方式显示。
步骤四　查询农产品数据库中数量内容以运算结果展示。
过程1：学习使用 SELECT 语句完成运算。
过程2：练习查询结果以混合运算方式显示。
步骤五　消除数据查询结果集中的重复行。
过程1：学习 DISTINCT 或 DISTINCTROW 关键字使用方法。

过程2：练习数据表中消除查询结果的重复行。
步骤六　总结评价。
过程1：同学们对 SELECT 语句使用中出现的问题进行归纳和记录。
过程2：教师对同学们操作过程中出现的问题进行总结。
过程3：各小组展开自评和互评，并完成技能评价表。

表 5-1-1　技能评价表

序号	评价内容与目标	评价等级
1	掌握列查询中 SELECT 语句的相关用法	A B C D
2	能够使用 SELECT 语句进行简单查询	A B C D
3	能够其他语句实现一般查询	A B C D
4	掌握 SELECT 语句实现简单数据计算	A B C D

【知识链接】

查询是数据处理中最基本的功能之一。在 SQL 语句中，SELECT 语句是功能最强大、同时也最复杂的语句，其作用是让数据库服务器根据客户的需求进行数据的收集、整理，并将客户所需的信息反馈回来。

一、使用 SELECT 语句实现列查询

使用 SELECT 语句选择一个表中的某些列进行查询，对应的语法格式如下：
SELECT　字段列表　　FROM 表名[LIMIT]
在使用 SELECT 语句进行数据查询时，如果涉及到多个列，各列名之间要以逗号进行分隔。LIMIT 后面跟数据代表对显示数据条数进行限制。
【例 5.1.1】查询农产品销售管理数据库中用户表的前 5 位会员的用户名、电话和邮箱。对应 SQL 语句如下：
SELECT 用户名，电话，邮箱 FROM 用户表 LIMIT 5；
在"用户表"中查询后的结果如下。

```
+--------+-------------+------------------+
| 用户名 | 电话        | 邮箱             |
+--------+-------------+------------------+
| admin  | 15712169448 | liuxh@163.com    |
| 张嘉庆 | 15712169448 | zhangjq@163.com  |
| 罗红红 | 15712169448 | longhh@163.com   |
| 李昊华 | 15712169448 | lihh@163.com     |
| 吴美霞 | 15812345678 | wumx@163.com123  |
+--------+-------------+------------------+
```

在使用 SELECT 语句进行数据查询时，如果 SELECT 语句指定列的位置上使用*号，表示选

择当前数据表里面所有列的内容，如查询用户表所有列前 5 行的数据，对应查询语句如下。

SELECT * FROM 用户表 LIMIT 5；

查询结果如下所示。

```
+--------+--------+--------+------+------------+-------------------+-------------+
| 用户号 | 用户名 | 密码   | 性别 | 地址       | 邮箱              | 电话        |
+--------+--------+--------+------+------------+-------------------+-------------+
| u0001  | admin  | 123456 | 男   | 广东深圳市 | liuxh@163.com     | 15712169448 |
| u0002  | 张嘉庆 | 123456 | 男   | 广东深圳市 | zhangjq@163.com   | 15712169448 |
| u0003  | 罗红红 | 123456 | 女   | 广东深圳市 | longhh@163.com    | 15712169448 |
| u0004  | 李昊华 | 123456 | 女   | 广东广州市 | lihh@163.com      | 15712169448 |
| u0005  | 吴美霞 | 123456 | 女   | 广东珠海市 | wumx@163.com123   | 15812345678 |
+--------+--------+--------+------+------------+-------------------+-------------+
```

二、使用 AS 语句定义列别名

使用列查询操作数据时，更改列名称即设置列别名，可以在列名后使用 AS 子句来实现。设置列别名语法格式如下。

SELECT　字段列表　[AS]　别名

【例 5.1.2】查询用户表中用户号、用户名和地址，对各列名称分别指定为 USERID、USERNAME 和 ADDRESS 作为别名，限制输出结果 5 行，对应语句如下。

SELECT 用户号 AS USERID，用户名 AS USERNAME，地址 AS ADDRESS FROM 用户表 LIMIT 5；

使用上述语句进行查询后，对应的查询结果如下。

```
+--------+----------+------------+
| USERID | USERNAME | ADDRESS    |
| u0001  | admin    | 广东深圳市 |
| u0002  | 张嘉庆   | 广东深圳市 |
| u0003  | 罗红红   | 广东深圳市 |
| u0004  | 李昊华   | 广东广州市 |
| u0005  | 吴美霞   | 广东珠海市 |
+--------+----------+------------+
```

这里需要注意的是，当自定义的列标题中含有空格时，必须使用单引号将别名括起来。如下面例子。

SELECT 用户号 AS 'USER ID'，用户名 AS 'USER NAME'，地址 AS 'USER ADDRESS' FROM 用户表 LIMIT 5；

对应的查询结果如下。

```
+---------+-----------+--------------+
| USER ID | USER NAME | USER ADDRESS |
| u0001   | admin     | 广东深圳市   |
| u0002   | 张嘉庆    | 广东深圳市   |
```

```
| u0003  | 罗红红  | 广东深圳市  |
| u0004  | 李昊华  | 广东广州市  |
| u0005  | 吴美霞  | 广东珠海市  |
+--------+--------+------------+
```

三、替换查询结果中的数据

在数据查询中，查询内容有多个列表值可供选择，则可以使用 CASE 语句进行多分支查询。其使用格式为：

CASE
    WHEN 条件 1 THEN 表达式 1
    WHEN 条件 2 THEN 表达式 2
    ……
    ELSE 表达式
END

【例 5.1.3】查询商品表中商品号、商品名和库存，对其库存按以下规则进行替换：若库存为空值，替换为"尚未进货"；若库存小于 10，替换为"需要进货"；若库存在 10～50 之间，替换为"库存正常"；若库存大于 50，替换为"库存积压"。列标题更改为"库存状态"。限制显示的数据从第 23 行开始，偏移 5 个数据显示。对应查询语句如下。

SELECT 商品号，商品名，CASE
    WHEN 库存 IS NULL THEN '尚未进货'
    WHEN 库存< 10 THEN '需要进货'
    WHEN 库存>= 10 AND 库存<=50 THEN '库存正常'
ELSE '库存积压'   END AS 库存状态
FROM 商品表
LIMIT 22，5；

查询后的结果如下。

```
+----------+----------+----------+
| 商品号    | 商品名    | 库存状态  |
+----------+----------+----------+
| AV-CB-24 | 都匀毛尖  | 库存正常  |
| AV-CB-25 | 紫薯      | 需要进货  |
| AV-CB-26 | 脐橙      | 库存积压  |
| AV-CB-27 | 跑山鸡    | 需要进货  |
| AV-CB-28 | 小黄姜    | 需要进货  |
+----------+----------+----------+
```

四、使用 SELECT 语句对列值运算

使用 SELECT 对列进行查询时，如果查询结果需要进行相应的运算，可以通过算术或函数的方式进行操作，对应语法格式如下。

SELECT 表达式1[，表达式2…]

【例 5.1.4】计算订单明细表中某商品的购买的商品金额（商品金额=数量*单价），并显示订单号和商品号。其对应查询语句如下。

SELECT 订单号，商品号，数量*单价 AS 订单金额 FROM 订单明细表 LIMIT 5；

对应的查询结果如下。

```
+----------+----------+----------+
| 订单号   | 商品号   | 订单金额 |
+----------+----------+----------+
| 20230411 | AV-CB-01 |   600.00 |
| 20230411 | AV-CB-19 |  7500.00 |
| 20230411 | AV-CB-21 |   750.00 |
| 20230412 | AV-CB-02 |  1000.00 |
| 20230412 | AV-CB-18 |   200.00 |
+----------+----------+----------+
```

五、消除查询结果的重复行

单独查询数据表中某数据列时，可能会出现重复行。例如，想要查询用户地址数据，发现查询结果中地址相同的有多个用户。对地址信息去重，可以使用 DISTINCT 或 DISTINCTROW 关键字消除结果集中的重复行，使用语法格式如下。

SELECT DISTINCT 字段列表

【例5.1.5】在用户表中查看用户居住地，消除结果集中的重复行。其查询语句如下。

SELECT DISTINCT 地址 FROM 用户表；

对应的查询结果如下。

```
+----------------+
| 地址           |
+----------------+
| 广东深圳市     |
| 广东广州市     |
| 广东珠海市     |
| 广东中山市     |
| 贵州省贵阳市   |
| （省略）       |
+----------------+
```

经过上面的练习，小明和他的团队对于数据查询有了极大的信心。王组长告诉他们，在学习 SQL 时，需要有耐心和恒心，尤其对于初学者来说，建立稳固、持久的学习状态和习惯，从基础的 SELECT 语句开始学习是非常重要的。同样的，如果想要成功，在任何领域，都需要打好基础。首先，要有耐心和恒心。基础是由一点一滴积累而成的，它需要长期的不断努力和坚持，这样才能够稳固、持久。就像修建一座高楼，需要耐心地从地基开始打好每一层的基础，才能确保整个建筑物的安全、稳定。其次，要注重细节。细节决定成败，只有在平凡的工作中多加细心，才能够做到精益求精，将工作做得更加完美。正是这些看似微不足道的细节处理，才构成了一个成功事业的坚实基础。最后，要善于总结经验。在打好基础的同时，要不断反思和总结经验，吸取教训，不断完善自己的基础。在学习和工作中，及时总结并把经验应用到后面的应用中，才能不断提高自己的学习工作效率和质量。

【任务评价】

同学们在完成任务一的实施后，对于数据查询有了极大的信心。他们成功掌握了SELECT语句的相关用法，能够使用SELECT及其他语句进行列查询和数值计算。他们还通过学习其他逻辑语言，增强学生自主学习和应用能力。同学们在任务实施过程中展现出良好的沟通合作和解决问题的能力。王组长感到很满意，他决定尽可能全面地对大家此次工作内容综合性进行评价。

信息搜索能力　　☆☆☆☆☆
总结归纳能力　　☆☆☆☆☆
软件使用能力　　☆☆☆☆☆
沟通表达能力　　☆☆☆☆☆
分析问题能力　　☆☆☆☆☆

任务二 复杂查询

【情景导入】

小明在使用完列查询语句后，发现其存在局限性，仅使用 SELECT 语句查询会返回全部列数据，范围过大。为了更准确地展示查询的内容和结果以及实现数据之间的关系和逻辑关系，王组长希望小明和团队使用数据库系统的更复杂的查询方式。团队经过调研后，发现数据库系统提供了丰富的查询方法，可以根据需要对数据进行更复杂的查询等操作，从而快速获取符合要求的有用信息。因此，小明和他的团队将在查询时灵活运用这些方法，以便更好地完成王组长的要求。

【任务分解】

（1）明确需要查询的数据信息内容；
（2）根据数据自身特性选择具有代表性的属性；
（3）针对选择的属性进行数据查询。

【任务目标】

（1）掌握 WHERE 子句的使用方法；
（2）掌握比较运算在数据查询中的使用方法；
（3）掌握逻辑运算符在数据查询中的使用方法。

【任务实施】

步骤一　使用复杂语句实现在农产品数据库中数据精准查询。
过程1：学习 WHERE 语句使用方法和应用技巧。
过程2：练习在查询中使用比较运算、模式匹配、范围比较、空值比较和子查询等方式完成数据查询。
步骤二　使用比较运算符完成查询过程中出现的限制条件查询。
过程1：学习比较运算运算符使用规则。
过程2：练习比较运算在实际查询中的作用，加强对不同返回值的理解。
步骤三　总结评价。
过程1：同学们对 WHERE 语句使用中出现的问题进行归纳和记录。
过程2：教师对同学们操作过程中出现的问题进行总结。
过程3：各小组展开自评和互评，并完成技能评价表。

表 5-2-1　技能评价表

序号	评价内容与目标	评价等级
1	掌握 WHERE 字句的使用方法	A B C D
2	掌握比较运算在数据查询中的使用方法	A B C D
3	掌握逻辑运算符在数据查询中的使用方法	A B C D
4	掌握如何使用 SELECT 语句进行快速获取符合要求的有用信息	A B C D

【知识链接】

在数据处理时，数据的关系也是需要考虑的一个因素，数据有大小、范围等相关属性，针对于这些属性可以对其内容进行更精准的查询。

复杂查询

一、使用 WHERE 子句查询

WHERE 子句必须紧跟 FROM 子句之后，在 WHERE 子句中，使用一个条件从 FROM 子句的中间结果中选取行。其基本格式为：

WHERE　列名运算符值

WHERE 子句会根据条件对 FROM 子句的中间结果中的行逐一地进行判断，当条件为 TRUE 的时候，这一行就被包含到 WHERE 子句的中间结果中。

在 SQL 语法结构中，可以使用判定运算完成条件更复杂的查询。例如使用比较运算、模式匹配、范围比较、空值比较和子查询等方式完成数据查询。WHERE 字句搭配使用的操作符如表 5-2-2 所示，可以根据不同需求选择使用。

表 5-2-2　WHERE 操作符

操 作 符	描　述
=	等于
<>	不等于
>	大于
<	小于
>=	大于等于
<=	小于等于

二、比较运算

比较运算符用于比较（除 TEXT 和 BLOB 类型外）两个表达式值，MySQL 支持的比较运算符有：=（等于）、<（小于）、<=（小于等于）、>（大于）、>=（大于等于）、<=>（相等或都等于空）、<>（不等于）、!=（不等于）。

当两个表达式值均不为空值（NULL）时，除了"<=>"运算符，其他比较运算返回逻辑值 TRUE（真）或 FALSE（假）；而当两个表达式值中有一个为空值或都为空值时，将返回 UNKNOWN。

【例 5.2.1】查询农产品销售管理数据库商品表中商品名为"豆干"的记录。对应的查询语句如下。

SELECT 商品名，进货价，销售价，库存 FROM 商品表
WHERE 商品名='豆干'；

对应的查询结果如下。

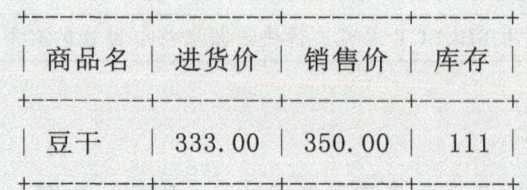

```
+--------+--------+--------+------+
| 商品名 | 进货价 | 销售价 | 库存 |
+--------+--------+--------+------+
| 豆干   | 333.00 | 350.00 | 111  |
+--------+--------+--------+------+
```

【例 5.2.2】查询商品表中单价大于 300 的商品情况。对应的查询语句如下。

SELECT * FROM 商品表
WHERE 销售价>300；

对应的查询结果如下。

商品号	分类号	商品名	进货价	销售价	库存	单位	商品描述
AV-CB-19	04	普洱茶	600.00	750.00	60	斤	陈年老茶，香气独特
AV-CB-22	01	豆干	333.00	350.00	111	斤	遵循传统古法制作工艺
AV-CB-31	03	茅台	1500.00	2000.00	40	瓶	色清透明、酱香突出、幽雅细腻
AV-CB-32	03	天朝上品	599.00	699.00	10	瓶	寻找贵人、感恩贵人、成为贵人

通过逻辑运算符（AND、OR、XOR 和 NOT）组成更为复杂的查询条件。逻辑运算操作的结果是"1"或"0"，分别表示"TRUE"或"FALSE"。如表 5-2-3 是逻辑运算符的使用方法及说明。

表 5-2-3　逻辑运算符

符号	运算	名称	示例	说明
NOT	!	非运算	!X	如果 X 是"TRUE"，那么示例的结果是"FALSE"；如果 X 是"FALSE"，那么示例的结果是"TRUE"。
OR	||	或运算	X || Y	如果 X 或 Y 任一是"TRUE"，那么示例的结果是"TRUE"，否则示例的结果是"FALSE"。
AND	&&	与运算	X && Y	如果 X 和 Y 都是"TRUE"，那么示例结果是"TRUE"，否则示例的结果是"FALSE"。
XOR	^	异或运算	X^Y	如果 X 和 Y 不相同，那么示例结果是"TRUE"，否则示例的结果是"FALSE"。

【例 5.2.3】查询商品表中销售价不高于 1.2 倍进货价，并且单价小于 30 元的商品情况。查询语句如下。

SELECT * FROM 商品表
WHERE 进货价*1.2>= 销售价 AND 销售价<=30;

对应的查询结果如下。

```
+----------+--------+----------+--------+--------+------+------+----------------------+
| 商品号    | 分类号  | 商品名    | 进货价  | 销售价  | 库存 | 单位 | 商品描述              |
+----------+--------+----------+--------+--------+------+------+----------------------+
| AV-CB-05 | 02     | 西瓜      | 15.00  | 18.00  | 80   | 斤   | 果肉鲜嫩，多汁甜美    |
| AV-CB-06 | 02     | 黄瓜      | 5.00   | 6.00   | 500  | 斤   | 嫩爽清脆，品质上乘    |
| AV-CB-07 | 14     | 鹅蛋      | 2.50   | 3.00   | 1000 | 个   | 新鲜可口，营养丰富    |
| AV-CB-08 | 14     | 鸭蛋      | 3.50   | 4.00   | 800  | 个   | 香味浓郁，营养丰富    |
| AV-CB-15 | 14     | 土鸡蛋    | 2.50   | 3.00   | 500  | 个   | 天然散养，鲜美可口    |
| AV-CB-23 | 01     | 五花腊肉  | 18.50  | 20.00  | 200  | 斤   | 传统秘制，醉精工艺    |
| AV-CB-25 | 02     | 紫薯      | 18.80  | 20.00  | 5    | 斤   | 肉质丰厚，甜糯美味    |
| AV-CB-28 | 02     | 小黄姜    | 7.90   | 8.20   | 3    | 斤   | 个头小、水分少、姜味浓郁、香辣味美 |
| AV-CB-34 | 07     | 苔干菜苔菜| 18.00  | 20.00  | 333  | 斤   | 色泽自然，不做作，产品即人品，严把质量方能长久 |
+----------+--------+----------+--------+--------+------+------+----------------------+
```

【例 5.2.4】查询商品表酒水或名茶的价格大于 300 元的商品。查询语句如下。

SELECT 商品名，商品描述，销售价 FROM 商品表
WHERE（分类号 = '03' OR 分类号 = '04'）AND 销售价> 300;

对应的查询结果如下。

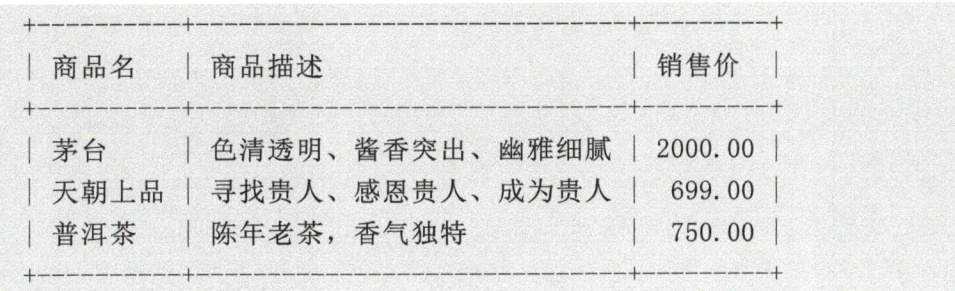

上面的例子还可以使用下面的方式进行查询。其查询结果一样。

SELECT 商品名，商品描述，销售价 FROM 商品表
WHERE（分类号 = '03' AND 销售价> 300）OR（分类号 = '04' AND 销售价> 300）;

【任务评价】

同学们在完成任务二的实施后，对于如何更好实现数据内容筛选及查询数据信息有了明显的进步。他们成功掌握了 SELECT 语句的相关用法，能够使用 SELECT 语句配合类似 WHERE、LIKE、逻辑运算符等语句实现列查询和数值计算。王组长对大家的工作态度和结

果给予了肯定,他要综合地对大家此次工作内容进行评价。

信息搜索能力　　☆☆☆☆☆
总结归纳能力　　☆☆☆☆☆
软件使用能力　　☆☆☆☆☆
沟通表达能力　　☆☆☆☆☆
分析问题能力　　☆☆☆☆☆

任务三
特殊查询

【情景导入】

小明和团队在数据查询过程中发现，有些查询对象只记得部分关键字或大致数据范围，有些数据需要确定范围，另外还有一些数据需要通过模糊匹配的方式进行查询。小明和团队请求王组长帮助，组长告诉他们 MySQL 数据库支持模糊查询、范围比较和空值比较等功能。于是，小明和团队查找相关资料进行学习，王组长为了帮助他们尽快掌握这些语句使用方法，给他们制订了一系列任务。

【任务分解】

（1）在字符类数据查询中，通过部分字符查询数据对象；
（2）在时间或者是数量关系数据查询中，通过范围信息确定数据对象；
（3）对于查询的数据对象处理时候，出现空值的处理方法。

【任务目标】

（1）掌握在字符型数据中模糊查询运算符 LIKE；
（2）掌握范围比较关键字 BETWEEN AND 的使用方法；
（3）学会使用空值比较法。

【任务实施】

步骤一　使用模糊查询语句实现匹配查询。
过程1：学习字符类型数据查询中，字符查询数据对象特点。
过程2：掌握模式匹配中特殊符号的特点和用法。
过程3：练习使用"_"和"%"在查询数据内容时的用法。
步骤二　使用范围比较语句实现日期、数量关系内容查询。
过程1：学习 BETWEEN ADN 和 IN 使用方法和特点。
过程2：练习数值数据在查询范围内容时的用法。
步骤三　查询中空值内容查询方法。
过程1：学习如何判断数据内容是否为空。
过程2：练习 IS NULL 关键字及运算符 "<=>"。
步骤四　总结评价。
过程1：同学们对数据查询中出现的问题进行归纳和记录。
过程2：教师对同学们操作过程中出现的问题进行总结。
过程3：各小组展开自评和互评，并完成技能评价表。

表 5-3-1　技能评价表

序号	评价内容与目标	评价等级
1	掌握在字符型数据中模糊查询运算符 LIKE	A B C D
2	掌握范围比较关键字 BETWEEN AND 的使用方法	A B C D
3	掌握并学会使用空值比较法	A B C D

【知识链接】

特殊查询

一、使用 LIKE 运算符实现匹配查询

LIKE 运算符用于指出一个字符串是否与指定的字符串相匹配,其运算对象可以是 CHAR、VARCHAR、TEXT、DATETIME 等类型的数据,返回逻辑值 TRUE 或 FALSE。

使用 LIKE 进行模式匹配时,常使用特殊符号_和%,可进行模糊查询。"%"代表 0 个或多个字符,"_"代表单个字符。由于 MySQL 默认不区分大小写,要区分大小写时需要更换字符集的校对规则。

【例 5.3.1】查询用户表表中姓"王"的会员的用户名、电话及邮箱。查询语句如下。
SELECT 用户名,电话,邮箱 FROM 用户表
WHERE 用户名 LIKE '王%';
对应的查询结果如下。

```
+--------+-------------+------------------+
| 用户名 | 电话        | 邮箱             |
+--------+-------------+------------------+
| 王天赐 | 15712169448 | wangtc@163.com   |
| 王昌豪 | 13912345678 | sunba@163.com    |
| 王勤   | 13712345678 | wangwu@163.com   |
| 王小明 | 15012345679 | wxm@163.com      |
| 王丽   | 18212345678 | wxh@163.com      |
+--------+-------------+------------------+
```

【例 5.3.2】查询用户表表中电话号码第二位为 8 的用户名、地址和电话。查询语句如下。
SELECT 用户名,地址,电话 FROM 用户表
WHERE 电话 LIKE '_8%';
对应的查询结果如下。

```
+--------+----------------+-------------+
| 用户名 | 地址           | 电话        |
+--------+----------------+-------------+
| 张辉   | 湖南省长沙市   | 18012345678 |
| 李道明 | 江苏省南京市   | 18112345678 |
| 王丽   | 北京市朝阳区   | 18212345678 |
+--------+----------------+-------------+
```

【例5.3.3】查询用户表表中地址中包含"海"的用户信息。查询语句如下。
SELECT 用户名，地址，电话，邮箱 FROM 用户表
WHERE 地址 LIKE '%海%';
对应的查询结果如下。

```
+--------+--------------+-------------+------------------+
| 用户名 | 地址         | 电话        | 邮箱             |
+--------+--------------+-------------+------------------+
| 吴美霞 | 广东珠海市   | 15812345678 | wumx@163.com123  |
| 王勤   | 上海市浦东新区 | 13712345678 | wangwu@163.com   |
| 黄伟   | 上海市闵行区  | 15312345678 | 1xh@163.com      |
| 赵小红 | 北京市海淀区  | 15712345678 | zxh@163.com      |
+--------+--------------+-------------+------------------+
```

二、数据查询中的范围比较

用于范围比较的关键字有两个：BETWEEN AND 和 IN。当要查询的条件是某个值的范围时，可以使用 BETWEEN AND 关键字。BETWEEN 关键字指出查询范围，格式为：

表达式[NOT] BETWEEN 表达式1　AND 表达式2

当不使用 NOT 时，若表达式的值在表达式1与表达式2之间（包括这两个值），则返回 TRUE，否则返回 FALSE；使用 NOT 时，返回值刚好相反。同时需要注意的是，在使用上述表达式时，表达式1的值不能大于表达式2的值。

【例5.3.4】查询订单表表中2023年第一季度订单销售情况。对应查询语句如下。
SELECT * FROM 订单表
WHERE 订单日期 BETWEEN '2023-1-1' AND '2023-3-31';
对应的查询结果如下。

```
+----------+--------+---------------------+----------+----------+
| 订单号   | 用户号 | 订单日期            | 订单总价 | 订单状态 |
+----------+--------+---------------------+----------+----------+
| 20230411 | u0001  | 2023-03-18 15:07:34 | 8780.00  | 1        |
| 20230412 | u0002  | 2023-03-23 15:08:11 | 5640.00  | 1        |
| 20230414 | u0003  | 2023-03-17 15:09:30 | 3300.00  | 1        |
| 20230420 | u0009  | 2023-03-30 20:10:05 | 855.40   | 1        |
| 20230426 | u0015  | 2023-03-18 02:00:05 | 144.00   | 1        |
| 20230428 | u0017  | 2023-03-25 04:00:05 | 375.00   | 1        |
| 20230431 | u0020  | 2023-03-18 07:00:05 | 520.00   | 1        |
+----------+--------+---------------------+----------+----------+
```

使用 IN 关键字可以指定一个值表，值表中列出所有可能的值，当与值表中的任一个匹配时，即返回 TRUE，否则返回 FALSE。

使用 IN 关键字指定值表的格式为：

表达式 IN（表达式1 [, …n]）

【例 5.3.5】查询用户表表中来自"广东深圳市""广东广州市"和"广东珠海市"中的用户信息。对应查询语句如下。

SELECT * FROM 用户表
WHERE 地址 IN ('广东深圳市','广东广州市','广东珠海市');

对应的查询结果如下。

```
+--------+--------+--------+------+-------------+------------------+-------------+
| 用户号 | 用户名 | 密码   | 性别 | 地址        | 邮箱             | 电话        |
+--------+--------+--------+------+-------------+------------------+-------------+
| u0001  | admin  | 123456 | 男   | 广东深圳市  | liuxh@163.com    | 15712169448 |
| u0002  | 张嘉庆 | 123456 | 男   | 广东深圳市  | zhangjq@163.com  | 15712169448 |
| u0003  | 罗红红 | 123456 | 女   | 广东深圳市  | longhh@163.com   | 15712169448 |
| u0004  | 李昊华 | 123456 | 女   | 广东广州市  | lihh@163.com     | 15712169448 |
| u0005  | 吴美霞 | 123456 | 女   | 广东珠海市  | wumx@163.com123  | 15812345678 |
+--------+--------+--------+------+-------------+------------------+-------------+
```

三、数据查询中的空值比较

在数据查询中，若出现查询的数据列里面不存在数据，可以通过判定的方式确定表达式的值是否为空值。判断数据是否为空使用 IS NULL 关键字，格式为：

表达式 IS [NOT] NULL

当不使用 NOT 时，若表达式的值为空值，返回 TRUE，否则返回 FALSE；当使用 NOT 时，结果刚好相反。

【例 5.3.6】查询商品分类表表中尚未增加商品货物的分类记录。对应查询语句如下。

SELECT * FROM 商品分类表
WHERE 分类名称 IS NULL;

对应的查询结果如下。

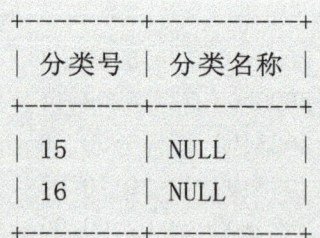

```
+--------+----------+
| 分类号 | 分类名称 |
+--------+----------+
| 15     | NULL     |
| 16     | NULL     |
+--------+----------+
```

MySQL 有一个特殊的等于运算符"<=>"，当两个表达式彼此相等或都等于空值时，它的值为 TRUE，其中有一个空值或都是非空值但不相等时，返回值为 FALSE。

【例 5.3.7】上例还可以使用下面的方式进行查询。对应查询语句如下。

SELECT * FROM 商品分类表
WHERE 分类名称 <=> NULL;

对应的查询结果与例 5.3.6 相同。

【任务评价】

　　同学们在完成任务三的实施后，成功掌握了数据库中数据查询的方法，对于生活中的数据查询应用有了更深入的认识。他们学会了不同功能的查询，对学习查询语句充满了信心。王组长感到很欣慰，他要综合地对大家此次工作内容进行评价。

信息搜索能力　　☆☆☆☆☆
总结归纳能力　　☆☆☆☆☆
软件使用能力　　☆☆☆☆☆
沟通表达能力　　☆☆☆☆☆
分析问题能力　　☆☆☆☆☆

任务四
多表连接查询

【情景导入】

小明和他的团队成员对于一个表格的查询内容已经很熟悉了，但是他在实际管理农产品销售管理数据库时候发现，很多信息一个表格不能够显示完全，他需要有多个表格联合起来查询，这样又在无形中增加了他的工作量，于是他寻找公司的王组长给予建议，王组长告诉他，数据库查询不仅仅可以针对单表查询，多表查询也是常用的一种查询方法，小明准备查阅相关资料进行学习和练习。

【任务分解】

（1）多表查询需要先将多个表格数据对比，找出对应关系；
（2）对于分布在不同的数据表里面的数据，通过多表查询方式，提取有效数据。

【任务目标】

（1）掌握如何创建基本的多表连接查询；
（2）掌握内连接的相关概念及如何创建内连接进行数据查询；
（3）掌握外连接的相关概念及如何创建外连接进行数据查询；
（4）掌握使用 JOIN 语句进行连接查询。

【任务实施】

步骤一　多表联合查询数据内容。
过程 1：学习如何引用其他数据表。
过程 2：练习引用多个当前数据库数据表及其他数据表内容。
步骤二　利用等值连接，获取查询数据中数据表的交集部分。
过程 1：学习如何使用 WHERE 语句实现等值连接。
过程 2：练习引用当前数据库数据表及其他数据表等值内容。
步骤三　用 JOIN 语句实现多表连接。
过程 1：练习使用内连接完成多表连接。
过程 2：练习使用外连接完成多表连接。
步骤四　总结评价
过程 1：同学们对数据查询中出现的问题进行归纳和记录。
过程 2：教师对同学们操作过程中出现的问题进行总结。
过程 3：各小组展开自评和互评，并完成技能评价表。

表 5-4-1　技能评价表

序号	评价内容与目标	评价等级
1	掌握如何创建基本的多表连接查询	A B C D
2	掌握内连接的相关概念及如何创建内连接进行数据查询	A B C D
3	掌握外连接的相关概念及如何创建外连接进行数据查询	A B C D
4	掌握使用 JOIN 语句进行连接查询	A B C D

【知识链接】

一、多表查询

多表连接查询

在使用 SELECT 查询语句对数据表数据源进行查询的方式除了简单的针对当前数据表里面的内容进行查询外，SELECT 还可以联合其他数据库里面的数据表进行更为复杂的的多表数据查询。时针对多个数据表进行查询相应的数据内容。

1. 引用其他数据库中的数据表

单表查询可以用两种方式引用数据表里面数据。第一种方式是使用 USE 语句让一个数据库成为当前数据库，在这种情况下，如果在 FROM 子句中指定表名，则该表应该属于当前数据库。第二种方式是指定的时候在表名前带上表所属数据库的名字。例如，假设当前数据库是 DB1，现在要显示数据库 DB2 里的表 TB 的内容，可以使用如下语句：

SELECT *　FROM　DB2.TB;

需要注意的是，在 SELECT 关键字后指定列名的时候也可以在列名前带上所属数据库和表的名字，同一数据库里面可以省略。

【例 5.4.1】从用户表表中检索出前 5 位客户的信息，并使用表别名 USERS。对应查询语句如下。

SELECT * FROM 用户表 AS USERS LIMIT 5;

对应的查询结果如下。

```
+-------+--------+--------+------+------------+------------------+-------------+
| 用户号 | 用户名 | 密码   | 性别 | 地址       | 邮箱             | 电话        |
+-------+--------+--------+------+------------+------------------+-------------+
| u0001 | admin  | 123456 | 男   | 广东深圳市 | liuxh@163.com    | 15712169448 |
| u0002 | 张嘉庆 | 123456 | 男   | 广东深圳市 | zhangjq@163.com  | 15712169448 |
| u0003 | 罗红红 | 123456 | 女   | 广东深圳市 | longhh@163.com   | 15712169448 |
| u0004 | 李昊华 | 123456 | 女   | 广东广州市 | lihh@163.com     | 15712169448 |
| u0005 | 吴美霞 | 123456 | 女   | 广东珠海市 | wumx@163.com123  | 15812345678 |
+-------+--------+--------+------+------------+------------------+-------------+
```

2. 引用多个表

如果要在不同表中查询数据，则必须在 FROM 子句中指定多个表。指定多个表时就要使用到连接。当不同列的数据组合到一个表中叫做表的连接。例如，在用户表数据库中需要查找用户购买的商品名称、订单价格和订购时间，就需要将商品表、订单明细表和订单表三个表进行连接，才能查找到结果。

【例 5.4.2】查找农产品销售管理数据库中客户订购的商品名称、商品价格和订购时间。对应查询语句如下。

```
SELECT 商品表.商品名，订单表.订单总价，订单表.订单日期
FROM 商品表，订单表，订单明细表
WHERE（商品表.商品号=订单明细表.商品号 AND 订单明细表.订单号=订单表.订单号）
LIMIT 5；
```

对应的查询结果如下。

```
+--------+---------+---------------------+
| 商品名 | 订单总价 | 订单日期            |
+--------+---------+---------------------+
| 薏仁米 | 8780.00 | 2023-03-18 15:07:34 |
| 普洱茶 | 8780.00 | 2023-03-18 15:07:34 |
| 羊肉粉 | 8780.00 | 2023-03-18 15:07:34 |
| 黑米   | 5640.00 | 2023-03-23 15:08:11 |
| 苹果   | 5640.00 | 2023-03-23 15:08:11 |
+--------+---------+---------------------+
```

二、等值连接

当数据查询涉及到多张表格时，要将多张表格的数据连接起来组成一张表格，连接的方式有多种。全连接产生的新表是每个表的每行都与其他表中的每行交叉以产生所有可能的组合，易产生大量数据行。

等值连接通常要使用 WHERE 子句设定等值条件来确保查询结果数量大小可控。相较于全连接可能产生数量庞杂的数据信息，等值连接是获取两个或者多个表中数据的交集部分。

【例 5.4.3】查找农产品销售管理数据库中客户订购的商品名、订购数量和订购单价。对应查询语句如下。

```
SELECT 商品表.商品号，商品表.商品名，订单明细表.数量，订单明细表.单价
FROM 商品表，订单明细表
WHERE 商品表.商品号=订单明细表.商品号
LIMIT 5；
```

对应的查询结果如下。

```
+----------+--------+------+--------+
| 商品号   | 商品名 | 数量 | 单价   |
+----------+--------+------+--------+
| AV-CB-01 | 薏仁米 |  10  |  60.00 |
| AV-CB-19 | 普洱茶 |  10  | 750.00 |
| AV-CB-21 | 羊肉粉 |  10  |  75.00 |
| AV-CB-02 | 黑米   |  20  |  50.00 |
| AV-CB-18 | 苹果   |  20  |  10.00 |
+----------+--------+------+--------+
```

三、JOIN 连接

除了上述方法实现多表连接以外，另外常用的多表连接方式是使用 JOIN 关键字，其相关语法格式如下：

表名 1 INNER JOIN 表名 2
ON 条件 | USING（列名）

1. 内连接

内连接即指定了 INNER 关键字的连接。

【例 5.4.4】要实现上例中的结果，可以使用以下语句：

SELECT 商品表.商品号，商品表.商品名，订单明细表.数量，订单明细表.单价
FROM 商品表 INNER JOIN 订单明细表
ON 商品表.商品号=订单明细表.商品号
LIMIT 5;

对应的查询结果与上例（例 5.4.3）相同。

该语句根据 ON 关键字后面的连接条件，合并两个表，返回满足条件的行。

内连接是系统默认的，可以省略 INNER 关键字。使用内连接后，FROM 子句中 ON 条件主要用来连接表，其他并不属于连接表的条件可以使用 WHERE 子句来指定。

【例 5.4.5】用 JOIN 关键字表达下列查询：查找"苹果"商品销售情况。对应查询语句如下。

SELECT 订单号，商品名，销售价，订单明细表.数量，单价
FROM 商品表 JOIN 订单明细表
ON 商品表.商品号 = 订单明细表.商品号
WHERE 商品名='苹果';

对应的查询结果如下。

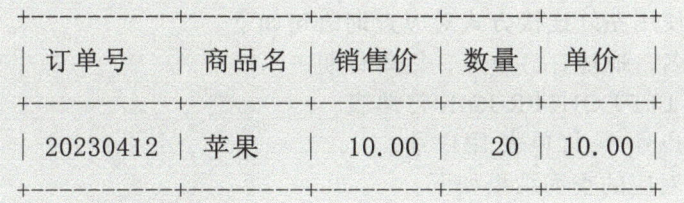

内连接还可以用于多个表的连接。

【例 5.4.6】用 JOIN 关键字表达下列查询：查找购买了农产品且订购数量大于 15 的商品和用户名及订购数量。对应查询语句如下。

SELECT 用户名，商品名，订单明细表.数量 AS 订购数量
FROM 用户表 JOIN 订单表 ON 用户表.用户号 = 订单表.用户号
JOIN 订单明细表 ON 订单表.订单号 = 订单明细表.订单号
JOIN 商品表 ON 订单明细表.商品号 = 商品表.商品号
WHERE 订单明细表.数量 >15;

对应的查询结果如下。

```
+--------+--------+----------+
| 用户名 | 商品名 | 订购数量 |
+--------+--------+----------+
| 张嘉庆 | 黑米   |    20    |
| 张嘉庆 | 苹果   |    20    |
| 张嘉庆 | 豆干   |    20    |
| 赵晨   | 绿茶   |    16    |
| 赵晨   | 龙井茶 |    16    |
| 赵晨   | 猕猴桃 |    16    |
| 熊军   | 绿茶   |    16    |
| 赵信   | 黑米   |    20    |
| 宋清   | 绿茶   |    16    |
+--------+--------+----------+
```

2. 外连接

外连接是指使用 OUTER JOIN 关键字将两个表连接起来的操作。外连接中常见的连接方式包括左外连接和右外连接。

（1）左外连接（LEFT OUTER JOIN）。

左外连接指的是将左表中的所有数据分别与右表中的每条数据进行连接组合。结果表中除了匹配行外，还包括左表有的但右表中不匹配的行，对于这样的行，从右表被选择的列设置为 NULL。

（2）右外连接（RIGHT OUTER JOIN）。

与左外连接相反，右外连接指的是将右表中的所有数据分别与左表的每条数据进行连接组合。结果表中除了匹配行外，还包括右表有的但左表中不匹配的行，对于这样的行，从左表被选择的列设置为 NULL。

【例 5.4.7】查找所有用户的订单编号、订单日期及订购了商品的用户地址，若未产生订单，显示 NULL。使用左外连接方式对应查询语句如下。

SELECT 用户名，地址，订单号，订单日期
FROM 用户表 LEFT OUTER JOIN 订单表
ON 用户表.用户号 = 订单表.用户号；

使用左外连接对应的查询结果如下。

```
+--------+------------+----------+---------------------+
| 用户名 | 地址       | 订单号   | 订单日期            |
+--------+------------+----------+---------------------+
| admin  | 广东深圳市 | 20230411 | 2023-03-18 15:07:34 |
| 张嘉庆 | 广东深圳市 | 20230412 | 2023-03-23 15:08:11 |
| 罗红红 | 广东深圳市 | 20230413 | 2020-06-19 15:09:00 |
| 罗红红 | 广东深圳市 | 20230414 | 2023-03-17 15:09:30 |
| 李昊华 | 广东广州市 | 20230415 | 2020-05-08 15:10:05 |
|                     （省略）                          |
+--------+------------+----------+---------------------+
```

使用右外连接方式对应查询语句如下。

SELECT 用户名，地址，订单号，订单日期
FROM 用户表 RIGHT OUTER JOIN 订单表
ON 用户表.用户号 = 订单表.用户号；

使用右外连接对应的查询结果如下。

```
+--------+------------+----------+---------------------+
| 用户名 | 地址       | 订单号   | 订单日期            |
+--------+------------+----------+---------------------+
| admin  | 广东深圳市 | 20230411 | 2023-03-18 15:07:34 |
| 张嘉庆 | 广东深圳市 | 20230412 | 2023-03-23 15:08:11 |
| 罗红红 | 广东深圳市 | 20230413 | 2020-06-19 15:09:00 |
| 罗红红 | 广东深圳市 | 20230414 | 2023-03-17 15:09:30 |
| 李昊华 | 广东广州市 | 20230415 | 2020-05-08 15:10:05 |
                           （省略）
+--------+------------+----------+---------------------+
```

多表查询的方法多样，可以通过 A、B 两表链接 C 表，也可以通过 A、C 表链接 B 表。虽然思路和视角不同，但最终能够解决问题。因此，在面对问题时，我们应该学会多角度思考。从不同的视角考虑问题，通常会带来新的思维和解决思路，为解决问题提供更多选择。

【任务评价】

同学们在完成任务四的实施后，对于数据管理、查询有了更多的认识，通过了解查询的本质意义和具体方式，锻炼了同学们思考问题及解决问题的能力，增强了学习中的大局意识。并通过多种方式的查询提升了自主学习和应用能力。王组长感到很满意，他要综合地对大家此次工作内容进行评价。

信息搜索能力　　☆☆☆☆☆
总结归纳能力　　☆☆☆☆☆
软件使用能力　　☆☆☆☆☆
沟通表达能力　　☆☆☆☆☆
分析问题能力　　☆☆☆☆☆

任务五
子查询

【情景导入】

小明在管理农产品销售管理数据库时发现，有些需要查询的内容无法通过单表查询或多表联合查询满足要求，需要在已查询的结果上进行二次查询。他向王组长寻求帮助，王组长提醒他在 SQL 语法中存在类似这种递进式查询的方法。小明和团队开始研究这种查询方式的理论依据。

【任务分解】

（1）在 SQL 语法中递进式的查询方式可以使用子查询；
（2）子查询内容包括 IN 子查询及比较子查询；
（3）在实际使用查询中，还可以通过聚合函数的方式实现其他查询方式。

【任务目标】

（1）掌握 IN 子查询使用方法；
（2）掌握比较子查询使用方法；
（3）掌握聚合函数使用方法。

【任务实施】

步骤一　使用 IN 语句完成二次结果查询。
过程 1：学习 IN 语句使用方法及实现子查询语法。
过程 2：练习掌握系统执行子查询时执行过程，学会使用嵌套查询。
步骤二　使用由表达式构成的比较子查询使用方法
过程 1：学习子查询语句中可以使用的表达式及其用法。
过程 2：练习掌握比较子查询在数据查询中实现的功能。
步骤三　使用聚合函数完成数据查询中统计、大小筛选、求和及平均值求解。
过程 1：学习用于统计组中满足条件的行数或总行数 COUNT 函数使用方法。
过程 2：学习求表达式中所有值项的最大值与最小值 MAX 和 MIN 函数使用方法。
过程 3：学习求表达式中所有值项的总和与平均值 SUM 函数和 AVG 函数使用方法。
过程 4：练习聚合函数在数据查询中的应用。
步骤四　总结评价。
过程 1：同学们对数据查询中出现的问题进行归纳和记录。
过程 2：教师对同学们操作过程中出现的问题进行总结。
过程 3：各小组展开自评和互评，并完成技能评价表。

表 5-5-1　技能评价表

序号	评价内容与目标	评价等级
1	掌握 IN 子查询使用方法	A B C D
2	掌握比较子查询使用方法	A B C D
3	掌握聚合函数使用方法	A B C D

【知识链接】

在查询条件中，可以使用另一个查询的结果作为条件的一部分，例如，判定列值是否与某个查询的结果集中的值相等，作为查询条件一部分的查询称为子查询。SQL 标准允许 SELECT 多层嵌套使用，用来表示复杂的查询。子查询除了可以用在 SELECT 语句中，还可以用在 INSERT、UPDATE 及 DELETE 语句中。子查询通常与 IN、EXIST 及比较运算符结合使用。

子查询

一、IN 子查询

IN 子查询用于执行目标给定值是否在子查询结果集中的判断，格式为：

表达式[NOT] IN　（子查询）

上述表达式中，当表达式与子查询的结果表中的某个值相等时，IN 返回 TRUE，否则返回 FALSE；若使用了 NOT，返回的值相反。

【例 5.5.1】查找在农产品销售管理数据库中用户罗红红的订单信息。对应查询语句如下。

SELECT * FROM 订单表
WHERE 用户号 IN
（SELECT 用户号 FROM 用户表 WHERE 用户名 = '罗红红'）；

对应的查询结果如下。

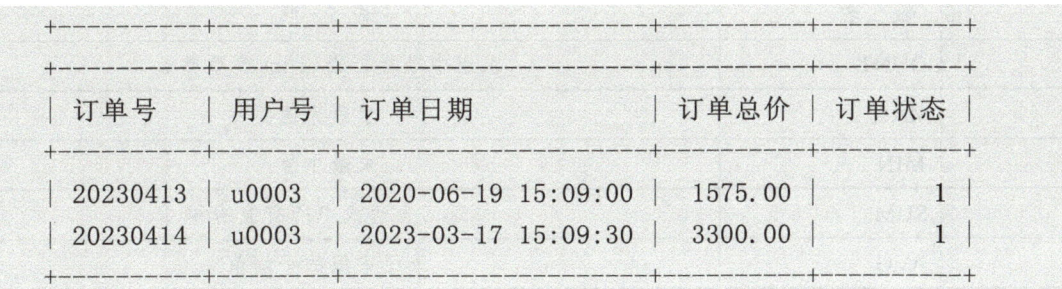

上述例子中，在执行包含子查询的 SELECT 语句时，系统先执行子查询，产生一个结果表，再执行查询。通过下面查询语句

SELECT 用户号 FROM 用户表 WHERE 用户名 = '罗红红';

得到一个只含有用户号列的表。再执行外查询，若订单表中某行的用户号列值等于子查询结果表中的任一个值，则该行就被选择。

IN 子查询只能返回一列数据。对于较复杂的查询，可以使用嵌套的子查询。

二、比较子查询

这种子查询可以认为是 IN 子查询的扩展，它使表达式的值与子查询的结果进行比较运算。其格式如下：

表达式 {<|<=|=|>|>=|!=|<>} {ALL|SOME|ANY} （子查询）

【例 5.5.2】查找订单表中订单总价超过 4000 元的用户的地址和电话。对应查询语句如下。

SELECT 用户名，地址，电话
FROM 用户表
WHERE 用户号= ANY
（SELECT 用户号 FROM 订单表 WHERE 订单总价>4000）;

对应的查询结果如下。

```
+--------+----------------+-------------+
| 用户名 | 地址           | 电话        |
+--------+----------------+-------------+
| admin  | 广东深圳市     | 15712169448 |
| 张嘉庆 | 广东深圳市     | 15712169448 |
| 赵晨   | 江苏省南京市   | 15812345678 |
+--------+----------------+-------------+
```

三、聚合函数

SELECT 子句的表达式中还可以包含所谓的聚合函数。聚合函数常常用于对一组值进行计算，然后返回单个值。聚合函数的名称及说明如表 5-5-2 所示。

表 5-5-2 聚合函数

函 数 名	说　　明
COUNT	求组中项数，返回 int 类型整数
MAX	求最大值
MIN	求最小值
SUM	返回表达式中所有值的和
AVG	求组中值的平均值

1. COUNT 函数

聚合函数中最经常使用的是 COUNT()函数，用于统计组中满足条件的行数或总行数，返回 SELECT 语句检索到的行中非 NULL 值的数目，若找不到匹配的行，则返回 0。

语法格式为：

COUNT（ {[ALL|DISTINCT]表达式 1} | * ）

在上述表达式中，表达式 1 的数据类型是除 BLOB 或 TEXT 之外的任何类型。ALL 表示对所有值进行运算，DISTINCT 表示去除重复值，默认为 ALL。使用 COUNT（*）时将返回检索行的总数目，不论其是否包含 NULL 值。

【例 5.5.3】求用户总人数。对应查询语句如下。

SELECT COUNT（*）AS '用户数' FROM 用户表；

对应的查询结果如下。

【例 5.5.3】统计订单状态为已完成的订单数。对应查询语句如下

SELECT COUNT（订单状态）AS '订单已完成' FROM 订单表
WHERE 订单状态>0；

对应的查询结果如下。

这里需要注意的是 COUNT（订单状态）只统计该列中不为 NULL 的行。

2. MAX 函数和 MIN 函数

MAX 和 MIN 分别用于求表达式中所有值项的最大值与最小值，语法格式为：

MAX / MIN（[ALL | DISTINCT]表达式 1）

在上述表达式中，表达式 1 可以是常量、列、函数或表达式，其数据类型可以是数字、字符和时间日期类型。

【例 5.5.5】求在酒水分类里面市场价最高和最低的商品进货价。对应查询语句如下。

SELECT MAX（进货价），MIN（进货价）
FROM 商品表
WHERE 分类号='03'；

对应的查询结果如下。

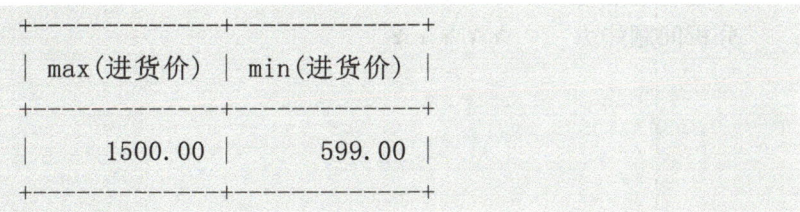

在使用 MAX/MIN 函数检索数据列时，若选定列上只有空值或检索出的中间结果为空时，MAX 和 MIN 函数的值也为空。

3. SUM 函数和 AVG 函数

SUM 和 AVG 分别用于求表达式中所有值项的总和与平均值，语法格式为：

SUM / AVG（[ALL | DISTINCT]表达式 1）

在上述表达式中，表达式 1 可以是常量、列、函数或表达式，其数据类型只能是数值型。

【例 5.5.6】求订单总价数。对应查询语句如下。

SELECT SUM（订单总价）AS '订单总价合计' FROM 订单表；

对应的查询结果如下。

```
+----------------+
| 订单总价合计   |
+----------------+
|       36396.20 |
+----------------+
```

【例 5.5.7】求订单平均价。对应查询语句如下。

SELECT AVG（订单总价）AS '订单均价合计' FROM 订单表；

对应的查询结果如下。

```
+----------------+
| 订单均价合计   |
+----------------+
|     1399.853846|
+----------------+
```

【任务评价】

同学们在完成任务五的实施后，对于数据管理、查询有了更多的认识，深入了解到查询的局限性，同时，使用函数和表达式的方式进行数据查询能进一步增加查询的效率和准确性，锻炼了同学们思考问题解决问题的能力，增强了使用工具解决问题的能力。并通过多种方式的查询提升了自主学习和应用能力。王组长感到很满意，他要综合地对大家此次工作内容进行评价。

信息搜索能力	☆☆☆☆☆
总结归纳能力	☆☆☆☆☆
软件使用能力	☆☆☆☆☆
沟通表达能力	☆☆☆☆☆
分析问题能力	☆☆☆☆☆

任务六
分类汇总与排序

【情景导入】

小明在处理数据查询的结果时候发现，查询出的数据在显示的时候都是依照原有的数据信息进行展示的，看起来不够直观。王组长建议小明和他的团队能够将这些数据按照数据的属性、特征对其进行排序或分组。小明和他的团队查阅相关需求，发现数据库系统中具备分类汇总和排序的功能。

【任务分解】

（1）针对查询结果进行分组及汇总；
（2）对于一些有规律性的数据，查询后对其进行排序。

【任务目标】

（1）掌握数据查询中分组语句的相关概念及使用方法；
（2）掌握数据查询中排序语句的相关概念及使用方法；
（3）掌握在数据查询中其他的限制性语句使用方法。

【任务实施】

步骤一　对数据查询结果进行分类汇总。
过程1：练习使用 GROUP BY 子句完成查询结果分组。
过程2：练习使用带 ROLLUP 的 GROUP BY 子句完成查询结果分组并排序。
步骤二　使用 HAVING 子句完成数据查询中条件限制。
过程1：学习使用 HAVING 子句的目的及相关用法。
过程2：练习 HAVING 子句使用的方法及表达式用法。
步骤三　使用排序子句 ORDER BY 完成数据内容排序。
过程1：学习使用 ORDER BY 子句的相关用法。
过程2：练习 ORDER BY 子句使用的方法及搭配升序降序排序。
步骤四　使用限制性语句 LIMIT 实现查询结果内容显示。
过程1：学习使用 LIMIT 子句相关用法。
过程2：练习控制查询结果内容显示数量。
步骤五　总结评价。
过程1：同学们对数据查询中出现的问题进行归纳和记录。
过程2：教师对同学们操作过程中出现的问题进行总结。
过程3：各小组展开自评和互评，并完成技能评价表。

表 5-6-1　技能评价表

序号	评价内容与目标	评价等级
1	掌握数据查询中分组语句的相关概念及使用方法	A B C D
2	掌握数据查询中排序语句的相关概念及使用方法	A B C D
3	掌握在数据查询中其他的限制性语句使用方法	A B C D

【知识链接】

分类汇总与排序

一、分组子句 GROUP BY

GROUP BY 子句用法为根据字段对行分组。例如，根据商品类别对商品表里面的商品进行分组。GROUP BY 子句的语法格式如下：

GROUP BY {列名 |表达式}

GROUP BY 子句后通常包含列名或表达式。GROUP BY 可以根据一个或多个列进行分组，也可以根据表达式进行分组，经常和聚合函数一起使用。如使用下面的方式进行查询。

【例 5.6.1】输出商品表中商品类别号。对应查询语句如下。

SELECT 分类号 FROM 商品表

GROUP BY 分类号；

对应的查询结果如下。

```
+--------+
| 分类号 |
+--------+
| 01     |
| 02     |
| 03     |
| 04     |
| 05     |
| 07     |
| 09     |
| 10     |
| 13     |
| 14     |
+--------+
```

【例 5.6.2】按商品分类统计各类不同商品的种类数目。对应查询语句如下。

SELECT 分类号，COUNT（*）AS '商品种类' FROM 商品表

GROUP BY 分类号；

对应的查询结果如下。

```
+--------+----------+
| 分类号 | 商品种类 |
+--------+----------+
|   01   |    4     |
|   02   |   13     |
|   03   |    2     |
|   04   |    5     |
|   05   |    3     |
|   07   |    1     |
|   09   |    1     |
|   10   |    1     |
|   13   |    2     |
|   14   |    3     |
+--------+----------+
```

二、带 ROLLUP 的 GROUP BY 子句

使用带 ROLLUP 操作符的 GROUP BY 子句，可指定在结果集内不仅包含由 GROUP BY 提供的正常行，还包含汇总行。

【例 5.6.3】按商品类别、商品名称查询商品目前库存数。对应查询语句如下。

SELECT 分类号 AS '商品类别'，商品名，SUM（库存）AS '库存数'
FROM 商品表
GROUP BY 分类号，商品名；

对应的查询结果如下。

```
+----------+--------+--------+
| 商品类别 | 商品名 | 库存数 |
+----------+--------+--------+
|    05    | 薏仁米 |   100  |
|    05    | 黑米   |   200  |
|    02    | 葡萄   |   150  |
|    02    | 西瓜   |    80  |
|    02    | 黄瓜   |   500  |
|    14    | 鹅蛋   |  1000  |
|        （省略）              |
+----------+--------+--------+
```

请将执行结果与以下语句比较：

SELECT 分类号 AS '商品类别'，商品名，SUM（库存）AS '库存数'
FROM 商品表 GROUP BY 分类号，商品名
WITH ROLLUP；

对应的查询结果如下。

```
+----------+----------+--------+
| 商品类别 | 商品名   | 库存数 |
+----------+----------+--------+
| 01       | 五花腊肉 |   200  |
| 01       | 土豆片   |   300  |
| 01       | 羊肉粉   |   100  |
| 01       | 豆干     |   111  |
| 01       | NULL     |   711  |
         （省略）
+----------+----------+--------+
```

三、HAVING 子句

使用 HAVING 子句的目的与 WHERE 子句类似，不同的是 WHERE 子句是用来在 FROM 子句之后选择行，而 HAVING 子句用在 GROUP BY 子句后选择行。其语法格式为：

HAVING 条件

在上述表达式中，条件的定义和 WHERE 子句中的条件类似，不过 HAVING 子句中的条件可以包含聚合函数，而 WHERE 子句中则不可以。SQL 标准要求 HAVING 必须引用 GROUP BY 子句中的列或用于聚合函数中的列。不过，MySQL 支持对此工作性质的扩展，并允许 HAVING 引用 SELECT 清单中的列和外部子查询中的列。

【例 5.6.4】查找商品表中不同类别商品中库存数量大于 300 件的商品。对应查询语句如下。

SELECT 分类号 AS '商品类别'，商品名，SUM（库存）AS '库存数'
FROM 商品表 GROUP BY 分类号，商品名
HAVING AVG（库存）>300；

对应的查询结果如下。

```
+----------+------------+--------+
| 商品类别 | 商品名     | 库存数 |
+----------+------------+--------+
| 02       | 黄瓜       |   500  |
| 14       | 鹅蛋       |  1000  |
| 14       | 鸭蛋       |   800  |
| 14       | 土鸡蛋     |   500  |
| 07       | 苔干菜苔菜 |   333  |
+----------+------------+--------+
```

四、排序子句 ORDER BY

在数据操作中，SQL 语法还提供了排序子句。在一条 SELECT 语句中，如果不使用 ORDER BY 子句，结果中行的顺序是不可预料的。使用 ORDER BY 子句后可以保证结果中的行按一定顺序排列。其语法格式为：

ORDER BY {列名 | 表达式 | 列编号} [ASC|DESC], ...

在上述表达式中，ORDER BY 子句后可以根据选定排序的条件进行选择一个列名、某个表达式或单独的正整数。正整数表示按结果表中该位置上的列排序。例如，使用 ORDER BY 表示对 SELECT 的列清单上的第 2 列进行排序。关键字 ASC 表示升序排列，DESC 表示降序排列，系统默认值为 ASC。

【例 5.6.5】将订单按照订单日期进行降序排序，并打印最后的 5 个订单。对应查询语句如下。

SELECT * FROM 订单表
ORDER BY 订单日期 DESC
LIMIT 5；

对应的查询结果如下。

订单号	用户号	订单日期	订单总价	订单状态
20230427	u0016	2023-06-15 03:00:05	1280.00	0
20230421	u0010	2023-03-31 21:20:05	520.00	0
20230417	u0006	2023-03-31 17:30:05	1179.00	2
20230420	u0009	2023-03-30 20:10:05	855.40	1
20230428	u0017	2023-03-25 04:00:05	375.00	1

五、限制子句 LIMIT

LIMIT 子句主要用于限制被 SELECT 语句返回的行数。其语法格式如下。

LIMIT {[偏移量，]行数 |行数　OFFSET 偏移量}

在上述表达式中，语法格式中的偏移量和行数都必须是非负的整数常数，偏移量指定返回的第一行的偏移量，行数是返回的行数。例如，"LIMIT 5"表示返回 SELECT 语句的结果集中最前面 5 行，而"LIMIT 3，5"则表示从第 4 行开始返回 5 行。初始行的偏移量从 0 开始。

【例 5.6.6】查找用户表表中邮箱按照拼写规则前 5 位用户的信息。对应查询语句如下。

SELECT * FROM 用户表
ORDER BY 邮箱 LIMIT 5；

对应的查询结果如下。

用户号	用户名	密码	性别	地址	邮箱	电话
u0004	李昊华	123456	女	广东广州市	lihh@163.com	15712169448
u0016	李鑫	123456	男	江苏省南京市	lisi@163.com	13612345678
u0007	刘青	123456	男	贵州省贵阳市	liuqing@qq.com	15812345678
u0001	admin	123456	男	广东深圳市	liuxh@163.com	15712169448
u0003	罗红红	123456	女	广东深圳市	longhh@163.com	15712169448

【例 5.6.7】 查找订单明细表中从第 3 条记录开始的 2 条记录。对应查询语句如下。

SELECT * FROM 订单明细表
ORDER BY 订单号 LIMIT 2，2；

对应的查询结果如下。

```
+----------+----------+------+-------+
| 订单号    | 商品号    | 数量  | 单价   |
+----------+----------+------+-------+
| 20230411 | AV-CB-21 |  10  | 75.00 |
| 20230412 | AV-CB-02 |  20  | 50.00 |
+----------+----------+------+-------+
```

【任务评价】

同学们在完成任务六的实施后，加深了对数据查询及分类汇总的认识，同时，应用数据查询信息的过程中也了解到查询不仅仅是显示出自己需要的数据内容，如何更好地展示出来查询的结果也是急切需要了解和掌握的。这些能力方面的训练都锻炼了他们思考问题解决问题的能力，增强了他们利用计算机工具更好服务的意识。同时，从不同角度解决应用查询语句，进一步强化学生自主学习和应用能力。王组长感到很满意，他要综合地对大家此次工作内容进行评价。

信息搜索能力　　☆☆☆☆☆
总结归纳能力　　☆☆☆☆☆
软件使用能力　　☆☆☆☆☆
沟通表达能力　　☆☆☆☆☆
分析问题能力　　☆☆☆☆☆

任务七
综合实例
——农产品销售管理系统数据查询管理

【情景导入】

小明和其团队的成员已经学会了如何使用 SQL 语句进行数据查询。王组长为了能及时分析农产品销售情况，为今后的农产品销售进货出货做好数据依据。他让小明和他的团队针对这些数据问题，有选择性查询相应内容，达到数据分析的目的。

【任务分解】

（1）分析农产品数据表；
（2）掌握数据查询中对应的 SQL 语句；
（3）合理使用查询语句及数据表，查询对应数据内容。

【任务目标】

（1）掌握数据表中查询语句使用方法；
（2）能够合理使用对应查询语句完成数据筛查。

【任务实施】

步骤一　使用子查询及空值法分析农产品数据表。
步骤二　使用复杂 SQL 语句完成数据查询。
步骤三　合理使用查询语句及数据表，查询对应数据内容。
步骤四　总结评价。
过程 1：同学们对数据查询中出现的问题进行归纳和记录。
过程 2：教师对同学们操作过程中出现的问题进行总结。
过程 3：各小组展开自评和互评，并完成技能评价表。

表 5-7-1　技能评价表

序号	评价内容与目标	评价等级
1	掌握数据表中查询语句使用方法	A B C D
2	了解如何能够合理使用对应查询语句完成数据筛查	A B C D

【知识链接】

一、筛选出未产生订单的商品

在农产品销售管理数据库中，根据订单明细表和商品表给出的数据信息，通过比对商品名字和订单号即可确定出哪些商品没有产生过订单。对应的查询语句如下。

综合实例——农产品销售
管理系统数据查询管理

SELECT 商品号，商品名，分类号，进货价，销售价，库存
FROM 商品表　WHERE 商品号 NOT IN
（SELECT 商品号 FROM 订单明细表）；

对应的查询结果如下。

```
+----------+----------+--------+---------+---------+------+
| 商品号    | 商品名    | 分类号 | 进货价  | 销售价  | 库存 |
+----------+----------+--------+---------+---------+------+
| AV-CB-12 | 新鲜草莓  | 02     |   20.00 |   25.00 |  200 |
| AV-CB-13 | 鲜花      | 13     |   30.00 |   35.00 |  150 |
| AV-CB-31 | 茅台      | 03     | 1500.00 | 2000.00 |   40 |
| AV-CB-32 | 天朝上品  | 03     |  599.00 |  699.00 |   10 |
| AV-CB-33 | 生姜      | 02     |    6.00 |    8.00 |  123 |
| AV-CB-34 | 苔干菜苔菜| 07     |   18.00 |   20.00 |  333 |
| AV-CB-35 | 胡萝卜    | 02     |    2.00 |    3.00 |   32 |
| AV-CB-36 | 赤小豆    | 10     |   45.00 |   50.00 |   98 |
+----------+----------+--------+---------+---------+------+
```

上述 SQL 语句中，使用了 NOT IN 子句将商品表中的商品号与订单明细表中的商品号进行比较，如果商品表中的商品号不在订单明细表中，则说明该商品没有产生过订单。在查询没有产生过订单的商品时，需要将商品表和订单明细表进行关联查询或者使用子查询进行比对。

二、筛选销量前 5 的商品

通过对比订单明细表中商品订单数量，筛选出商品从高到低的销量，并显示销售情况较好的前 5 件商品，需要注意的是，对于订单状态未完成的不予计算。具体查询语句如下。

SELECT 商品表.商品号，商品表.商品名，商品表.分类号
FROM 商品表　JOIN 订单明细表 ON 商品表.商品号=订单明细表.商品号
JOIN 订单表 ON 订单明细表.订单号=订单表.订单号
WHERE 订单表.订单状态=1
ORDER BY 订单明细表.数量 DESC
LIMIT 5；

对应的查询结果如下。

```
+----------+--------+--------+
| 商品号    | 商品名 | 分类号 |
+----------+--------+--------+
| AV-CB-02 | 黑米   | 05     |
| AV-CB-18 | 苹果   | 02     |
| AV-CB-22 | 豆干   | 01     |
| AV-CB-09 | 绿茶   | 04     |
| AV-CB-11 | 龙井茶 | 04     |
+----------+--------+--------+
```

上述 SQL 语句中，使用了 JOIN 子句连接商品表、订单明细表和订单表，其中条件包括商品表的商品编号与订单明细表的商品编号相等，以及订单明细表的订单号与订单表的订单号相等，并使用 WHERE 子句过滤掉未完成的订单，只统计已完成的订单中的商品信息。最后使用 ORDER BY 子句按照销售数量从高到低排序，并使用 LIMIT 限定结果为前 5 条记录。

三、筛选利润最好的 5 件商品

在商品销售过程中，产品的利润一直是衡量销售好坏的标准之一，小明和他的团队同学准备在已完成的订单中筛选出利润最好的 5 件商品。他们发现要使用到商品表里面的进货价和销售价来算单件商品利润，然后通过订单明细表中销售数量计算出该商品销售的利润。在订单表中去除掉未完成的订单即可找出利润最好的商品。具体查询语句如下。

SELECT 商品表.商品号，商品表.商品名，商品表.分类号，((商品表.销售价-商品表.进货价)*订单明细表.数量) AS 利润 FROM 商品表 JOIN 订单明细表 ON 商品表.商品号=订单明细表.商品号 JOIN 订单表 ON 订单明细表.订单号=订单表.订单号
WHERE 订单表.订单状态=1
ORDER BY 利润 DESC
LIMIT 5;

对应的查询结果如下。

```
+----------+----------+--------+---------+
| 商品号    | 商品名    | 分类号 | 利润    |
+----------+----------+--------+---------+
| AV-CB-19 | 普洱茶   | 04     | 1500.00 |
| AV-CB-11 | 龙井茶   | 04     |  480.00 |
| AV-CB-24 | 都匀毛尖 | 04     |  300.00 |
| AV-CB-02 | 黑米     | 05     |  200.00 |
| AV-CB-24 | 都匀毛尖 | 04     |  150.00 |
+----------+----------+--------+---------+
```

上述 SQL 语句中，使用了 JOIN 子句连接商品表、订单明细表和订单表，并使用 ORDER BY 子句按照利润从高到低排序。同时使用 WHERE 子句过滤掉未完成的订单，只统计已完成的订单中的利润。最后使用 LIMIT 限定结果为前 5 条记录。

【任务评价】

同学们在完成任务七的实施后,通过大量的举例对各种不同的查询语句及查询方式进行说明和区别,使得同学们在学习书本上固定内容时候能够灵活运用到实际工作中,通过实例操作的方式更好解释不同查询语句的使用方法和区别。在查询语句使用中,重点是针对多条件查询、连接查询、子查询及对查询结果的排序等。同时,全面实操锻炼的学习方法,强化并完善学生自主学习和应用能力。王组长感到很满意,他要综合地对大家此次工作内容进行评价。

信息搜索能力　　☆☆☆☆☆
总结归纳能力　　☆☆☆☆☆
软件使用能力　　☆☆☆☆☆
沟通表达能力　　☆☆☆☆☆
分析问题能力　　☆☆☆☆☆

【项目总结】

本项目主要针对 SELECT 语句实现 MySQL 数据库中数据表里数据内容的查询,通过大量的举例对各种不同的查询语句及查询方式进行说明和比较,使读者能够更好理解不同查询语句的使用方法和区别。在查询语句使用中,重点是针对多条件查询、连接查询、子查询及对查询结果的排序等。希望各位读者在学习完本章节可以掌握以上基本查询的方法,为后面数据使用提供良好的基础。

【思考与练习】

一、单选题

1. 在 SELECT 语句中,用来指定查询所用的表的子句是(　　　　)。
   A. WHERE　　　　B. GROUP BY　　　　C. ORDER BY　　　　D. FROM
2. 在 SELECT 查询语句中对字段排序的命令子句是(　　　　)。
   A. ORDER BY　　　　B. GROUP BY　　　　C. INSERT　　　　D. UPDATA
3. 在 SELECT 语句中,DISTINCT 子句的作用是(　　　　)。
   A. 对查询结果进行分组　　　　　　　　B. 消除重复出现的查询记录
   C. 按条件显示部分查询记录　　　　　　D. 删除查询结果中符合条件的记录
4. 要求满足连接条件的记录,以及连接条件左侧表中的记录都包含在结果中,应使用(　　　　)。
   A. 左连接　　　　B. 右连接　　　　C. 内部连接　　　　D. 完全连接
5. 在 SQL 语言中,子查询是(　　　　)。
   A. 返回单表中数据子集的查询语句
   B. 嵌入到另一个查询语句之中的查询语句
   C. 选取多表中字段子集的查询语句
   D. 选取单表中字段子集的查询语句
6. 在 SQL 语句中,可使用的通配符"_(下划线)"表示(　　　　)。
   A. 一个字符　　　　B. 纯数字　　　　C. 纯文本　　　　D. 多个字符
7. 在 SQL 语句中,可使用的通配符"%(百分号)"表示(　　　　)。
   A. 一个字符　　　　B. 纯数字　　　　C. 计算百分数　　　　D.0 到多个字符
8. 先按课程号升序排列,再按成绩降序排列检索出选课表中的所有信息,下面 SQL 语句正确的是(　　　　)。
   A. SELECT * FROM 选课表 ORDER BY 课程号,成绩
   B. SELECT * FROM 选课表 GROUP BY 课程号,成绩
   C. SELECT * FROM 选课表 ORDER BY 课程号,成绩 DESC
   D. SELECT * FROM 选课表 ORDER BY 课程号 DESC,成绩
9. 求"学生成绩"数据表中的平均分,正确的 SQL 语句是(　　　　)。
   A. SELECT MAX(成绩)FROM 学生成绩
   B. SELECT MIN(成绩)FROM 学生成绩

C. SELECT AVG（成绩）FROM 学生成绩

D. SELECT SUM（成绩）FROM 学生成绩

10. 在 MySQL 中，常用的聚合函数名不包括（　　）。

　　A. GROUP BY　　　B. MAX　　　　　C. SUM　　　　　D. COUNT

二、填空题

1. 统计表中所有记录个数的聚合函数是_____。

2. SQL 语句中进行空值运算时，需要用到的短语是_____。

3. 统计表中所有记录个数的聚合函数是_____。

4. 在用 SQL 查询时，用 WHERE 子句指出的是_____。

5. 在 SELECT 查询语句中对字段排序的命令子句是_____。

6. 在用 SQL 查询时，用 WHERE 子句指出的是_____。

三、实操题

1. 将学生教务系统数据库进行数据填充。

2. 使用模糊查询方式查询选择 MySQL 数据库这门课程的所有"张"姓同学的姓名。

3. 使用条件查询出生在 2002 年 1 月 1 日以前学生的信息。

4. 使用 JOIN 语句查询出信息技术基础课程成绩大于 90 分的同学名字。

5. 计算英语科目的平均分数。

项目六
数字规划
——数据视图、存储过程和触发器

项目综述

小明发现在工作过程中,有些查询结果需要从多个表汇集而来。由于相同的查询语句需要重复录入,这会浪费大量时间和精力。为了提高效率,希望找到更好的解决方案。同时,针对数据量很大的情况,也希望能简化操作,提高效率。此外,如何保证数据安全性?如何处理有些查询语句需要在特定事件触发后才能执行的情况?针对这些疑问,小明向同学们求助,并决定咨询王组长以寻求更好的帮助。

王组长和大家一起讨论如何提高数据库的安全性,并提到了视图的运用。使用视图可以简化查询语句的同时提高保密性。当用户需要查询数据库中一张或多张表的某些字段数据组合时,可以定义一个视图,避免重复地输入这些查询语句。视图可从不同表中的列中获取所需数据列,帮助用户更简便地进行数据库操作。

存储过程也能在数据量特别庞大的情况下有倍速的效率提升。存储过程是一组为完成特定功能而编写的 SQL 语句集,存储在数据库中,经过一次编译后可以永久有效。用户通过指定存储过程的名称并给出参数(如果该存储过程带有参数)来执行它。

触发器是一种特殊类型的存储过程,主要通过事件进行触发而被执行。与存储过程不同的是,触发器是一种被动执行的机制,不能像存储过程那样直接调用。

因此,视图、存储过程和触发器的应用可以很好地解决小明和团队伙伴们在工作中遇到的问题,提高数据库的安全性和操作效率。

项目任务

任务一　创建和管理数据库表视图
任务二　创建数据库存储过程
任务三　创建数据库触发器
任务四　综合实例——农产品销售管理系统数据视图及编程

素养目标

(1)塑造良好的行为习惯;
(2)培养严谨的工作态度和提前做规划的习惯。

思维导图

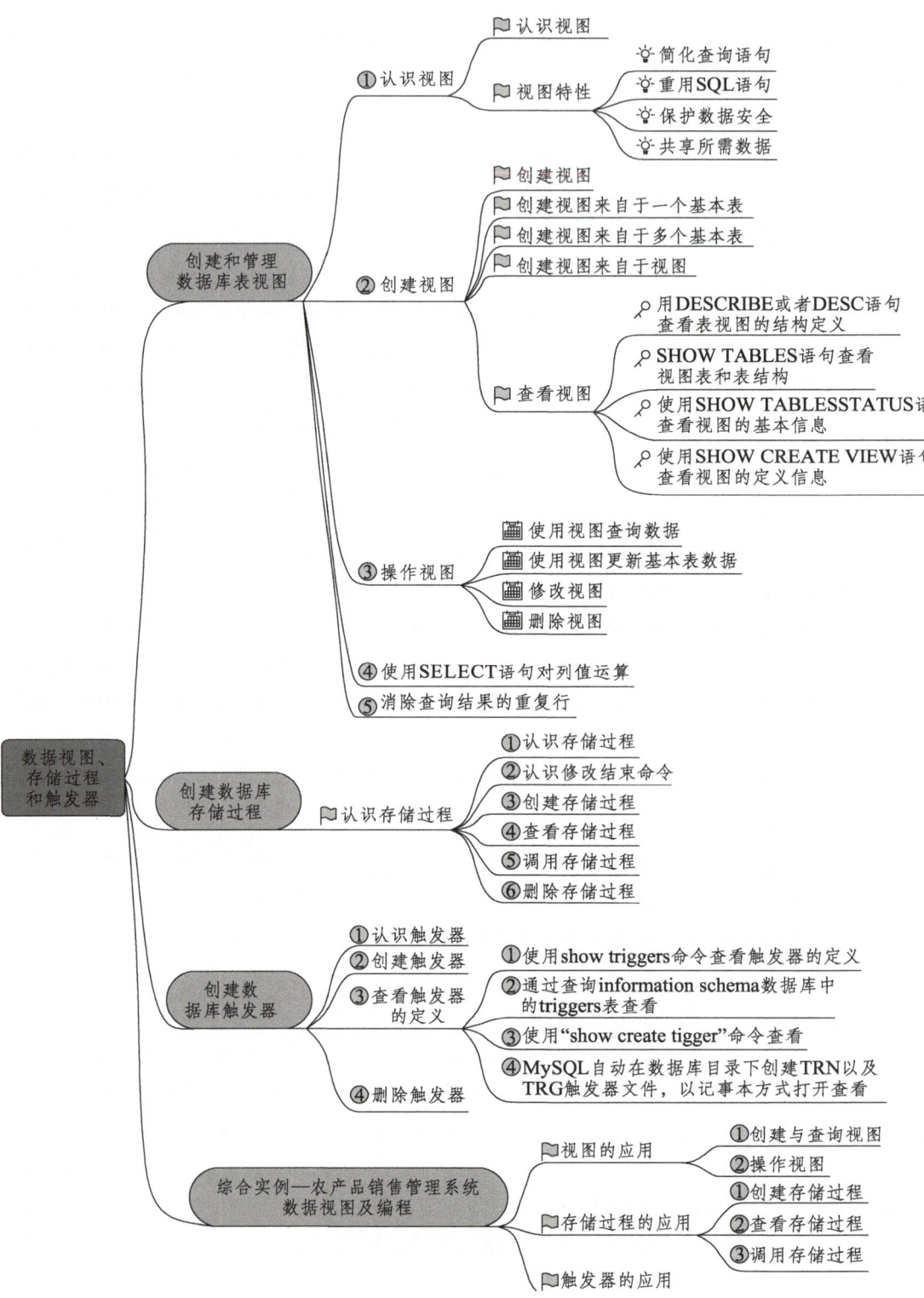

任务一
创建和管理数据库表视图

【情景导入】

王组长提醒大家，在网络安全越来越受到重视的今天，保护个人隐私和公司信息安全尤为重要。出于安全考虑，有时需要隐藏一些重要的数据信息。例如，会员表包含客户的许多重要信息。如果只显示基本信息如姓名和地址，而不显示身份证号等重要细节，那么可以在原有的表（或视图）的基础上重新定义一个虚拟表，即创建一个视图。可以选取基本的、有用的信息，并屏蔽那些对用户没有用或用户没有权限了解的信息，以此来确保数据安全。

此外，在使用查询时，常常需要关联多个表或使用聚合函数，这使得查询语句变得复杂，同时也需要经常重复使用这样的查询。为解决这种情况，数据库设计人员可以预先通过视图创建好查询。这种方法不仅屏蔽了复杂的数据关系，还能使用户操作简单化，用户只需使用创建好的视图进行查询，就可以轻松得到所需的信息。

【任务分解】

王组长安排了一个优化查询任务，使其能够保护隐私数据。他提醒大家需要做：
（1）创建和管理视图；
（2）查询、修改和删除视图。

【任务目标】

（1）掌握视图的含义；
（2）掌握视图和普通表的区别；
（3）掌握视图的创建方法；
（4）掌握视图的操作方法。

【任务实施】

步骤一　创建视图。对成员进行分组，小组成员分工合作，对农产品销售管理数据库创建视图，隐藏其他信息，只需要显示商品名和订单数量。
步骤二　查看视图。对上一步所创建的视图查看视图表和视图结构。
步骤三　查询、修改、删除视图。
过程1：对所创建的视图进一步查询订单数量大于10的商品。
过程2：修改视图只显示订单数量小于10的商品。
过程3：删除视图。
步骤四　收集问题，总结归纳。

过程1：各小组组长将各步骤遇到问题进行收集。
过程2：小组成员一起讨论，并总结归纳解决办法，并形成汇报PPT。
步骤五　展示成果。
过程1：各小组派成员代表上台展示学习成果。
过程2：教师讲解任务并点评各小组成果。
过程3：各小组展开自评和互评，并完成技能评价表。

表 6-1-1　技能评价表

序号	评价内容与目标	评价等级
1	理解视图含义，理解视图和普通表之前的区别	A B C D
2	掌握创建视图方法	A B C D
3	掌握查看、查询、修改、删除视图方法	A B C D

【知识链接】

一、认识视图

1. 认识视图

视图是从一个或者几个基本表（或视图）导出的表，是一个虚表，它与基本表不同。视图是用来查看存储在别处的数据的窗口，其自身并不存储数据，视图中保存的仅仅是SELECT语句，其源数据都来自于数据库表，数据库表称为基本表或者基表，视图称为虚表。基表的数据发生变化时，虚表的数据也会随之变化。

视图的作用类似于筛选，定义视图的筛选可以来自当前或其他数据库的一个或多个表，或者其他视图。

2. 视图特性

尽管视图与数据库中的表存在着本质上的不同，但视图一经定义后，可以如同使用表一样，对视图进行查询以及数据的修改、删除和更新等操作。并且，使用视图具有如下些优点：

（1）简化查询语句。定义视图可为用户屏蔽数据库的复杂性，使其不必详细了解数据库中复杂的表结构和表连接，因而能简化用户对数据库的查询语句。数据库视图由许多基础表相关联的 SQL 语句定义，可以使用数据库视图向最终用户和外部应用程序隐藏底层表的复杂性。通过数据库视图，只需要使用简单的 SQL 语句，不需要编写具有许多连接的复杂语句。

（2）重用 SQL 语句。视图提供的是一种对查询操作的封装，它本身不包含数据，通过定义视图，编写完所需查询后，可以方便地重用该视图，而不必了解它的具体查询细节。

（3）保护数据安全。通过视图用户只能查询和修改他们所能见到的数据，数据库中的其他数据则既看不见也取不到。

（4）共享所需数据。通过视图，每个用户不必都定义和存储自己所需的数据，可以共享数据库中的数据，从而同样的数据只需存储一次。

【注意】视图对表结构依赖较强，由于视图是根据数据库的基础表创建的，每当更改与视图关联表结构时，也必须更改视图。

二、创建视图

1. 创建视图

语法结构如下：

```
CREATE [OR REPLACE]
VIEW 视图名[（视图列表）]
AS SELECT 语句
    [WITH [CASCADED | LOCAL] CHECK OPTION]
```

语法说明：

● CREATE VIEW 语句能创建新的视图。

● OR REPLACE：可选项，用于指定 OR REPLACE 子句。该语句用于替换数据库中已有同名视图，但需要在该视图上具有 DROP 权限。

● 视图列表：这个可选子句可以为视图中的每个列指定明确的名称。其中，列名的数目须等于 SELECT 语句检索出的结果数据集的列数，并且每个列名间用逗号分隔。如若省略视图列表子句，则新建视图使用与基础表或源视图中相同的列名。

● SELECT 语句：是用来创建视图的 SELECT 语句，可在 SELECT 语句中查询多个表或视图。

● 视图是虚表，只存储对表的定义，不存储数据。

● WITH CHECK OPTION：这个可选子句用于指定在可更新视图上所进行的修改都需要符合 SELECT 语句所指定的限制条件，这样可以确保数据修改后，仍可以通过视图看到修改的数据。当视图是根据另一个视图定义时，WITH CHECK OPTION 给出两个参数，即 CASCADED 和 LOCAL，它们决定检查测试的范围。其中，关键字 CASCADED 为选项默认值，它会对所有视图进行检查，而关键字 LOCAL 则使 CHECK OPTION 只对定义的视图进行检查。

【注意】视图定义服从下述限制：

（1）在视图定义中命名的表必须已存在，视图必须具有唯一的列名，就像基本表那样不得有重复。

（2）视图名不能与表同名。

（3）在视图的 FROM 子句中不能使用子查询。

（4）在视图的 SELECT 语句不能引用系统或用户变量。

（5）在视图的 SELECT 语句不能引用预处理语句参数。

（6）在视图定义中允许使用 ORDER BY，但是，如果从特定视图进行了选择，而该视图使用了具有自己 ORDER BY 的语句，它将被忽略。

（7）在定义中引用的表或视图必须存在。但是，创建了视图后，能够舍弃定义引用的表或视图。要想检查视图定义是否存在这类问题，可使用 CHECK TABLE 语句。

2. 创建视图来自于一个基本表

【例 6.1.1】在农产品销售管理数据库中创建视图"VIEW_商品表"。

```
CREATE OR REPLACE VIEW VIEW_商品表
    AS SELECT 商品号，商品名，当前价格 FROM 商品表；
```
【例 6.1.2】农产品销售管理数据库中创建基于商品表的视图"VIEW_商品分类表"。
```
CREATE OR REPLACE VIEW VIEW_商品分类表
    AS SELECT * FROM 商品分类表；
```

3. 创建视图来自于多个基本表

【例 6.1.3】创建视图"VIEW_商品_订单"，包括商品名，订单数量。
```
USE 农产品销售管理系统；
CREATE VIEW VIEW_商品_订单（商品名，订单数量）
    AS SELECT 商品表.商品名，订单明细表.数量
        FROM 订单明细表，商品表
        WHERE 订单明细表.商品号=商品表.商品号；
```

4. 创建视图来自于视图

【例 6.1.4】创建视图"VIEW_商品表 1"，按照销售价进行排序。
```
CREATE VIEW VIEW_商品表 1
    AS SELECT 商品名，销售价
        FROM VIEW_商品表
        ORDER BY 销售价；
```

5. 查看视图

查看视图是指查看数据库中已存在的视图的定义。查看视图的方法包括 DESCRIBE 语句、SHOW TABLES 语句和 SHOW CREATE VIEW 语句等。

（1）用 DESCRIBE 或者 DESC 语句查看表视图的结构定义

【例 6.1.5】查看视图表"VIEW_商品_订单"的表结构。
```
DESC VIEW_商品_订单；
```
运行结果如下。

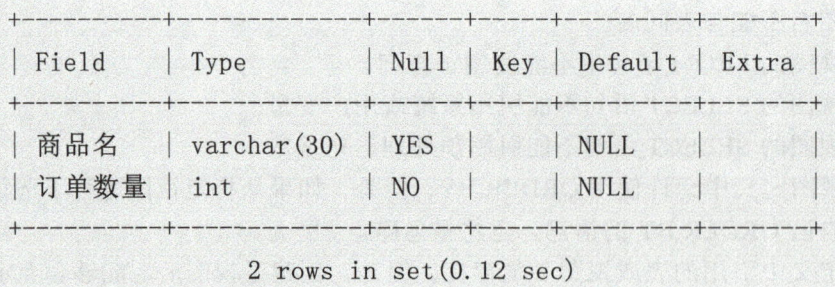

```
+----------+-------------+------+-----+---------+-------+
| Field    | Type        | Null | Key | Default | Extra |
+----------+-------------+------+-----+---------+-------+
| 商品名   | varchar(30) | YES  |     | NULL    |       |
| 订单数量 | int         | NO   |     | NULL    |       |
+----------+-------------+------+-----+---------+-------+
2 rows in set(0.12 sec)
```

（2）SHOW TABLES 语句查看视图表和表结构

【例 6.1.6】查看已创建的视图。
```
SHOW TABLES;
```
运行结果如下。

```
+----------------------+
| Tables_in_农产品销售  |
+----------------------+
| view_商品_订单       |
| view_商品分类表      |
| view_商品表          |
| 商品分类表           |
| 商品表               |
| 用户表               |
| 订单明细表           |
| 订单表               |
+----------------------+
8 rows in set(0.11 sec)
```

（3）使用 SHOW TABLES STATUS 语句查看视图的基本信息

语法格式如下：SHOW TABLE STATUS LIKE <视图名称>；

（4）使用 SHOW CREATE VIEW 语句查看视图的定义信息

语法格式如下：SHOW CREATE VIEW <视图名称>；

三、操作视图

1. 使用视图查询数据

【例 6.1.7】通过视图 "VIEW_商品_订单"，查询订单数量大于 10 的商品。

SELECT 商品名，订单数量
FROM VIEW_商品_订单
WHERE 订单数量>=10；

运行结果如下。

```
+----------+----------+
| 商品名   | 订单数量 |
+----------+----------+
| 薏仁米   |    10    |
| 普洱茶   |    10    |
| 羊肉粉   |    10    |
| 黑米     |    20    |
| 苹果     |    20    |
|        （省略）      |
+----------+----------+
```

2. 使用视图更新基本表数据

使用视图更新基本表数据，是指在视图中进行插入（INSERT）、更新（UPDATE）和删除（DELETE）等操作而更新基本表的数据。因为视图是一个虚拟表，其中没有数据。通过视图更新时，都是转换到基本表来更新的。更新视图时，只能更新权限范围内的数据，超出了范围，就不能更新。

若一个视图依赖于一个基本表，则可以直接通过更新视图来更新基本表的数据。

若一个视图依赖于多个基本表，则一次更新该视图只能修改一个基本表的数据，不能同时修改多个基本表的数据。

如果视图包含下述结构中的任何一种，那么它就是不可更新的：

（1）聚合函数（AVG、COUNT、SUM、MIN、MAX）。
（2）通过表达式并使用列计算出其他列。
（3）DISTINCT 关键字。
（4）GROUP BY 子句、ORDER BY 子句、HAVING 子句。
（5）UNION 运算符。
（6）位于选择列表中的子查询。
（7）FROM 子句中包含多个表。
（8）SELECT 语句中引用了不可更新视图。
（9）WHERE 子句中的子查询，引用 FROM 子句中的表。

【例 6.1.8】向视图"VIEW_商品分类表"中插入数据、更新数据、删除数据

INSERT INTO VIEW_商品分类表 values（'15'，'手工刺绣'）；
UPDATE VIEW_商品分类表 SET 销售价='25.00' WHERE 商品名='赤小豆'；
DELETE FROM VIEW_商品分类表 WHERE 分类号='15'；

然后输入"SELECT * FROM 商品分类表；"，可以看出基本表商品分类表中数据有相应的变化。

3. 修改视图

语法格式如下：

ALTER
VIEW 视图名[（视图列表）]
As SELECT 语句
[WITH [CASCADED | LOCAL] CHECK OPTION]

ALTER VIEW 语法和 CREATE VIEW 类似，详细解释可以参考创建视图部分知识点。

【例 6.1.9】将视图"VIEW_商品_订单"修改为只显示订单数量小于 10 的商品。

ALTER VIEW VIEW_商品_订单
　　AS
　　　　SELECT FROM 订单明细表，商品表
　　　　WHERE 订单明细表.商品号=商品表.商品号 AND 数量<=10；

4. 删除视图

语法格式如下：

DROP VIEW [IF EXISTS]
视图名 1[，视图 2]...

IF EXISTS 是可选项，如果视图不存在，则不会出现错误信息。使用 DROP VIEW 命令可以一次删除多个视图，示例如下：

DROP VIEW VIEW_商品表，VIEW_商品表1；

同时删除视图"VIEW_商品表"和"VIEW_商品表1"。

【任务评价】

在本次任务中，同学们明白了视图存在意义，并通过实际操作农产品销售管理数据库掌握了视图创建、查看、查询、修改、删除等命令语句。看着同学们学习讨论和操作过程中认真的态度，王组长对大家的工作态度和结果给予了肯定，他要综合地对大家此次工作内容进行评价。

学习能力	☆☆☆☆☆
操作能力	☆☆☆☆☆
解决问题能力	☆☆☆☆☆
沟通协作能力	☆☆☆☆☆
举一反三能力	☆☆☆☆☆

任务二
创建数据库存储过程

【情景导入】

小明之前学习的大多数 MySQL 语句都是单表或多表的简单操作,但实际上并非所有操作都如此简单,有时需要多个表多个语句才能完成。比如,计算商品利率时,不同商品的利率不一样,这就需要编写一个程序来存储计算利率的 SQL 代码,并将用户类别作为参数进行指定。这种程序被称为存储过程或存储函数。使用时只需调用该存储过程或存储函数,并根据指定的商品计算出不同商品的利率。

通过编写存储过程或存储函数,可以优化复杂查询的处理流程,让操作更加高效,减少出错的可能。同时,这种方式也具备更好的可复用性,能够在不同系统和场景中有效地应用。

【任务分解】

从认识存储过程着手,学习创建、执行、修改和删除存储过程的方法。

【任务目标】

(1)掌握存储过程的含义;
(2)掌握存储过程的创建方法。

【任务实施】

步骤一　修改结束命令。对成员进行分组,小组成员分工合作,尝试将 MySQL 结束符修改为两个感叹号。

步骤二　创建存储过程。实现删除农产品销售管理数据库中商品类别"手工刺绣"。

步骤三　查看、调用、删除存储过程。

过程1:查看农产品销售管理数据库中的存储过程。

过程2:调用步骤二中的存储过程,实现删除农产品销售管理数据库中商品类别"特色美食"。

过程3:删除存储过程。

步骤四　收集问题,总结归纳。

过程1:各小组组长将各步骤遇到问题进行收集。

过程2:小组成员一起讨论,并总结归纳解决办法,并形成汇报 PPT。

步骤五　展示成果。

过程1:各小组派成员代表上台展示学习成果。

过程2:教师讲解任务并点评各小组成果。

过程3:各小组展开自评和互评,并完成技能评价表。

表 6-2-1　技能评价表

序号	评价内容与目标	评价等级
1	理解存储过程含义，理解存储过程和存储函数之前的区别	A B C D
2	掌握创建存储过程的方法	A B C D
3	掌握查看、调用、删除存储过程的方法	A B C D

【知识链接】

一、认识存储过程

创建数据库存储过程

1. 认识存储过程

存储过程是一组为了完成特定功能的 SQL 语句集合。用户通过存储过程可以将经常使用的 SQL 语句封装起来，这样可以避免重复编写相同的 SQL 语句。存储过程可以由声明式 SQL 语句（如 Create、Update、Select 等）和过程式 SQL 语句（IF..Then..Else 语句）组成。另外，存储过程般是经过编译后存储在数据库中的，所以执行存储过程要比执行存储过程中封装的 SOL 语句效率更高。存储过程还可以接收输入参数、输出参数等，可以返回单个或多个结果集，存储过程可以由程序、触发器或者另一个存储过程来调用，从而激活它，实现代码段中 SQL 语句的功能。

2. 认识修改结束命令

在存储过程的创建中，经常会用到一个十分重要的 MySQL 命令，即 DELIMITER 命令。特别是对于通过命令行的方式来操作 MySQL 数据库的使用者，更是要学会使用该命令。

在 MySQL 中，服务器处理 SQL 语句默认是以分号作为语句结束标志。然而，在创建存储过程时，存储过程体中可能包含有多条 SQL 语句，这些 SQL 语句如果仍以分号作为语句结束符，那么 MySQL 服务器在处理时会以遇到的第一条 SQL 语句结尾处的分号作为整个程序的结束符，不再去处理存储过程体中后面的 SQL 语句，这样显然不行。为解决这个问题，通常可使用 DELIMITER 命令，将 MySQL 语句的结束标志临时修改为其他符号，从而使得 MySQL 服务器可以完整地处理存储过程体中所有的 SQL 语句。

DELIMITER 命令的语法格式是：

DELIMITER $$

语法说明如下：

$$是用户定义的结束符。通常这个符号可以是一些特殊的符号，如两个"#"或两个"￥"等。

当使用 DELIMITER 命令时，应该避免使用反斜杠"\"字符，因为它是 MySQL 的转义字符。

【例 6.2.1】将 MySQL 结束符修改为两个感叹号"!!"。

MySQL 命令行客户端输入 SQL 语句：

DELIMITER !!

成功执行后,任何命令、语句或程序的结束标志就换为两个感叹号"!!"。
如要查看订单表的信息,SQL 语句应如下:
select * from 订单表!!
若要换回默认的分号";"作为结束标志,只需要在 MySQL 命令行客户端输入如下 SQL 语句即可:
DELIMITER ;

3. 创建存储过程

创建存储过程的语法格式如下:
CREATE PROCEDURE 存储过程名([参数[, ...]])存储过程体
语法说明如下:

存储过程名:存储过程的名称默认在当前数据库中创建。需要在特定数据库中创建存储过程时,要在名称前面加上数据库的名称。格式为:数据库名.存储过程名。值得注意的是,这个名称应当尽量避免与 MySQL 的内置函数名称相同,否则会发生错误。

参数:存储过程的参数,格式如下。
[IN|OUT|INOUT]参数名 类型

当有多个参数的时候,中间用逗号隔开。存储过程可以有 0 个、1 个或多个参数。MySQL 存储过程支持 3 种类型的参数,包括输入参数、输出参数和输入/输出参数,关键字分别是 IN、OUT 和 INOUT。输入参数使数据可以传递给一个存储过程。当需要返回一个答案或结果的时候,存储过程使用输出参数。输入/输出参数既可以充当输入参数,也可以充当输出参数。存储过程也可以不加参数,但是名称后面的括号是不可省略的。

另外,参数的名字不要等于列的名字,否则虽然不会返回出错消息,但是存储过程中的 SQL 语句会将参数名看作列名,从而可能产生不可预知的结果。

存储过程体:这是存储过程的主体部分,里面包含了在过程调用的时候必须执行的语句,这个部分总是以 BEGIN 开始,以 END 结束。但是,当存储过程体中只有一个 SQL 语句时,可以省略 BEGIN-END 标识。

【例 6.2.2】编写一个存储过程,实现的功能是删除一个指定的商品类别。

```
DELIMITER $$
CREATE PROCEDURE DEL_商品分类表(    )
    BEGIN
        DELETE FROM 商品分类表 where 分类名称='手工刺绣';
    END $$
DELIMITER ;
```

当调用该存储过程时,MySQL 根据提供的参数"手工刺绣"删除商品分类表中对应的数据。调用存储过程的命令是 CALL 命令,后面会详细讲解。

4. 查看存储过程

使用 SHOW PROCEDURE STATUS 命令查看数据库中有哪些存储过程。
SHOW PROCEDURE STATUS;

要查看某个存储过程的具体信息,可以使用 SHOW CREATE PROCEDURE 存储过程名语句。例如要看例 6.2.2 创建的过程 DEL_商品分类表的语句,如下所示。

SHOW CREATE PROCEDURE DEL_商品分类表；

运行结果如图 6-2-1 所示。

图 6-2-1　运行结果图

5. 调用存储过程

创建存储过程完成后,可以在程序、触发器或存储过程中被调用,调用时都必须使用 CALL 命令,语法格式如下:

CALL 存储过程名（[参数[，...]]）

语法说明如下:

存储过程名:存储过程的名称,如果要调用某个特定数据库的存储过程,则需要在前面加上该数据库的名称。

参数:调用该存储过程使用的参数,这条语句中的参数个数必须总是等于存储过程的参数个数。

例如,例 6.2.2 所创建的存储过程无法实现删除"特色美食"的商品类别,可以修改该存储过程,通过传参的方式删除传入的类别,创建语句如下。

DELIMITER $$
CREATE PROCEDURE DEL_商品分类表（IN 分类名 VARCHAR（50））
　　　BEGIN
　　　　　　DELETE FROM 商品分类表 where 分类名称=分类名；
　　　END $$
DELIMITER；

调用存储过程,传入参数"特色美食":

CALL DEL_商品分类表（'特色美食'）；

6. 删除存储过程

需要删除存储过程时使用 DROP PROCEDURE 语句。在删除之前,必须确认该存储过程没有任何依赖关系,否则可能会导致其他与之关联的存储过程无法运行。

语法格式如下:

DROP PROCEDURE [IF EXISTS]存储过程名

语法说明如下：

存储过程名：要删除的存储过程名称。

IF EXISTS：是可选项，如果程序或函数不存在，则该字句可以防止发生错误。

例如，要删除存储过程"DEL_商品分类表"，使用如下语句。

DROP PROCEDURE IF EXISTS DEL_商品分类表；

【任务评价】

在本次任务中，同学们明白了存储过程和存储函数存在的意义是为了优化复杂查询操作，并通过实际操作农产品销售管理数据库掌握了存储过程的创建、查看、调用、删除等命令语句。看着同学们在台上分享自己的学习成果和收获，王组长看到了同学们的进步，他决定尽可能全面地对大家此次工作内容进行评价。

学习能力	☆☆☆☆☆
操作能力	☆☆☆☆☆
沟通协作能力	☆☆☆☆☆
举一反三能力	☆☆☆☆☆

任务三 创建数据库触发器

【情景导入】

在销售过程中，每当一件商品出售时，订单表和订单明细表中的相应订单信息、订单用户信息、数量和订单日期等都会发生变化。此外，在删除或修改某个用户信息时，同一用户在订单表中对应的订单信息也应被删除或修改。

为了维护数据表的完整性和一致性，在类似这样的情况下，可以使用触发器自动执行插入、更新或删除操作。触发器可以检测数据表的完整性和约束性，并自动执行相应操作，确保数据的完整性和一致性。使用触发器可以有效地减少错误操作的发生，提高数据的可靠性和安全性。

【任务分解】

认识触发器、创建触发器、查看和删除触发器。

【任务目标】

（1）掌握触发器的含义；
（2）掌握触发器的创建方法；
（3）掌握触发器的查看方法；
（4）掌握触发器的删除方法。

【任务实施】

步骤一　创建触发器。对成员进行分组，小组成员分工合作，在农产品销售管理数据库中创建触发器，实现每当商品表中新添一个商品，就会有"一个商品已添加"的记录的功能。

步骤二　删除触发器。实现删除步骤一中触发器。

步骤三　收集问题，总结归纳。

过程1：各小组组长将各步骤遇到问题进行收集。

过程2：小组成员一起讨论，并总结归纳解决办法，并形成汇报PPT。

步骤四　展示成果。

过程1：各小组派成员代表上台展示学习成果。

过程2：教师讲解任务并点评各小组成果。

过程3：各小组展开自评和互评，并完成技能评价表。

表 6-3-1　技能评价表

序号	评价内容与目标	评价等级
1	理解触发器的含义及运用场景	A B C D
2	掌握创建、删除触发器的方法	A B C D

【知识链接】

一、认识触发器

1. 认识触发器

触发器用于保护表中的数据,是一种特殊的存储过程,它与数据表紧密相连,可以看作数据表定义的一部分。触发器建立在触发事件上,例如对数据表执行 INSERT、UPDATE 或者 DELETE 等操作时,MySQL 会自动执行建立在这些操作上的触发器。

触发器和存储过程不一样,存储过程使用 CALL 命令调用,触发器只能由数据库的特定事件来触发,并且不能接收参数。当满足触发器的触发条件时,数据库系统就会执行触发器中定义的程序语句。

由触发器的概念可知,在数字技术中,任何决策都需要依赖于一些预设条件和输入信号。只有当输入信号满足特定条件时,才会触发相应的输出结果。

数据库的创建与管理需要提前进行数据库的规划,针对不同的存储与操作场景创建相应的触发器,确保数据库的安全性与使用便利性。同样地,我们也需要在未来的工作中,保持严谨的心态,在工作之前进行相关的工作规划,思考不同工作难题的解决对策,并提前做好工作的"触发器",这种从严谨角度出发,并进行提前规划的行为既是工作方法,同时也是工作责任心的一种表现。

2. 创建触发器

语法格式如下:

CREATE TRIGGER 触发器名 触发时间 触发事件
ON 表名 FOR EACH ROW 触发动作主体

语法说明如下:

触发器名:触发器的名称,触发器在当前数据库中必须具有唯一的名称。如果要在某个特定数据的库中创建,名称前面应该加上数据库的名称。

触发时间:触发器触发的时刻,有 AFTER 和 BEFORE 两个选项,表示触发器是在激活它的语句之前或之后触发。如果想要在激活触发器的语句执行之后执行几个或更多的改变,通常使用 AFTER 选项;如果想要验证新数据是否满足使用的限制,则使用 BEFORE 选项。

触发事件:指明了激活触发程序的语句的类型。触发事件可以是下述值之一。

INSERT:将新行插入表时激活触发器。例如,使用 INSERT LOAD DATA 和 REPLACE 语句。
UPDATE:更改数据时激活触发器。例如,使用 UPDATE 语句。
DELETE:从表中删除某行时激活触发器。例如,使用 DELETE 和 REPLACE 语句。

表名:与触发器相关的表名,在该表上发生触发事件才会激活触发器。同一个表不能拥有两个具有相同触发时刻和事件的触发器。例如,对于某表,不能有两个 BEFORE UPDATE 触发器,但可以有 1 个 BEFORE UPDATE 触发器和 1 个 BEFORE INSERT 触发器,或 1 个 BEFORE UPDATE 触发器和 1 个 AFTER UPDATE 触发器。

FOR RACH HOW:这个声明用来指定对于受触发事件影响的每一行,都要激活触发器的动作。例如,使用一条语句向一个表中添加一组行,触发器会对每一行执行相应的触发器动作。

触发器动作：包含触发器激活时将要执行的语句。如果要执行多个语句，可使用 BEGIN-END 复合语句结构。这样，就能使用存储过程中允许的相同语句。

【注意】触发器不能返回任何结果到客户端，也不能调用将数据返回客户端的存储过程。为了阻止从触发器返回结果，不要在触发器定义中包含 SELECT 语句。

【例 6.3.1】在商品表上创建一个触发器，每次插入操作时，都将商品变量 goods 的值设为"一个商品已添加"。

CREATE TRIGGER 商品表_insert AFTER INSERT
  ON 商品表 FOR EACH ROW
   SET @goods='一个商品已添加'；

向商品表中插入一行数据。

INSERT INTO 商品表 VALUES ('AV-CB-37'，'06'，'酱油'，'6.00'，'12.00'，'24'，'瓶'，'自然发酵，口味纯正')；

查看 goods 的值。

SELECT @goods；

运行结果如下：

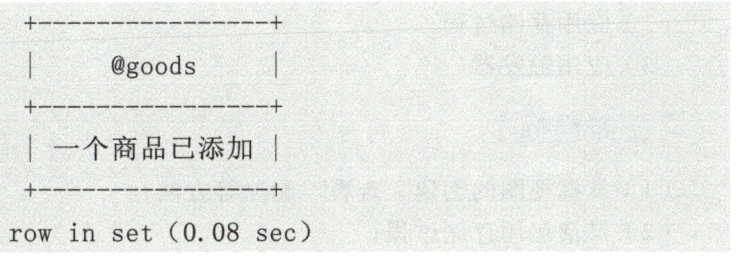

```
+------------------+
|     @goods       |
+------------------+
|  一个商品已添加   |
+------------------+
1 row in set (0.08 sec)
```

3. 删除触发器

如果某个触发器不再使用，则可以使用 drop trigger 语句将其删除，语法格式如下：

DROP TRIGGER 触发器名

例如，删除 organization_delete_before_tigger 触发器可以使用下面的 SQL 语句。

DROP TRIGGER organization_delete_before_tigger；

由于触发器保存的是一条触发程序，没有保存用户数据，当触发器的触发程序需要修改时，可以使用 drop trigger 语句暂时将该触发器删除，然后使用 create trigger 语句重新创建触发器即可。

【任务评价】

在本次任务中，同学们明白了触发器存在的意义及其运用场景，并通过实际操作农产品销售管理数据库掌握了触发器的创建、删除等命令语句。看着同学们在台上分享自己的学习成果和收获，王组长很满意，他要综合地对大家此次工作内容进行评价。

操作能力　　　　　☆☆☆☆☆
解决问题能力　　　☆☆☆☆☆
沟通协作能力　　　☆☆☆☆☆
举一反三能力　　　☆☆☆☆☆

任务四
综合实例
——农产品销售管理系统数据视图及编程

【情景导入】

在学习了视图、存储过程和触发器之后，大家对于使用视图和程序方式获取、处理农产品销售管理数据库中的数据充满期待。这种处理方式能够让数据处理更加简单快捷，大幅提高操作效率和准确性。

【任务分解】

（1）应用视图；
（2）应用存储过程；
（3）应用触发器。

【任务目标】

（1）掌握视图的创建、查看、删除等方法；
（2）灵活运用存储过程；
（3）灵活运用触发器。

【任务实施】

步骤一　创建与操作视图。
过程1：对成员进行分组，小组成员分工合作，在农产品销售管理数据库中创建视图，实现查询女用户基本信息的功能。
过程2：从上一步视图中查询姓氏是"李"的女客户信息。
过程3：创建订单表视图，只显示订单号、用户名等订单部分信息。
过程4：对过程1中显示女用户的视图增添一条女用户信息。
过程5：删除所创建的视图。
步骤二　创建与操作存储过程。实现查看商品表中某商品所属的商品种类的存储过程，并调用该存储过程，实现查看商品"名茶"的基本信息的功能。
步骤三　创建与调用触发器。实现在订单明细表中新增一条订单信息，则有相应记录的功能。
步骤四　收集问题，总结归纳。
过程1：各小组组长将各步骤遇到问题进行收集。
过程2：小组成员一起讨论，并总结归纳解决办法，并形成汇报PPT。
步骤五　展示成果。

过程1：各小组派成员代表上台展示学习成果。
过程2：教师讲解任务并点评各小组成果。
过程3：各小组展开自评和互评，并完成技能评价表。

表 6-4-1 技能评价表

序号	评价内容与目标	评价等级
1	掌握视图的创建、查看、查询、删除等基本操作	A B C D
2	掌握存储过程的使用	A B C D
3	掌握触发器的使用	A B C D

【知识链接】

以下操作针对农产品销售管理数据库表中数据。

综合实例——农产品销售管理系统数据视图及编程

一、视图的应用

1. 创建与查询视图

（1）创建视图"V_用户表"，包含所有女用户的用户号、姓名、性别和电话，同时要求对视图的修改也符合上述条件，并查询结果。

CREATE VIEW V_用户表
AS
　　（SELECT 用户号，姓名，性别，电话 FROM 用户表 WHERE 性别='女'）
　　WITH CHECK OPTION；

用 SELECT 语句查询视图结果，如图 6-4-1 所示。

（2）从"V_用户表"中查询姓"李"的客户信息。

SELECT * FROM V_用户表 WHERE 用户名 LIKE '李%'；

运行结果如图 6-4-2 所示。

图 6-4-1 运行结果图一　　　　　图 6-4-2 运行结果图二

（3）创建视图"V_订单表"，包含订单号、用户名、订单日期及订单总价，并查询结果。

```
CREATE VIEW V_订单表
    AS
    （SELECT 订单号，用户名，订单日期，订单总价 FROM 订单表 JOIN 用户表
        ON（订单表.用户号=用户表.用户号））;
```

用 SELECT 语句查询视图结果，如图 6-4-3 所示。

```
mysql> SELECT * FROM V_订单表;
+----------+--------+---------------------+----------+
| 订单号   | 用户名 | 订单日期            | 订单总价 |
+----------+--------+---------------------+----------+
| 20230411 | admin  | 2023-03-18 15:07:34 |  8780.00 |
| 20230412 | 张嘉庆 | 2023-03-23 15:08:11 |  5640.00 |
| 20230413 | 罗红红 | 2020-06-19 15:09:00 |  1575.00 |
| 20230414 | 罗红红 | 2023-03-17 15:09:30 |  3300.00 |
| 20230415 | 李昊华 | 2020-05-08 15:10:05 |  1254.40 |
| 20230416 | 吴昊霖 | 2020-05-09 16:20:05 |  1876.80 |
| 20230417 | 王天赐 | 2023-03-31 17:30:05 |  1179.00 |
| 20230418 | 刘青   | 2020-05-11 18:40:05 |   134.20 |
| 20230419 | 赵晨   | 2020-05-12 19:50:05 |  5578.40 |
| 20230420 | 张习凯 | 2023-03-30 20:10:05 |   855.40 |
| 20230421 | 王昌豪 | 2023-03-31 21:20:05 |   520.00 |
| 20230422 | 熊军   | 2020-05-15 22:30:05 |   560.00 |
| 20230423 | 陈毅   | 2020-05-17 23:40:05 |    44.00 |
| 20230424 | 赵申   | 2020-05-17 00:50:05 |    27.00 |
| 20230425 | 何晴   | 2020-05-18 01:00:05 |    36.00 |
| 20230426 | 陈静   | 2023-03-18 02:00:05 |   144.00 |
| 20230427 | 李鑫   | 2023-06-15 03:00:05 |  1280.00 |
| 20230428 | 王勤   | 2023-03-25 04:00:05 |   375.00 |
| 20230429 | 赵倩   | 2020-05-22 05:00:05 |  1000.00 |
| 20230430 | 马扎山 | 2020-05-23 06:00:05 |   600.00 |
| 20230431 | 程伟琴 | 2023-03-18 07:00:05 |   520.00 |
| 20230432 | 宋清   | 2020-05-25 08:00:05 |   560.00 |
| 20230433 | 张小华 | 2020-05-26 09:00:05 |    44.00 |
| 20230434 | 黄伟   | 2020-05-27 10:00:05 |    27.00 |
| 20230435 | 代传江 | 2020-05-28 11:00:05 |    36.00 |
| 20230436 | 刘小华 | 2020-05-29 12:00:05 |   450.00 |
+----------+--------+---------------------+----------+
26 rows in set (0.24 sec)
```

图 6-4-3　查询视图结果图一

（4）创建视图"V_商品订单表"，包含商品名、订单日期、数量和单价，并查询视图。

```
CREATE VIEW V_商品订单表
    AS
    （SELECT 商品名，订单日期，订单明细表.数量，单价
        FROM 订单明细表
            JOIN 订单表 ON（订单明细表.订单号=订单表.订单号）
            JOIN 商品表 ON（订单明细表.商品号=商品表.商品号））;
```

用 SELECT 语句查询视图结果，如图 6-4-4 所示。

商品名	订单日期	数量	单价
薏仁米	2023-03-18 15:07:34	10	60.00
普洱茶	2023-03-18 15:07:34	10	750.00
羊肉粉	2023-03-18 15:07:34	10	75.00
黑米	2023-03-23 15:08:11	20	50.00
苹果	2023-03-23 15:08:11	20	10.00
豆干	2023-03-23 15:08:11	20	350.00
葡萄	2020-06-19 15:09:00	15	25.00
盆栽植物	2020-06-19 15:09:00	15	60.00
五花腊肉	2020-06-19 15:09:00	15	20.00
糯米	2023-03-17 15:09:30	12	25.00
都匀毛尖	2023-03-17 15:09:30	12	250.00

图 6-4-4　查询视图结果图二

2. 操作视图

（1）在"V_用户表"中插入一条记录"u0033，蔡明，女，13078789304"。

INSERT INTO V_用户表
VALUES（'u0033'，'蔡明'，'女'，'13078789304'）；

（2）删除视图"V_用户表"中用户号为"u0008"的客户。

DELETE FROM V_用户表 WHERE 用户号='u0008'；

（3）删除视图"V_订单表""V_商品订单表"。

DROP V_订单表，V_商品订单表；

二、存储过程的应用

创建存储过程 pro0601，其功能是查看商品表中某商品所属的商品种类。

1. 创建存储过程

DELIMITER $$
CREATE PROCEDURE pro0601（in 类别名称 VARCHAR（50））
BEGIN
　　SELECT * FROM 商品表 WHERE 分类号 =（SELECT 分类号 FROM 商品分类表 s WHERE s.分类名称 = 类别名称）；
END $$

创建完成后，把 SQL 语句结束符改成分号，执行命令如下

DELIMITER ；

2. 查看存储过程

SHOW PROCEDURE STATUS LIKE "PRO0601"；

查询结果显示如图 6-4-5 所示。

```
mysql> SHOW PROCEDURE STATUS LIKE "PRO0601";
+---------------+---------+-----------+----------------+---------------------+---------------------+---------------+---------+----------------------+----------------------+--------------------+
| Db            | Name    | Type      | Definer        | Modified            | Created             | Security_type | Comment | character_set_client | collation_connection | Database Collation |
+---------------+---------+-----------+----------------+---------------------+---------------------+---------------+---------+----------------------+----------------------+--------------------+
| 农产品数据库  | pro0601 | PROCEDURE | root@localhost | 2023-03-28 17:41:58 | 2023-03-28 17:41:58 | DEFINER       |         | utf8                 | utf8_general_ci      | utf8mb4_general_ci |
+---------------+---------+-----------+----------------+---------------------+---------------------+---------------+---------+----------------------+----------------------+--------------------+
1 row in set
```

图 6-4-5　查看存储过程运行结果图

3. 调用存储过程

使用的如下的命令调用刚创建的存储过程 PRO0601，传入参数"名茶"，返回商品表中分类为名茶的所有商品信息，显示结果如下图所示。

CALL PRO0601（'名茶'）；

调用存储过程执行结果如图 6-4-6 所示。

```
mysql> CALL PRO0601('名茶');
+---------+-------+---------+--------+--------+------+------+--------------------------+
| 商品号  | 分类号| 商品名  | 进货价 | 销售价 | 库存 | 单位 | 商品描述                 |
+---------+-------+---------+--------+--------+------+------+--------------------------+
| AV-CB-09| 04    | 绿茶    | 30     | 35     | 200  | 包   | 清香幽雅, 口感爽口       |
| AV-CB-10| 04    | 红茶    | 35     | 40     | 180  | 包   | 香气扑鼻, 口感浓郁       |
| AV-CB-11| 04    | 龙井茶  | 120    | 150    | 50   | 斤   | 中国十大名茶之一, 香气清幽|
| AV-CB-19| 04    | 普洱茶  | 150    | 200    | 60   | 斤   | 陈年老茶, 香气独特       |
| AV-CB-24| 04    | 都匀毛尖| 225    | 250    | 40   | 包   | 鲜爽回甘、清新醇和、持久耐泡|
+---------+-------+---------+--------+--------+------+------+--------------------------+
5 rows in set

Query OK, 0 rows affected
```

图 6-4-6　调用存储过程运行结果图

三、触发器的应用

（1）创建一个名为"订单明细表_insertA"的触发器，当向"订单明细表"中插入一条订单记录时，将用户变量 strInfo 的值设置为"在订单明细表中成功插入一条记录"。

DELIMITER $$　　　　——MySQL 结束符修改为两个$$
CREATE TRIGGER 订单明细表_insertA AFTER INSERT ON 订单明细表 FOR EACH ROW
　　BEGIN
　　　　SET @strInfor="在订单明细表中成功插入一条记录";
　　END $$
Query OK，0 rows affected

操作结束后，记得将结束符改为分号。

　　DELIMITER；

（2）应用触发器订单明细表_insertA。

查看 strInfor 的值，在命令提示符后直接输入：

SELECT @strInfor；

语句查看用户变量 strInfor 的值，此时该变量的初始值为"0x"。

向"订单明细表"数据表中插入一条记录，测试 Insert 触发器"订单明细表_insertA"是否会被触发。对应的语句如下：

INSERT INTO 订单明细表（订单号，商品号，数量，单价）VALUES（"20230436"，"AV-CB-30"，"7"，"35.00"）；

INSERT 语句成功执行后，执行"SELECT @strInfor；"语句再一次查看用户变量"@strInfor"的值，此时该变量的值已变成"在订单表明细表中成功插入一条记录"，执行结果如图 6-4-7 所示。

```
mysql> DELIMITER $$
mysql> CREATE TRIGGER 订单明细表_insertA AFTER INSERT ON 订单明细表 FOR EACH ROW
       BEGIN
           SET @strInfor="在订单明细表中成功插入一条记录";
       END $$
Query OK, 0 rows affected (0.01 sec)

mysql> DELIMITER;
mysql> SELECT @strInfor;
+-----------+
| @strInfor |
+-----------+
| NULL      |
+-----------+
1 row in set (0.06 sec)

mysql> INSERT INTO 订单明细表(订单号,商品号,数量,单价) VALUES("20230436","AV-CB-30","7","35.00");
Query OK, 1 row affected (0.01 sec)

mysql> SELECT @strInfor;
+------------------------------+
| @strInfor                    |
+------------------------------+
| 在订单明细表中成功插入一条记录 |
+------------------------------+
1 row in set (0.08 sec)
```

图 6-4-7　运行结果

【任务评价】

在本次任务中，同学们使用视图、存储过程和触发器获取、处理农产品销售管理数据库中的数据。这些方式让数据处理更加简单快捷，大幅提高操作效率和准确性，并提高数据的安全保密性。看着同学们在台上展示自己的学习操作成果，王组长非常高兴，他要综合地对大家此次工作内容进行评价。

学习能力　　　　☆☆☆☆☆
操作能力　　　　☆☆☆☆☆
沟通协作能力　　☆☆☆☆☆
举一反三能力　　☆☆☆☆☆

【项目总结】

通过本项目的学习，能够了解和掌握视图、存储过程、触发器的创建、管理、删除等操作，并深入理解它们的含义、存在意义以及使用方法。

视图是通过存储 SQL 语句而非实际数据来完成任务的，它能够节省空间并增强数据安全性。存储过程和触发器是数据库编程的一部分。存储过程将功能复杂而使用频率高的 MySQL 代码封装起来，从而提高了 MySQL 代码的重用性。而触发器用于保护表中的数据，是一种特殊的存储过程，与数据表紧密相连，可以看作数据表定义的一部分。触发器建立在触发事件上。掌握视图、存储过程和触发器的应用，可以优化数据管理，提高数据库的安全性和操作效率。

【思考与练习】

一、选择题

1. 不可对视图执行的操作有（　　）。
   A. SELECT　　　B. INSERT　　　C. DELECT　　　D. CREATE INDEX
2. MySQL 的视图是从（　　）中导出的。
   A. 基本表　　　B. 视图　　　C. 基本表或视图　　　D. 数据库
3. 视图操作中不能完成的是（　　）。
   A. 更新视图　　　B. 定义视图　　　C. 定义基本表　　　D. 定义新视图
4. 下列关于视图的说法中，错误的是（　　）。
   A. 视图是个虚拟表
   B. 可以创建基于视图的视图
   C. 可以使用视图更新数据，但每次更新只能影响一个表
   D. 不能为视图定义触发器
5. 触发器是一个特殊的（　　）。
   A. 存储过程　　　B. 函数　　　C. 语句　　　D. 表达式
6. MySQL 使用（　　）语句来删除触发器。
   A. DROP　　　　　　　　　B. DROP TRIGGER
   C. DELETE　　　　　　　　D. DELETE TRIGGER
7. 触发器主要针对下列（　　）语句创建的。
   A. SELECT、INSERT、DELETE　　　B. INSERT、UPDATE、DELETE
   C. SELECT、UPDATE、INSERT　　　D. INSERT、UPDATE、CREATE
8. MySQL 存储过程是将功能复杂使用频繁的（　　）代码封装起来，从而提高 MySQL 代码的重用性。
   A. Select　　　B. MySQL　　　C. SQL　　　D. SQL Server
9. 使用（　　）命令可以查看触发器的定义。
   A. show tigger　　　　　　　B. show tiggers
   C. show create triggers　　　D. show create trigger

10. MySQL 调用存储过程时，需要（　　　）调用该存储过程。
    A. 直接使用存储过程的名字　　　　B. 在存储过程前加 CALL 关键字
    C. 在存储过程前加 EXEC 关键字　　D. 在存储过程前加 USE 关键字

二、填空题

1. 在 MySQL 中，可以使用_____语句创建视图。

2. 在 MySQL 中，可以使用_____语句删除视图。

3. 视图是一个虚表，它是从_____中导出的表。在数据库中，只存放视图的_____，不存放视图的_____。

4. 在实际使用中，MySQL 所支持的触发器有_____、_____和_____三种。

5. 存储过程是一组为了完成特定功能的_____。

6. 通常可使用_____命令，将 MySQL 语句的结束标志临时修改为其他符号，从而使得 MySQL 服务器可以完整地处理存储过程体中所有的 SQL 语句。

三、实操题

针对"教务系统数据库"，实训以下操作。

1. 视图。

（1）创建视图 V_score，包括所有女同学的学号、姓名，以及选修的课程号和成绩。

（2）在视图 V_score 中查找成绩 80 分以上的学生学号、姓名以及选修的课程号和成绩。

（3）创建视图 V_avg，包括学号（在视图中列名为"num"）和平均成绩（在视图中列名为"score_avg"）。

（4）创建视图 V_stu，视图中包含所有计算机技术系的学生信息，并向 V_stu 视图中插入一条记录"00011，田亮，男，1999-10-01，计算机技术系，19 网络技术 1 班，7770@sohu.com，13812345678"。

（5）删除 V_stu 女同学的记录。

2. 存储过程。

（1）创建存储过程 count_pro1（　　），统计云计算成绩在 80 分以上的学生人数。

（2）创建存储过程 count_pro2（　　），统计计算机技术系男同学人数。

（3）删除存储过程 count_pro1（　　）和 count_pro2（　　）。

3. 触发器。

（1）创建触发器，在课程表中删除课程信息同时将成绩表中与该课程有关的记录全部删除。

（2）创建触发器，在学生表中删除一名学生信息同时将成绩表中与该学生有关的记录全部删除。

项目七
数字安全——管理系统开发预备技术

项目综述

在王组长的带领下,李小明团队成员已掌握了数据库操作相关知识。不过只掌握数据库技术还不能完成一个系统的开发工作。王组长说:"开发农产品销售管理系统,必须掌握一门开发语言。对于初学者而言,最好选择一门学习简单、能快速构建系统的语言,便于快速入门"。通过李小明团队成员共同协商后,决定使用 PHP 动态开发语言来实现农产品销售管理系统。

在王组长的带领下,李小明团队成员计划通过一周时间掌握 PHP 相关的基础知识和操作 MySQL 数据库的方法。为了提升学习的效果,他们按照搭建 PHP 开发环境、学习 PHP 基本语法、函数、流程控制语句、PHP 操作 MySQL 的顺序进行学习。

通过本项目的学习,将为后续项目八农产品销售管理系统的实现提供良好的技术支持。

项目任务

任务一　安装 PHP+MySQL 环境集成软件
任务二　PHP 小程序
任务三　操作 MySQL 数据库

素养目标

(1)培养学生坚持不懈的性格
(2)提升学生数据安全意识

思维导图

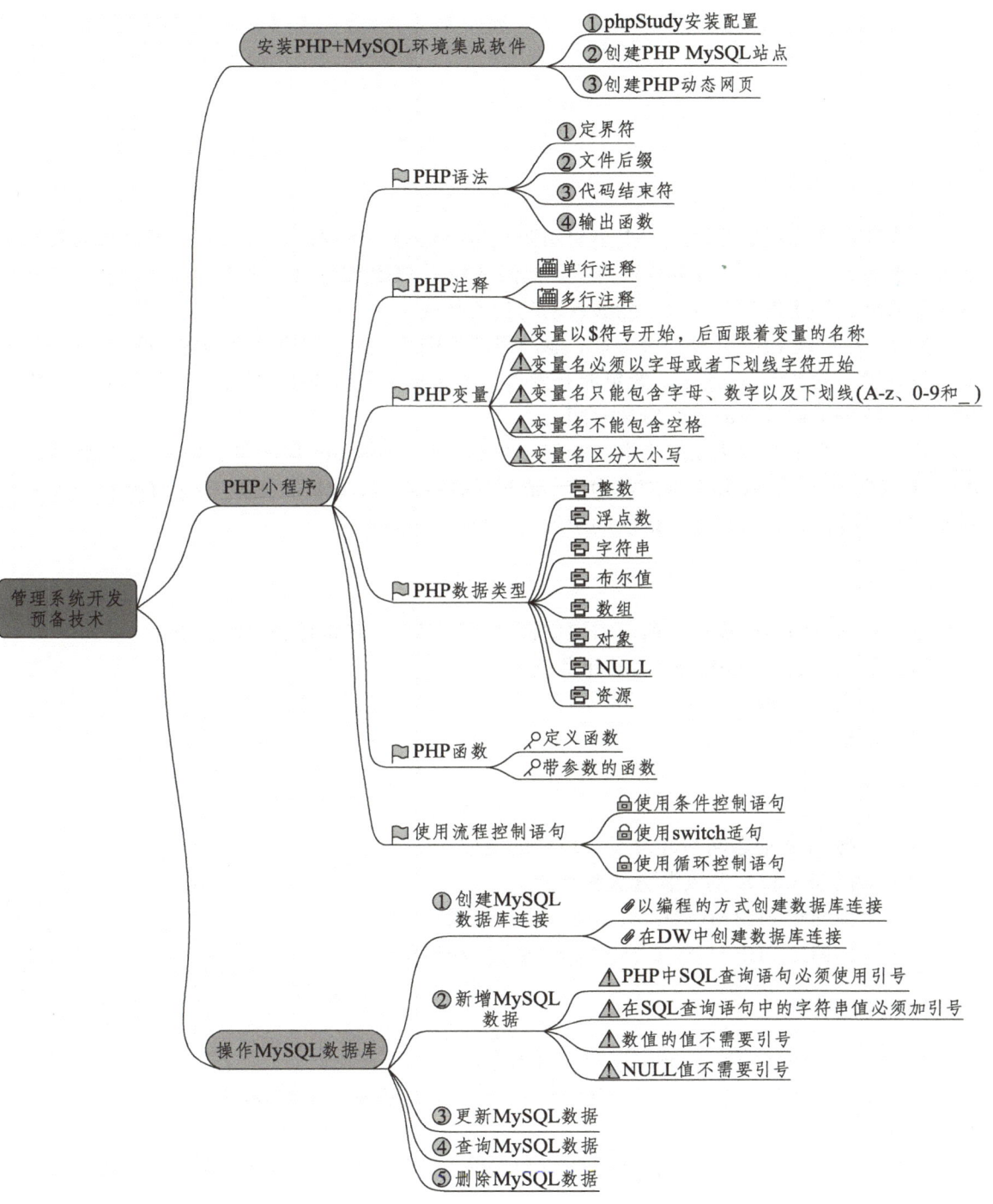

任务一
安装 PHP+MySQL 环境集成软件

【情景导入】

完成数据库知识学习以后，李小明团队成员决定通过编程语言来实现一个简单的农产品销售管理系统。在经过多方查找资料后，他们选择了 PHP 编程语言来进行系统开发。PHP 具有学习简单、快速入门等特点，能够帮助初学者快速上手。

然而，在搭建 PHP 开发环境方面，他们遇到了困难。为了解决这个问题，他们共同努力，最终找到了一款名为 phpStudy 的集成开发包。这个集成包将 PHP 开发环境所需的工具集成在一起，减少了初学者部署环境的时间。

接下来，李小明团队成员将学习如何下载和安装 phpStudy 集成包、切换 PHP 版本、使用 PHP 代码操作 MySQL 数据库等内容。通过该任务学习，他们将逐渐掌握 PHP 环境安装和开发的基本技能，为后续基本语法的学习打下坚实的基础。

【任务分解】

通过对李小明团队成员目前所需要掌握技术知识点，将该任务分解如下。
（1）下载和安装 phpStudy 集成开发包；
（2）切换 PHP 版本；
（3）创建动态站点。

【任务目标】

（1）了解 PHP 动态网站开发运行环境的组成；
（2）掌握 phpStudy 的安装方法和步骤；
（3）掌握创建 PHP MySQL 站点的方法和步骤；
（4）掌握创建 PHP MySQL 测试文档的方法和步骤。

【任务实施】

步骤一　下载和安装 phpStudy 集成开发包。

过程 1：以分组方式，访问下载链接，选择合适的版本，下载 phpStudy 集成开发包，进行软件的安装。

过程 2：理解安装过程中的各个选项和配置，例如选择安装目录、启动服务选项和组件安装等。

步骤二　集成服务的启动和插件的安装。

过程 1：了解 phpStudy 集成开发包中的集成服务，例如 Apache 或 Nginx 作为 Web 服务器、PHP 解析器以及 MySQL 数据库等。

过程 2：启动和停止集成服务，包括通过 phpStudy 界面或使用命令行工具进行操作，安装和启用 phpMyAdmin 来管理 MySQL 数据库，切换 PHP 版本。

步骤三　创建动态站点。

过程 1：使用 DW（Dreamweaver）等工具创建站点和动态网页，包括设置站点根目录、创建数据库连接等步骤。

过程 2：通过提供的 PHP 代码示例，操作 MySQL 数据库，例如连接数据库、执行查询、插入和更新数据等。

步骤四　总结评价。

过程 1：组长对 phpStudy 集成开发包安装配置和使用中出现的问题进行归纳和记录。

过程 2：教师对同学们操作过程中出现的问题进行总结。

过程 3：各小组展开自评和互评，并完成技能评价表。

表 7-1-1　技能评价表

序号	评价内容与目标	评价等级
1	了解 PHP 动态网站开发运行环境的组成	A B C D
2	掌握 phpStudy 的安装方法和步骤	A B C D
3	掌握创建 PHP MySQL 站点的方法和步骤	A B C D
4	掌握创建 PHP MySQL 测试文档的方法和步骤	A B C D

【知识链接】

PHP 开发环境主要由 Apache 服务器、PHP 语言引擎以及 MySQL 数据库服务器等组成，配置这个开发环境的过程比较繁琐，而且容易出现错误，甚至会带来安全隐患。为了简化 PHP 开发环境的配置过程，通常采用各种套件来部署 PHP 环境，phpStudy 就是其中一个常用的 PHP 环境部署套件。

phpStudy 是一个 PHP 开发调试环境的程序集成包，它集成了最新的 Apache、PHP、MySQL、phpMyAdmin 等开发工具，实现一次性安装，无需配置即可使用，非常方便好用。此外，它还包括开发工具和开发手册，方便学习和使用。

一、phpStudy 安装配置

（1）在浏览器中访问 phpStudy 官网下载地址 "https://www.xp.cn/download.html"，单击"立即下载"，如图 7-1-1 所示。

（2）根据系统位数，选择对应的版本。如需要 64 位安装包，选择"64 位下载"，如图 7-1-2 所示。

（3）下载完成后，解压压缩包，打开文件夹，运行"phpstudy_x64_8.1.1.3.exe"文件。

（4）在安装窗口中，点击右下角的"自定义选项"，查看默认安装路径为"D：\phpstudy_pro"，如果不需要修改安装路径，点击"立即安装"，等待安装完成即可，如图 7-1-3 所示。

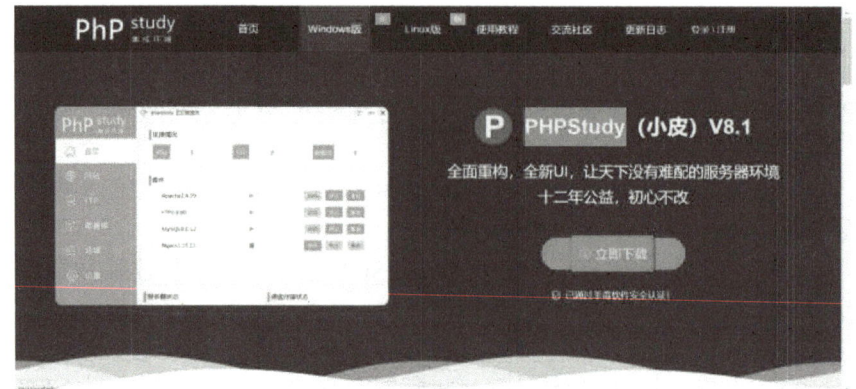

图 7-1-1 phpStudy 下载

图 7-1-2 phpStudy 位数版本选择　　　　图 7-1-3 phpStudy 安装路径选择

（5）安装完成后，系统会自动启动 phpStudy，phpStudy 软件界面如图 7-1-4 所示。

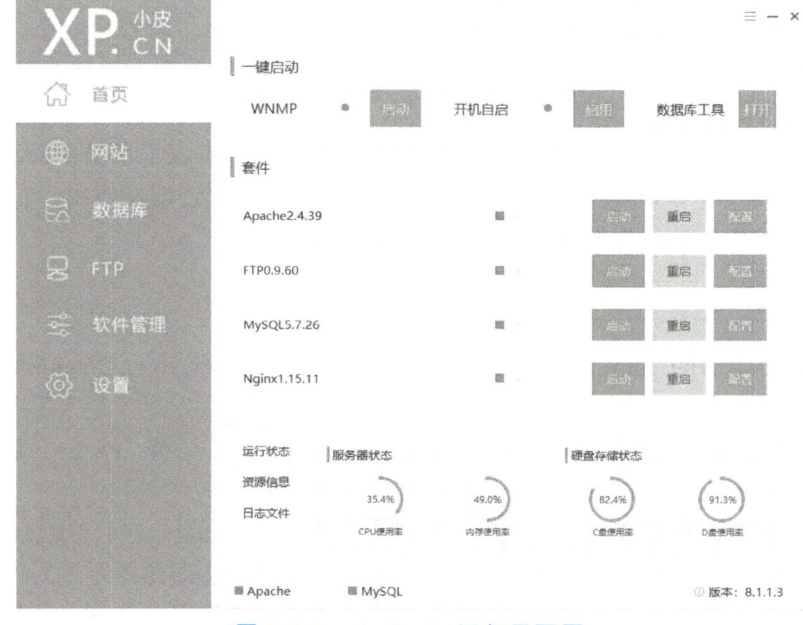

图 7-1-4 phpStudy 运行界面图

（6）启动 Apache 和 MySQL 服务

运行 phpStudy 以后，系统运行的只是 phpStudy 软件本身，Apache、MySQL、PHP 等环境并没有运行起来，需要按需启动。软件默认的开机自启一般不需要打开，否则会影响开机速度，建议关闭。因此需要启动"一键启动"下面的"WNMP"服务，并停用"开机启动"。点击 Apache 和 MySQL 套件的"启动"按钮，打开对应的服务，打开后的界面如图 7-1-5 所示。

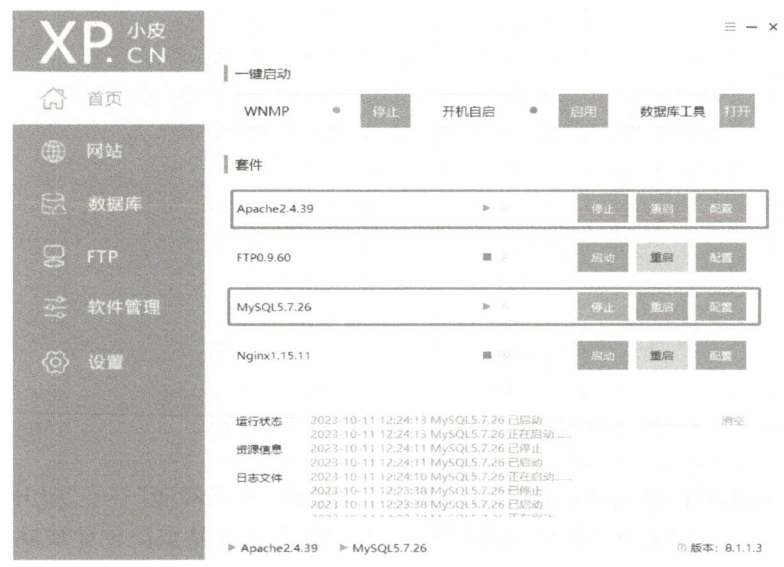

图 7-1-5　phpStudy 配置和开启服务示意图

（7）安装 MySQL 管理工具，点击"软件管理"→"网站程序"→"安装 phpMyAdmin"，如图 7-1-6 所示。

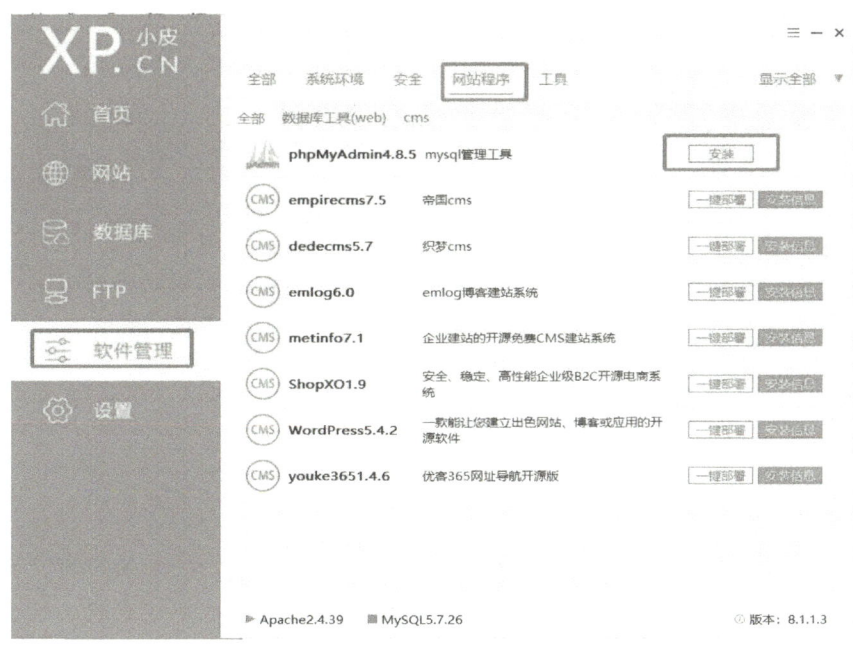

图 7-1-6　phpMyAdmin 安装

（8）在弹窗中，选中"选择"复选框，如图 7-1-7 所示，点击"确认"按钮等待自动下载和安装完成即可。

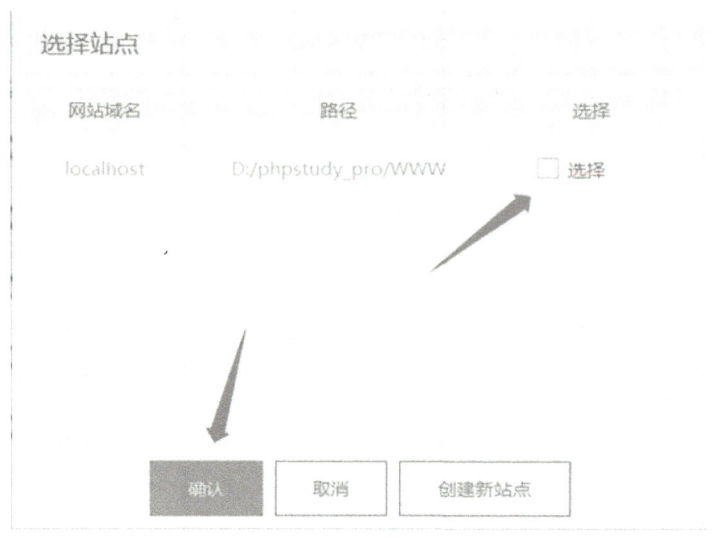

图 7-1-7　phpMyAdmin 安装选择

（9）访问 phpStudy 测试环境的主页，点击"网站"→"管理"→"打开网站"，打开路径如图 7-1-8 所示。如果弹出如图 7-1-9 所示页面，表示 php 站点已创建成功。

图 7-1-8　phpStudy 站点打开方法

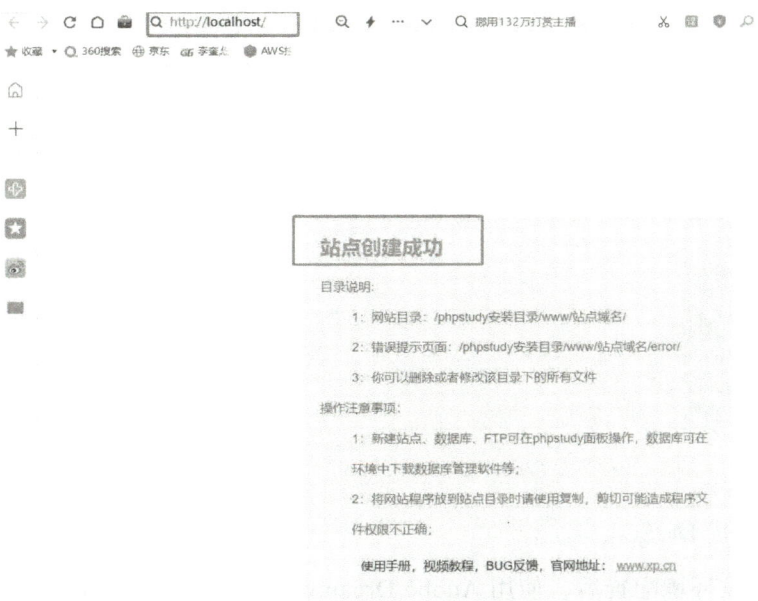

图 7-1-9　成功创建站点页面显示

（10）切换 PHP 版本，为了与后面使用 Dreamweaver 版本相匹配，需要切换 PHP 版本。打开"软件管理"→"系统环境"，点击"php5.3.29"后面的"安装"按钮完成该版本的安装，操作方式如图 7-1-10 所示。安装完成后，切换到"网站"界面，点击"管理"，把 PHP 版本切换成 5.2.29，切换方式如图 7-1-11 所示。

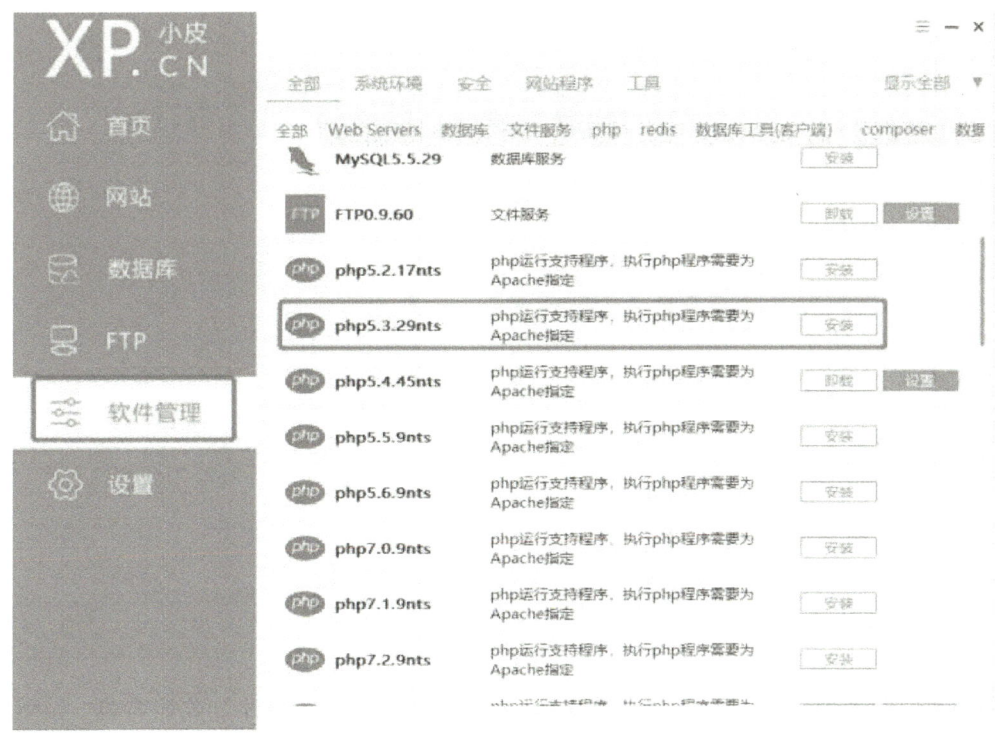

图 7-1-10　php 版本安装

图 7-1-11　网站 php 版本切换

二、创建 PHP MySQL 站点

完成 PHP 开发环境配置后，使用 Adobe Dreamweaver CS6（以下简称 DW）作为开发工具来创建 PHP 动态网站，DW 的下载和安装参考其他资料。下面使用 DW 新增一个 PHP MySQL 服务器模型的动态站点，完成 PHP 测试文档的创建。

在 DW 中创建基于 PHP MySQL 服务器模型的动态站点，可通过以下步骤完成。

（1）启动 DW，在菜单栏中选择"站点"→"新建站点"命令，在弹出的对话框中将"站点名称"修改为自己想要的名称（如：php），将"本地站点文件夹"修改为 phpStudy 的主目录文件夹 "D:\phpstudy_pro\WWW"，如图 7-1-12 所示。

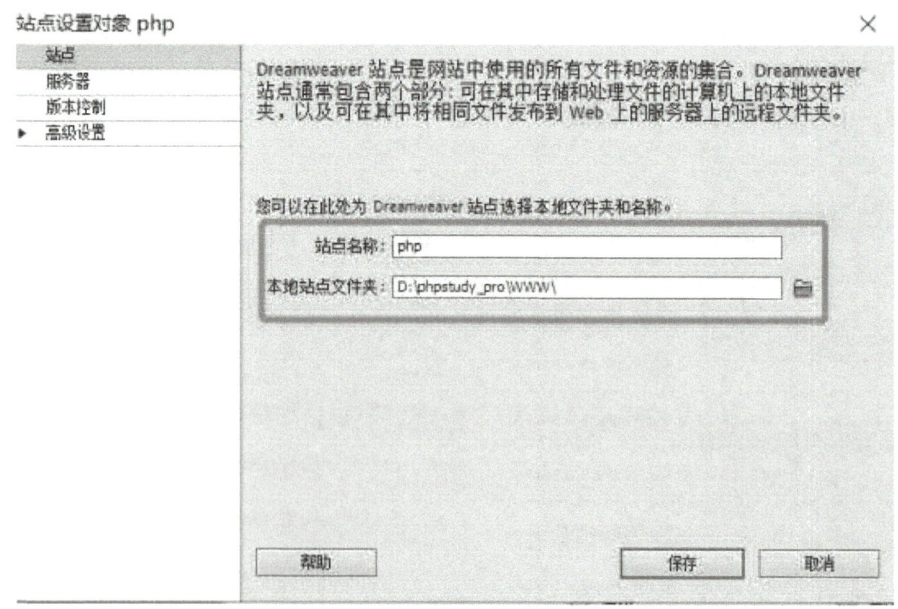

图 7-1-12　设置站点名称与网站主目录

（2）选择"服务器"用于连接远端服务器，然后点击 按钮，以添加新服务器，如图 7-1-13 所示。

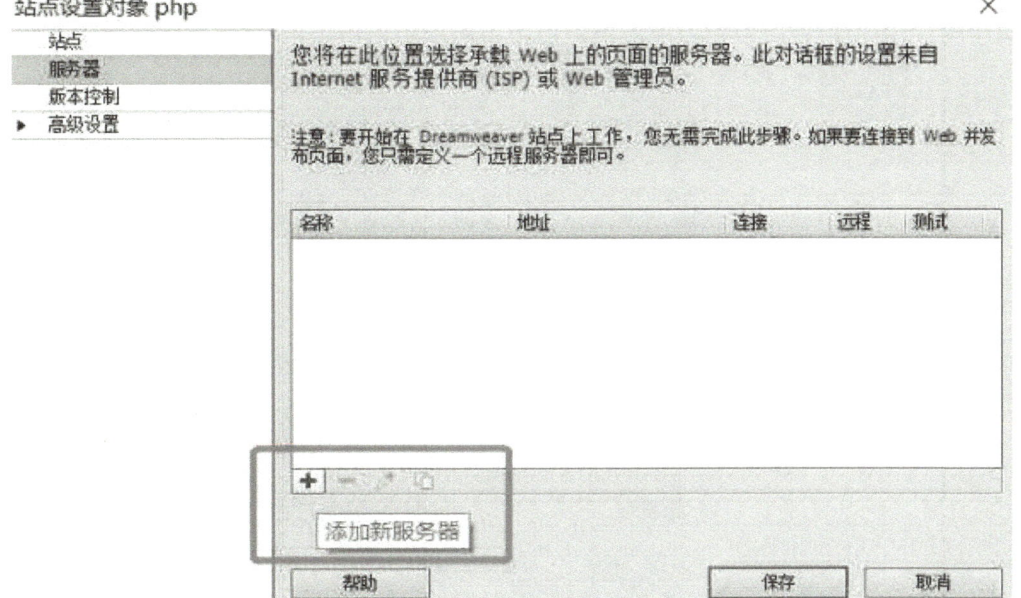

图 7-1-13　添加新服务器

（3）在服务器设置对话框中选择"基本"选项卡，设置服务器名称为"PHP"、连接方法为"本地/网络"，服务器文件夹选择为 phpStudy 网站主目录"D:\phpstudy_pro\WWW"、WebURL 地址为"http://localhost/"，设置效果如图 7-1-14 所示。

（4）在服务器对话框中选择"高级"选项卡，从"服务器模型"列表中选择"PHP MySQL"，然后点击"保存"按钮，设置效果如图 7-1-15 所示。

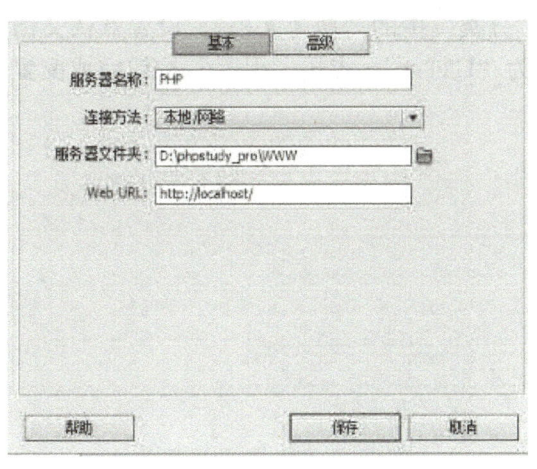

图 7-1-14　站点基本服务设置

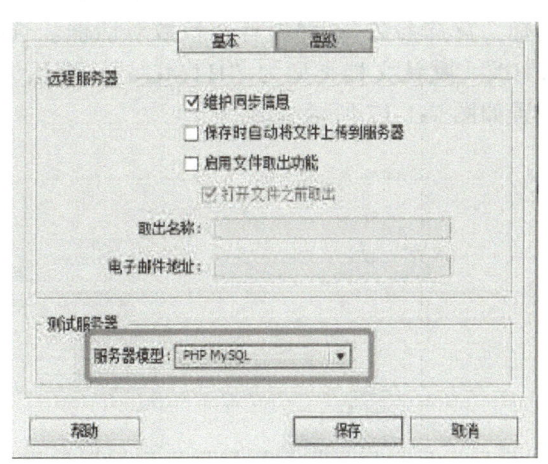

图 7-1-15　服务器模型选择

（5）点击"保存"后，返回站点设置对话框，选中站点列表中的"测试"复选框，如图 7-1-16 所示。

（6）点击"保存"按钮完成站点设置，完成后在 DW 中即可查看创建好的站点目录。

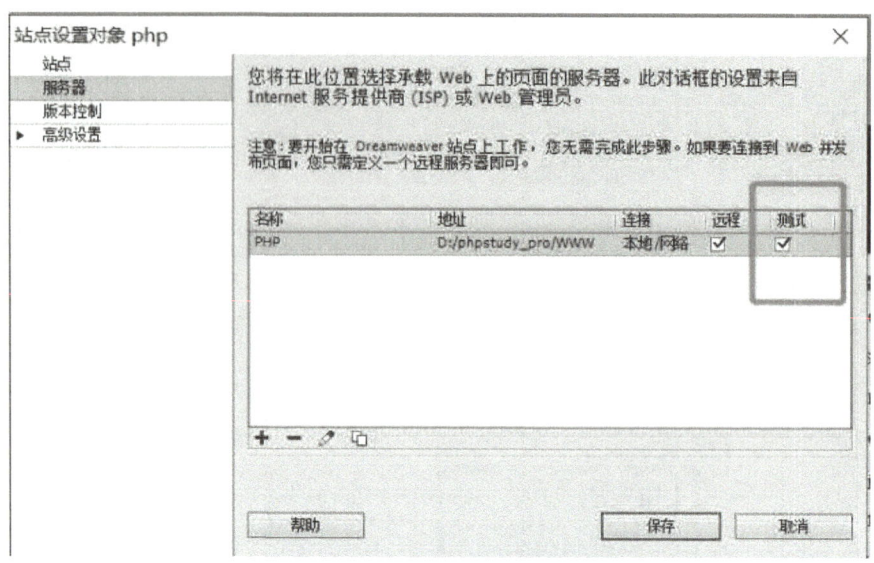

图 7-1-16　服务器测试选择

三、创建 PHP 动态网页

在 DW 中创建 PHP MySQL 动态站点后，即可在该站点中创建 HTML 静态网页，也可以创建 PHP 动态网页。根据需要，还可以在该站点中创建一些文件夹，用于保存不同类别的资源文件（如图像、CSS、JS 等）。设置步骤如下。

1. 设置首选参数

在创建 PHP 动态页面之前，需要针对 DW 程序的相关参数进行设置。在"编辑"菜单中选择"首选参数"，弹出首选参数对话框。选择"分类"中的"新建文档"，设置默认文档为"PHP"，默认文档类型为"HTML 5"，默认编码为"UTF-8"，点击"保存"按钮完成配置，配置如图 7-1-17 所示。

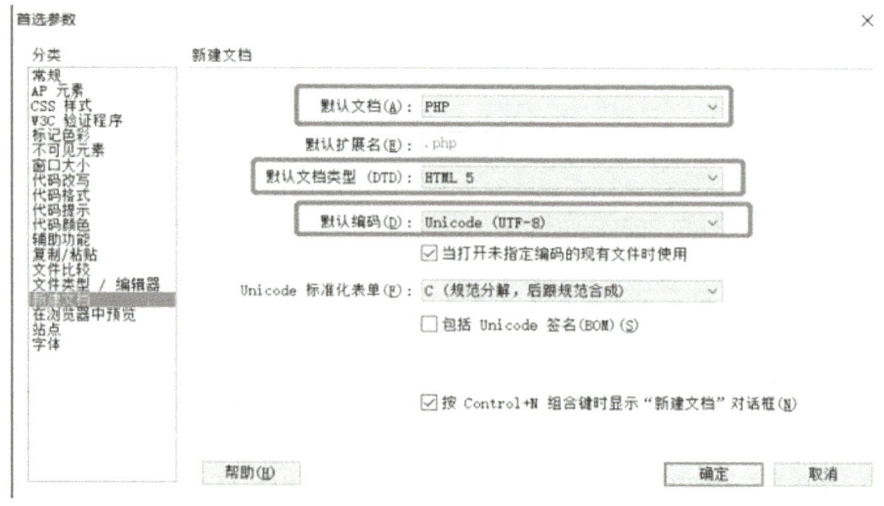

图 7-1-17　DW 首选参数设置

2. 新建文件夹和文件

如果需要在站点中创建文件夹和文件，可以用鼠标点击站点根目录或者其他目录，右键弹出快捷菜单，在菜单中选择"新建文件夹"或"新建文件"命令，并对其名称进行设置。新建文件或文件夹操作方式如图 7-1-18 所示。

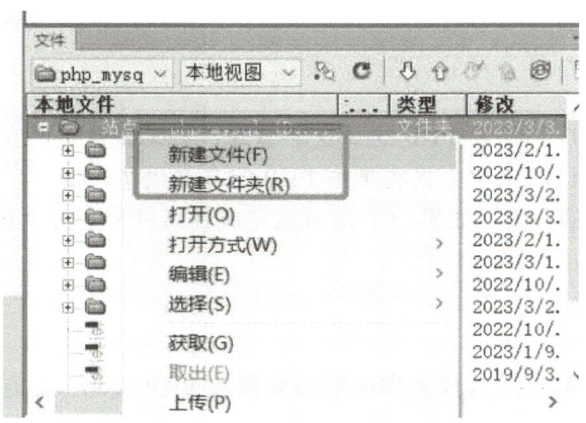

图 7-1-18　创建文件或文件夹

【任务评价】

同学们在完成任务一的实施中，表现出了极佳的学习和实践能力。他们成功下载并安装了 phpStudy 集成开发包，掌握了集成服务的启动方法以及插件的安装流程。他们还通过学习切换 PHP 版本的方法，展示了适应不同系统需求的能力。他们积极使用 DW（Dreamweaver）等工具，成功地建立了站点和动态网页，并学会了如何与 MySQL 数据库进行交互。他们能够自主设置站点根目录、创建数据库连接，并通过编写 PHP 代码实现对数据库的操作。看到同学们的表现，王组长感到很满意，他决定尽可能全面地对大家此次工作内容进行评价。

信息搜索能力　　☆☆☆☆☆
软件使用能力　　☆☆☆☆☆
沟通表达能力　　☆☆☆☆☆
分析问题能力　　☆☆☆☆☆

任务二 PHP 小程序

【情景导入】

李小明团队成员在成功搭建 PHP 的开发环境后,发现要想实现农产品销售管理系统,还需要从编程语言的基本语法入手。只有掌握 PHP 的基本语法、变量、函数定义和调用等内容后,才能完成系统代码的开发。如果为了快速地完成系统开发,PHP 语言中哪些是必须学的,如何提高学习效率呢?

【任务分解】

为了让李小明等同学在后续任务中能读懂和修改 PHP 代码,更有条理地学习和实践,提高学习效率和质量,将任务分解如下。

(1)学习 PHP 编程语言的基本语法规则,掌握变量、数据类型、运算符等内容;
(2)学习 PHP 函数的定义和调用,掌握函数的参数传递、返回值等知识点;
(3)学习 PHP 条件控制语句和循环控制语句。

【任务目标】

(1)掌握 PHP 语言基本语法;
(2)掌握 PHP 语言变量的定义规则和用法;
(3)掌握 PHP 语言函数的定义、调用;
(4)掌握 PHP 语言数据类型和类型转换规则;
(5)掌握 PHP 循环控制语句使用方法。

【任务实施】

步骤一 学习 PHP 基本语法,变量、数据类型、运算符等内容。

过程 1:同学们按照教材和网络上的资源,学习 PHP 语言基本语法结构,包括标签、注释等。

过程 2:了解 PHP 变量的定义和命名规则。

过程 3:理解不同数据类型的概念和用法,如整型、浮点型、字符串、布尔型等。练习运算符的使用,并通过练习巩固相关知识点。

步骤二 PHP 函数的定义和调用。

过程 1:学习如何正确定义函数和编写函数体。

过程 2:理解函数参数传递的方式,包括按值传递和引用传递。

过程 3:练习函数返回值的使用方法,通过练习巩固相关知识点。

步骤三 条件控制语句和循环控制语句。

过程 1：了解条件控制语句在程序中的应用场景和作用。

过程 2：通过练习，掌握 if 语句、else 语句、elseif 语句，循环控制语句，包括 for 循环、while 循环、do-while 循环的用法和区别。

过程 3：通过练习巩固条件和循环控制语句的学习。

步骤四　总结评价。

过程 1：同学们对 PHP 基本语法、函数和控制语句使用中出现的问题进行归纳和记录。

过程 2：教师对同学们操作过程中出现的问题进行总结。

过程 3：各小组展开自评和互评，并完成技能评价表。

表 7-2-1　技能评价表

序号	评价内容与目标	评价等级
1	掌握 PHP 语言基本语法	A B C D
2	掌握 PHP 语言变量的定义规则和用法	A B C D
3	掌握 PHP 语言函数的定义、使用	A B C D
4	掌握 PHP 循环控制语句使用方法	A B C D

【知识链接】

一、PHP 语法

PHP 脚本在服务器上执行，在动态网页开发中，PHP 通常配合 HTML、JavaScript 和 CSS 一起工作。在后台解析执行完成后以纯 HTML 结果发送回浏览器。PHP 脚本可以放在 HTML 文档中的任何位置。

PHP 脚本通常以"<?php"定界符开始，以"?>"定界符结束，如：

```
<?php
  //PHP 代码
?>
```

PHP 文件的默认文件扩展名是".php"。

PHP 文件通常包含 HTML 标签和一些 PHP 脚本代码。下面提供了一个简单的 PHP 文件实例，它可以向浏览器输出文本"PHP 操作 MySQL 数据库"。

```
<html>
  <body>
  <h1>第一个 PHP 页面</h1>
  <?php
   /*
   echo() 函数输出一个或多个字符串。echo 后面可以使用括号,也可以不使用。
   */
   echo "PHP 操作 MySQL 数据库";
```

```
?>
</body>
</html>
```

PHP 中的每个代码行都必须以分号结束。分号是一种分隔符，用于把指令集区分开来。echo 用于输出内容到浏览器上，常见的输出函数还有 print() 和格式化输出函数 printf()。

二、PHP 变量

与代数类似，可以给 PHP 变量赋予某个值（如 x=5）或者表达式（z=x+y）。变量可以是很短的名称（如 x 和 y）或者更具描述性的名称（如 age、carname、totalvolume）。PHP 变量命名规则如下。

- 变量以$符号开始，后面跟着变量的名称；
- 变量名必须以字母或者下划线字符开始；
- 变量名只能包含字母、数字以及下划线（A-z、0-9 和_ ）；
- 变量名不能包含空格；
- 变量名是区分大小写的（$y 和$Y 是两个不同的变量）。

下面代码中，创建一个变量 str，然后把这个变量值输出到页面上。

```
<html>
<body>
<?php
    //定义一个字符串变量 str
    $str = "PHP 操作 MySQL!";
    # 在浏览器中输出 str 变量
    echo $str;
?>
</body>
</html>
```

三、PHP 数据类型

分配给 PHP 变量的值可以具有不同的数据类型，包括简单的字符串和数字类型，以及更复杂的数据类型（如数组和对象）。PHP 总共支持八种原始数据类型：整数、浮点数、字符串、布尔值、数组、对象、NULL 和资源。这些数据类型用于构造变量。

1. 整数

整数，就是不带小数点的数（…，-2，-1、0、1、2，...）。整数可以使用十进制（以 10 为基数）、十六进制（以 16 为基数 - 前缀 0x）或八进制（以 8 为基数 - 前缀 0）表示法指定，并可选地以符号（-或+）开头。

2. 浮点数

浮点数（也称为"双精度数"或"实数"）是十进制的小数。

3. 字符串

字符串是字符序列，字符串可以包含字母，数字和特殊字符，最大可以为 2GB（最大 2147483647 字节）。指定字符串的最简单方法是将其括在单引号中（例如，'数据库操作'），也可以使用双引号（"编程语言！"）。但是，单引号和双引号的作用方式不同。用单引号括起来的字符串几乎按字面意思处理，而用双引号分隔的字符串用变量值的字符串表示形式替换变量，并专门解释某些转义序列。在 PHP 中字符串连接符使用的是英文半角符号"."。

4. 布尔值

布尔值就像一个开关，它只有两个可能的值 1（true）或 0（false）。

5. 数组

数组是一次可以容纳多个值的变量。将一系列相关项目汇总在一起非常有用，例如一组国家或城市名称。数组被正式定义为数据值的索引集合。数组的每个索引（也称为键）都是唯一的，并且引用相应的值。

6. 对象

对象是一种数据类型，它不仅允许存储数据，而且还提供有关如何处理该数据的信息。对象是用作对象模板的类的特定实例。通过 new 关键字基于此模板创建对象。每个对象都有与其父类相对应的属性和方法。每个对象实例都是完全独立的，具有自己的属性和方法，因此可以独立于同一类的其他对象进行操作。

7. NULL

特殊的 NULL 值用于表示 PHP 中的空变量。NULL 类型的变量是没有任何数据的变量。

8. 资源

资源是一个特殊变量，其中包含对外部资源的引用。资源变量通常包含打开的文件和数据库连接的特殊处理程序。

四、PHP 函数

1. 定义函数

函数是执行特定任务的独立代码块。PHP 有一个巨大的集合内置函数，可以在 PHP 脚本中直接调用执行特定的任务，如：gettype()、print_r()、var_dump()、sprintf()等。其中 sprintf() 函数返回一个格式化的字符串，其语法定义格式如下，第一个变量为需要格式化的字符串，后面参数对应是格式化字符串中的占位符。

```
string sprintf（string $format[，mixed $args[，mixed $...]]）
```

下面代码定义一个字符串 str 和数字 day 变量，通过 sprintf 函数进行格式化后赋值给 txt 变量，最后通过 echo 输出字符串内容。其中%s 表示字符串，%d 表示数字。

```php
<?php
$str = "MySQL";
```

```
$day = 30;
$txt = sprintf("%s 数据库。今天是%d 日",$str,$day);
echo $txt;
?>
```

除了内置函数，PHP 还允许定义自己的函数。

创建自定义函数的语法如下。

```
function functionName(){
    //要执行的代码
}
```

用户定义函数的声明以单词 function 开头，紧接着是函数名称和括号"( )"，如果需要传入参数，可以在括号中定义传入的参数名，函数需要实现的功能代码放在大括号"{ }"之间。下面代码演示一个简单函数的定义和调用。

```
<html>
  <meta charset="utf-8"/>
<body>
<?php
//定义函数
function whatIsToday(){
    //设置 PHP 运行时的时区
    date_default_timezone_set("Asia/Shanghai");
    #调用内置的函数 date 和 time 输出周几
    echo "今天是 " . date('l',time());
}
//调用函数
whatIsToday();
?>
</body>
</html>
```

2. 带参数的函数

可以定义函数在运行时接收输入值时指定参数。参数的工作方式类似于函数中的占位符变量；它们在被调用时由提供给函数的值（称为参数）替换。下面代码定义一个函数 addition，实现计算两个参数之和。

```
<html>
  <meta charset="utf-8"/>
<body>
<?php
//定义一个实现两个数之和的函数
function addition($a,$b){
```

```
        return $a+$b;
}
//调用函数
echo addition(3,4);
?>
</body>
</html>
```

可以根据需要定义任意多个参数。但是，对于指定的每个参数，在调用函数时需要将相应的参数传递给该函数。

五、使用流程控制语句

在开发语言中，流程控制语句用于控制程序的执行流程和决策分支，常见的流程控制语句包括：

（1）条件语句：如 if 语句、switch 语句等，根据不同的条件执行相应的代码块；

（2）循环语句：如 for 循环、while 循环、do-while 循环等，重复执行一段代码块，直到满足特定条件为止；

（3）跳转语句：如 break、continue、goto 等，跳过或中断当前循环或语句块的执行；

（4）异常处理语句：如 try-catch 语句，在程序出现异常时捕获并进行处理。

流程控制语句是编程语言中非常重要的语法结构，可以帮助程序员实现各种复杂的逻辑控制和业务需求。下面我们具体讲解条件控制语句和循环控制语句的使用。

1. 使用条件控制语句

编写代码时，常常需要根据不同的判断执行不同的动作。这时，可以在代码中使用条件语句来完成此任务。在 PHP 中，提供了下列条件语句。

　　if 语句：在条件成立时执行代码

　　if...else 语句：在条件成立时执行一块代码，条件不成立时执行另一块代码

　　if...else if....else 语句：在若干条件之一成立时执行一个代码块

　　switch 语句：在若干条件之一成立时执行一个代码块

下面代码使用 if 控制语句来实现输出今天是周几的功能。

```
<?php
#设置默认时区
date_default_timezone_set("Asia/Shanghai");
#获取一周中的第几天
$weekday = date("N");
$daystr = "";
#根据条件判断语句赋值星期几
if($weekday==1){
    $daystr = "星期一";
}else if($weekday==2){
```

```
        $daystr = "星期二";
    }else if($weekday==3){
        $daystr = "星期三";
    }else if($weekday==4){
        $daystr = "星期四";
    }else if($weekday==5){
        $daystr = "星期五";
    }else if($weekday==6){
        $daystr = "星期六";
    }else if($weekday==7){
        $daystr = "星期日";
    }
    //输出 daystr 变量值到浏览器中
    echo $daystr;
?>
```

2. 使用循环控制语句

循环控制语句通常用于需要多次执行同一段代码的情况，比如需要对一组数据进行遍历、处理和分析。在 PHP 语言中，提供了下列循环控制语句。

（1）while 语句：只要指定的条件成立，则循环执行代码块，语法格式如下。

```
while(条件)
{
    要执行的代码;
}
```

（2）do...while 语句：首先执行一次代码块，然后在指定的条件成立时重复这个循环，语法格式如下。

```
do
{
    要执行的代码;
}
while(条件);
```

（3）for 语句：循环执行代码块指定的次数，语法格式如下。

```
for(初始值;条件;增量)
{
    要执行的代码;
}
```

for 语句参数说明：

初始值：主要是初始化一个变量值，用于设置一个计数器（但可以是任何在循环的开始被执行一次的代码）。

条件：循环执行的限制条件。如果为 TRUE，则循环继续。如果为 FALSE，则循环结束。

增量：主要用于递增计数器（但可以是任何在循环的结束被执行的代码）。

注：上面的初始值和增量参数可为空，或者有多个表达式（用逗号分隔）。

循环控制语句可以通过跳过或终止循环来优化代码执行效率，同时也能够实现代码的复杂流程控制。PHP 中的 break 和 continue 语句都可以用来跳出循环，包括 while、do while、for 和 foreach 循环。其中 break 语句用于终止本次循环，continue 语句的作用是跳出本次循环，接着执行下一次循环。

下面分别使用 for 语句、while 语句和 do...while 语句实现 1 至 100 之间整数累加和的功能，实现代码如下。

```php
<?php
#定义迭代变量
$i = 1;
#定义一个累加和的变量
$sum=0;
#使用 while 循环实现 1-100 之间整数之和
while($i<=100){
    $sum+=$i;
    $i++;
}
echo "while 循环实现 1 加到 100 的值为:".$sum;
echo "<br>";

#定义迭代变量
$i = 1;
#定义一个累加和的变量
$sum=0;
#使用 do...while 循环实现 1-100 之间整数之和
do{
    $sum+=$i;
    $i++;
}while($i<=100);
echo "do...while 循环实现 1 加到 100 的值为:".$sum;
echo "<br>";

#定义一个累加和的变量
$sum=0;
#使用 for 循环实现 1-100 之间整数之和
for($i=1;$i<=100;$i++){
    $sum+=$i;
```

```
}
echo "for 循环实现 1 加到 100 的值为:".$sum;
echo "<br>";
?>
```

坚持不懈的力量是一种强大的动力,它能够激励我们克服困难、实现目标。在当今社会,无论是工作、学习还是创新,都需要坚持不懈的精神。循环语句正是将这种力量充分展现出来的工具。它给予我们机会重复执行特定的任务或操作,进而取得成果。然而,仅仅拥有循环还不足够,我们需要坚持不懈地推动循环的进行,就像日出东方,循环如同永不停歇的脚步,而坚持不懈则是持续驱动着这一脚步的动力。

下面通过一个例子来演示这个道理。假设一个人的能力值初始为 1,一年 365 天。当努力学习 1 天时,能力值相较于前一天提升 1%;当没有学习时,能力值相较于前一天退步 1%。每天的努力或放任,一年后的能力值相差是巨大的。使用 PHP 语言中 for 语句实现计算代码如下。

```
<html>
    <head>
        <meta charset="utf-8">
    </head>
    <body>
    <?php
    #每天进步或退步参数
    $dayfactor= 0.01;
    #第一天能力值基数
    $dayup= 1.0;
    #第一天能力值基数
    $daydown= 1.0;
    for($i=1;$i<=365;$i++){
        # 每天比前 1 天进步 1%
        $dayup *= 1 + $dayfactor;
        # 每天比前 1 天退步 1%
        $daydown *= 1 - $dayfactor;
    }
    #格式化输出字符串,%.2f 表示保留 2 位小数
    printf("按照一年 365 天计算,每天提升百分之一,一年后能力值为:%.2f",$dayup);
    printf("<br/>按照一年 365 天计算,每天退步百分之一,一年后能力值为: %.2f",$daydown);
    ?>
    </body>
</html>
```

运行 PHP 代码,浏览器输出结果如图 7-2-1 所示。

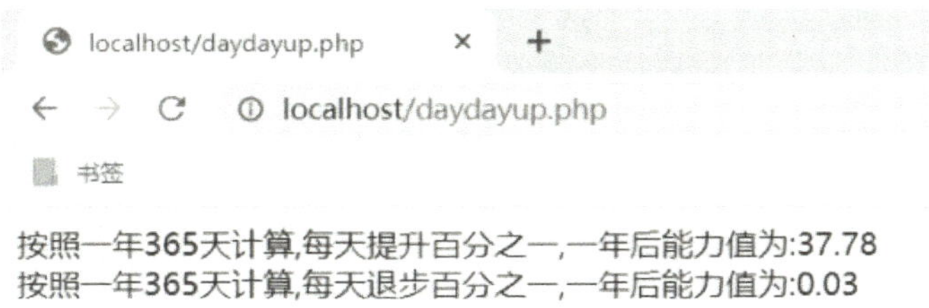

按照一年365天计算,每天提升百分之一,一年后能力值为:37.78
按照一年365天计算,每天退步百分之一,一年后能力值为:0.03

图 7-2-1　好好学习，天天向上计算结果图

通过以上程序运行结果可知，按照初始能力值为 1，每天比前一天提升或退步 1%的情况，一年后每天提升 1%的人能力将达到 37.78，而每天退步 1%的人，能力值只剩下了 0.03。这充分展现了坚持不懈的力量。因此，在学习循环语句时，让我们铭记坚持不懈的力量。无论面对何种挑战和困境，只要我们保持积极的心态，持之以恒地迈出每一步，我们就能够在循环的推动下创造属于自己的辉煌。坚持不懈的力量将引领我们走向成功的道路。

【任务评价】

在该任务的学习中，同学们有效地掌握了 PHP 编程的基础知识和常用技巧。他们主动寻找了合适教学资源，学习掌握了 PHP 编程语言的基本语法规则，包括变量、数据类型和运算符、PHP 函数的定义和调用，包括函数的参数传递和返回值等知识点。通过自行阅读教材或教学视频，他们理解了函数在程序中的作用和重要性，在实践中学习掌握了 PHP 条件控制语句和循环控制语句，并成功编写了一些简单的函数。看到同学们积极主动的学习态度和不怕困难积极探索的状态，王组长感到很满意，他决定尽可能全面地对大家此次工作内容进行评价。

信息检索能力	☆☆☆☆☆
逻辑思维能力	☆☆☆☆☆
代码分析能力	☆☆☆☆☆
解决问题能力	☆☆☆☆☆

任务三 操作 MySQL 数据库

【情景导入】

李小明团队成员在掌握了 PHP 语言使用方法后，想通过 PHP 语言方式来操作 MySQL 数据库，为后面的实现农产品销售管理系统做技术储备。在系统开发过程中，常用的数据库操作主要有对数据库表的新增、修改、删除和查询功能，那么 PHP 语言是怎样实现数据库表的新增、修改、删除和查询功能呢？

【任务分解】

为了李小明等人更有条理的学习和实践，将任务分解如下。
（1）学习 PHP 连接 MySQL 数据库操作；
（2）学习 PHP 对 MySQL 数据库表的新增、修改、删除和查询操作。

【任务目标】

（1）掌握 DW 创建数据库连接方法；
（2）掌握新增 MySQL 数据的方法；
（3）掌握修改 MySQL 数据的方法；
（4）掌握删除 MySQL 数据的方法；
（5）掌握查询 MySQL 数据的方法。

【任务实施】

步骤一　PHP 连接 MySQL 数据库。
过程 1：学生以分组方式，讨论 PHP 连接 MySQL 数据库的方法。
过程 2：理解 MySQL 连接参数的设置和连接方式的选择。
过程 3：使用手动写代码连接方式和使用 DW 可视化创建连接方式连接到数据库。
步骤二　PHP 对 MySQL 数据库表的新增、修改、删除和查询操作。
过程 1：学习新增 MySQL 数据的方法，包括构建 SQL 插入语句和执行插入操作。
过程 2：学习修改 MySQL 数据的方法，包括构建 SQL 更新语句和执行更新操作。
过程 3：学习删除 MySQL 数据的方法，包括构建 SQL 删除语句和执行删除操作。
过程 4：学习查询 MySQL 数据的方法，包括构建 SQL 查询语句和执行查询操作。
步骤三　总结评价。
过程 1：同学们对 PHP 语言操作 MySQL 数据库中出现的问题进行归纳和记录。
过程 2：教师对同学们操作过程中出现的问题进行总结。
过程 3：各小组展开自评和互评，并完成技能评价表。

表 7-3-1　技能评价表

序号	评价内容与目标	评价等级
1	掌握使用 DW 创建数据库连接的方法，能够成功连接 MySQL 数据库	A B C D
2	掌握使用 PHP 实现新增 MySQL 数据的方法，能够通过代码插入新数据到数据库表中	A B C D
3	掌握使用 PHP 实现修改 MySQL 数据的方法，能够通过代码更新数据库表中的数据	A B C D
4	掌握使用 PHP 实现删除 MySQL 数据的方法，能够通过代码删除数据库表中的数据	A B C D
5	掌握使用 PHP 实现查询 MySQL 数据的方法，能够通过代码查询数据库表中的数据	A B C D

【知识链接】

一、创建 MySQL 数据库连接

通过 PHP 操作 MySQL 数据库之前，必须先要创建与后台数据库的连接，有了数据库连接，才能对数据库进行访问操作。下面分别使用编写代码和可视化窗口两种方式来进行演示。

1. 以编程的方式创建数据库连接

在 DW 站点中创建数据库连接文件 connection.php 文件，打开文件，在文档工具栏上点击"代码"按钮，切换到代码视图，然后在页面的<body>元素之间编写 PHP 数据库连接代码，完成后的文件代码如下。

```
<!doctype html>
<html>
<head>
<meta charset="utf-8">
<title>PHP MySQL 测试文档</title>
</head>
<body>
<?php
#创建数据库连接,phpstudy 默认连接数据库用户名和密码为 root
$link = mysqli_connect("localhost","root","root")
        or die("无法连接到数据库".mysqli_error($link));
echo "成功连接到数据库!";
mysqli_select_db($link,"mysql")
        or die("未能选择数据库".mysqli_error($link));
echo "<p>已成功选择数据库!!";
```

```
    mysqli_close($link);
    ?>
    </body>
    </html>
```

在上述源代码中,"<?php"和"?>"是 PHP 定界符,位于两者之间的是 PHP 代码。在 PHP 代码中,mysqli_connect()函数用于打开一个到 MySOL 服务器的新连接,传入的 3 个参数分别指定服务器名称、用户名和密码;or 是逻辑或运算符,如果两个操作数至少有一个为 true,则运算结果为 true,如果第一个操作数为 true,则不再计算第二个操作数;die()函数输出一条由参数指定的消息并退出当前脚本;echo 语言结构用于输出一个或多个字符串;mysqli_error()函数返回最近一次 MySQL 操作产生的错误信息;英文句点"."表示字符串连接运算符;mysqli_select_db()函数用于更改连接的默认数据库;mysqli_close()函数关闭由指定连接标识所关联的 MySQL 服务器的连接。

完成代码编写后,按 F12 键,在浏览器中查看该页面的运行结果。

2. 在 DW 中创建数据库连接

在 DW 中可以使用"数据库"面板来创建 MySQL 数据库连接,该连接可以用在整个站点的所有 PHP 页面中。使用 DW 时必须事先创建一个 MySQL 数据库连接,才能通过可视化操作实现数据库访问功能。具体操作方法如下。

(1)在 DW 中打开一个 PHP 页面。

(2)在"窗口"菜单中选择"数据库"命令,以打开"数据库"面板。

(3)在"数据库"面板上单击加号按钮,然后从弹出菜单中选择"MySQL 连接"命令,如图 7-3-1 所示。

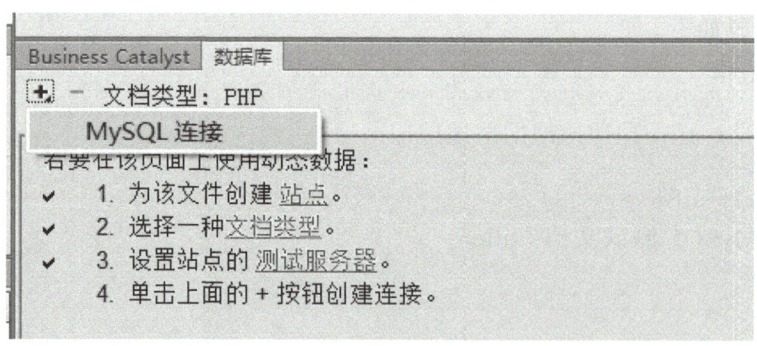

图 7-3- 1 创建数据库连接

(4)在"MySQL 连接"对话框中,通过设置以下选项为当前 PHP 动态站点创建数据库连接,如图 7-3-2 所示。设置此对话框之前,应确保已启动 MySQL 服务器。设置数据库连接方法如下。

输入新连接的名称,例如 pd。不要在该名称中使用任何空格或特殊字符。

在"MySQL 服务器"框中,指定承载 MySQL 服务器的计算机,可以输入 IP 地址或服务器名称。如果 MySQL 与 PHP 运行在同一台计算机上,则可输入 localhost。

输入 MySQL 用户名和密码。

在"数据库"框中输入要连接的数据库名称，或者单击"选取"按钮，然后从 MySQL 数据库列表中选择要连接的数据库，如"农产品销售管理数据库"。

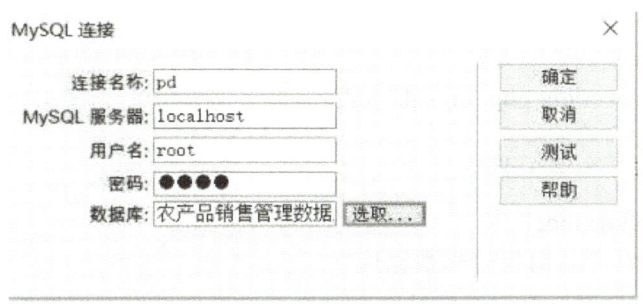

图 7-3-2　数据库连接配置

（5）单击"测试"按钮。此时 DW 尝试连接到数据库，如果连接成功，则会显示"成功创建连接脚本"，如图 7-3-3 所示。如果连接失败，请检查服务器名称、用户名和密码。如果连接仍然失败，请检查 DW 中处理 PHP 动态网页的文件夹设置。

图 7-3-3　测试数据库连接

（6）单击"确定"按钮，此时新连接便出现在"数据库"面板上，如图 7-3-4 所示。这个数据库连接可以在当前站点的所有 PHP 页面中使用。

从"文件"面板可以看出，当成功创建数据库连接时，将会在站点根目录下创建了一个名为 Connections 的文件夹，在该文件夹中生成了一个 PHP 文件，文件名与连接名称相同，如图 7-3-5 所示。

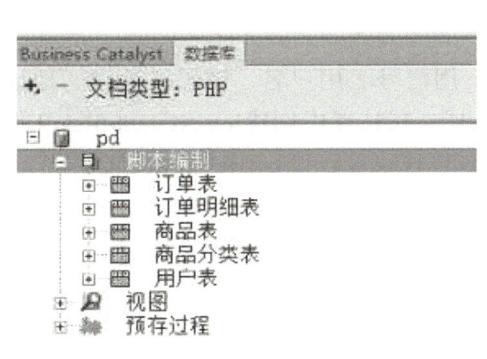

图 7-3-4　控制面板数据库连接

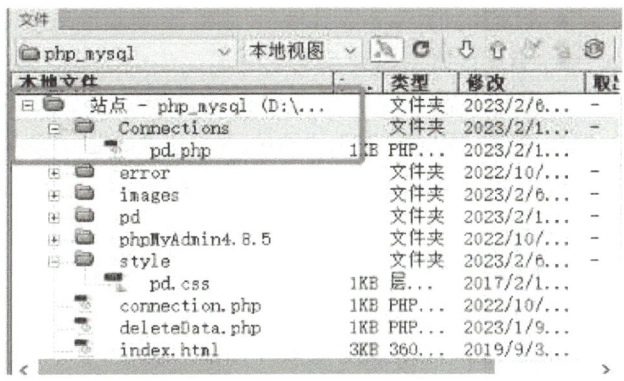

图 7-3-5　数据库连接生成文件

Connections 文件夹中的 PHP 文件即数据库连接文件。在此文件中，首先使用 4 个变量保存数据库连接参数，包括 MySQL 服务器名称、要连接的数据库名称、用户名及密码，然后通过调用 mysql_pconnect()函数创建一个持久连接。自动生成的数据库连接代码如下。

```php
<?php
# FileName="Connection_php_mysql.htm"
# Type="MYSQL"
# HTTP="true"
$hostname_pd = "localhost";
$database_pd = "农产品销售管理数据库";
$username_pd = "root";
$password_pd = "root";
$pd = mysql_pconnect($hostname_pd,$username_pd,$password_pd)or trigger_error(mysql_error(),E_USER_ERROR);
?>
```

在数据库连接文件中，通过调用 trigger_error()函数生成一个用户级别的错误、警告或通告信息。该函数的语法如下。

bool trigger_error(string $error_msg[,int $error_type])

其中，error_msg 参数指定该错误的文本信息，限制在 1024 个字符以内。error_type 参数指定该错误的类型，其取值只能是以下 E_USER 系列常量。

- E_USER_ERROR：报告用户触发的错误。
- E_USER_NOTICE：报告用户触发的通告。
- E_USER_WARNING：报告用户触发的警告。

使用 PHP 操作 MySQL 数据库

二、新增 MySQL 数据

在创建完数据库连接后，可以使用 PHP 代码执行 SQL 语句来操作维护数据库和操作数据表内容，以下是在 PHP 代码中使用 SQL 时的一些语法规则：

- PHP 中 SQL 语句必须使用引号；
- 在 SQL 语句中的字符串值必须加引号；
- 数值的值不需要引号；
- NULL 值不需要引号；

在本任务前，已经创建了"用户表"，表字段有：用户号、用户名、密码、性别、地址、邮箱和电话。现在，使用 PHP 语言方式向表中新增数据。在站点中创建 insertData.php 文件，在文件中实现新增记录功能代码如下。

```html
<html>
<head>
<meta charset="utf-8">
<title>新增 MySQL 数据</title>
</head>
<body>
```

```php
<?php
#连接数据库域名或者IP地址
$servername = "localhost";
#连接MySQL数据库用户名
$username = "root";
#连接MySQL数据库密码
$password = "root";
#连接MySQL数据库名
$dbname = "农产品销售管理数据库";
// 创建连接
$conn = mysqli_connect($servername,$username,$password,$dbname);
// 检测连接
if(!$conn) {
    die("Connection failed:" . mysqli_connect_error());
}
#创建插入数据的sql语句
$sql = "INSERT INTO `农产品销售管理数据库`.`用户表`(`用户号`,`用户名`,`密码`,`性别`,`地址`,`邮箱`,`电话`)VALUES('u0100','李涛','123456','女','贵州省清镇市','litao@163.com','15348531813');";
#执行插入语句
if(mysqli_query($conn,$sql)) {
    echo "新记录插入成功";
} else {
    echo "Error:" . $sql . "<br>" . mysqli_error($conn);
}
mysqli_close($conn);
?>
</body>
</html>
```

创建完成后,通过浏览器访问该页面,查看执行结果。

三、更新MySQL数据

UPDATE语句用于更新数据库表中已存在的记录。更新数据语法结构如下。

UPDATE table_name SET column1=value,column2=value2,... WHERE some_column=some_value

请注意UPDATE语法中的WHERE子句。WHERE子句规定了哪些记录需要更新。如果想省去WHERE子句,所有的记录都会被更新!

创建updateData.php文件,实现用户号为"u0100"的用户的电话修改为"15712169434",请确保保存在该记录后再更新。代码如下。

```
<!doctype html>
```

```php
<html>
<head>
<meta charset="utf-8">
<title>更新 MySQL 数据</title>
</head>
<body>
<?php
#连接数据库域名或者 IP 地址
$servername = "localhost";
#连接 MySQL 数据库用户名
$username = "root";
#连接 MySQL 数据库密码
$password = "root";
#连接 MySQL 数据库名
$dbname = "农产品销售管理数据库";
  //创建连接
$conn = mysqli_connect($servername,$username,$password,$dbname);
//检测数据库连接
if(!$conn) {
    die("连接失败:" . mysqli_connect_error());
}
#创建更新数据的 sql 语句
$sql = "UPDATE 用户表 SET 电话='15712169434' WHERE 用户号='u0100';";
#执行更新语句
if(mysqli_query($conn,$sql)) {
    echo "更新记录成功";
} else {
    echo "Error:" . $sql . "<br>" . mysqli_error($conn);
}
mysqli_close($conn);
?>
</body>
</html>
```

创建完成代码后,在浏览器中访问该页面,验证修改后的数据是否正确。

四、查询 MySQL 数据

SELECT 语句用于从数据表中读取数据,以下将从"农产品销售管理数据库"的"用户表"读取用户号、用户名和密码列的数据并显示在页面上。在站点中创建 queryData.php 页面,在页面中创建数据表操作后,运行访问该页面验证数据是否正确,具体代码如下。

```php
<!doctype html>
<html>
<head>
<meta charset="utf-8">
<title>查询 MySQL 数据</title>
</head>
<body>
<?php
#连接数据库域名或者 IP 地址
$servername = "localhost";
#连接 MySQL 数据库用户名
$username = "root";
#连接 MySQL 数据库密码
$password = "root";
#连接 MySQL 数据库名
$dbname = "农产品销售管理数据库";

// 创建连接
$conn = mysqli_connect($servername,$username,$password,$dbname);
// 检测数据库连接
if(!$conn) {
      die("连接失败:" . mysqli_connect_error());
}
#创建查询语句
$sql = "SELECT 用户号,用户名,密码 FROM 用户表;";
#执行查询语句,把结果赋值给$result
$result = mysqli_query($conn,$sql);
#如果有记录,则使用 while 循环的方式输出结果
if(mysqli_num_rows($result) > 0) {
    //输出数据
    while($row = mysqli_fetch_assoc($result)) {
          echo "用户号:" . $row["用户号"]. ",用户名:" . $row["用户名"]. ",密码:" . $row["密码"]. "<br>";
    }
} else {
    echo "查询无结果";
}
mysqli_close($conn);
?>
```

```
</body>
</html>
```

五、删除 MySQL 数据

DELETE FROM 语句用于从数据库表中删除记录。删除语句语法如下。

DELETE FROM table_name WHERE some_column = some_value

请注意 DELETE 语法中的 WHERE 子句。WHERE 子句规定了哪些记录需要删除。如果去 WHERE 子句，所有的记录都会被删除！

创建删除数据文件 deleteData.php，在文件中实现删除用户号为"u0100"的用户，代码如下。

```
<!doctype html>
<html>
<head>
<meta charset="utf-8">
<title>删除 MySQL 数据</title>
</head>
<body>
<?php
#连接数据库域名或者 IP 地址
$servername = "localhost";
#连接 MySQL 数据库用户名
$username = "root";
#连接 MySQL 数据库密码
$password = "root";
#连接 MySQL 数据库名
$dbname = "农产品销售管理数据库";

//创建连接
$conn = mysqli_connect($servername,$username,$password,$dbname);
//检测数据库连接
if(!$conn) {
    die("连接失败:" . mysqli_connect_error());
}
#创建删除数据的 sql 语句
$sql = "DELETE FROM 用户表 WHERE 用户号='u0100';";
#执行删除语句
if(mysqli_query($conn,$sql)) {
    echo "删除记录成功";
} else {
```

```
        echo "错误:" . $sql ."<br>" . mysqli_error($conn);
    }
    mysqli_close($conn);
    ?>
    </body>
    </html>
```

完成代码编写后，在浏览器中访问该页面，如果提示删除成功后，在数据库中可以使用查询语句验证数据是否删除。

通过 PHP 操作 MySQL 可以完成数据库数据的新增、修改、删除和查询功能。因此在系统开发和数据库开发过程中，确保数据的安全保护至关重要。

为了规范数据处理活动，保障数据安全，促进数据开发利用，保护个人、组织的合法权益，维护国家主权、安全和发展利益，2021 年 6 月 10 日第十三届全国人民代表大会常务委员会第二十九次会议通过了《中华人民共和国数据安全法》。本法指出：国家保护个人、组织与数据有关的权益，鼓励数据依法合理有效利用，保障数据依法有序自由流动，促进以数据为关键要素的数字经济发展。开展数据处理活动，应当遵守法律、法规，尊重社会公德和伦理，遵守商业道德和职业道德，诚实守信，履行数据安全保护义务，承担社会责任，不得危害国家安全、公共利益，不得损害个人、组织的合法权益。

因此我们要具备数据安全意识，在合法合规的前提下进行数据操作和管理。

【任务评价】

本次任务，经过努力实践，大部分同学已经能够熟练地编写 SQL 语句和使用 PHP 连接 MySQL 数据库，实现通过网页成功访问数据库的功能。通过实践操作，同学们掌握了 MySQL 数据库操作和使用 PHP 语言实现对数据库的增删改查操作，王组长在评价大家完成情况时，可以综合考虑同学们的基础知识、实践能力和自主学习能力等因素，并给予适当的指导和帮助，以促进全面发展。

团队沟通能力　　☆☆☆☆☆
数据管理能力　　☆☆☆☆☆
代码分析能力　　☆☆☆☆☆
解决问题能力　　☆☆☆☆☆

【项目总结】

在本次项目中，王组长带领的李小明团队成员通过掌握数据库操作相关知识，意识到仅掌握数据库技术不足以完成一个系统的开发工作。为了实现农产品销售管理系统的开发，他们决定选择一门学习简单、能快速构建系统的开发语言，并最终选择了 PHP 动态开发语言。

团队成员在王组长的指导下，制定了一周的学习计划，旨在掌握 PHP 基础知识和 MySQL 数据库操作方法。为了提高学习效果，他们按照搭建 PHP 开发环境、学习 PHP 基本语法、函数、流程控制语句、PHP 操作 MySQL 的顺序进行学习。

通过本次项目的学习，团队成员为后续农产品销售管理系统的实现提供了良好的技术支持。他们成功安装了 PHP+MySQL 环境集成软件，掌握了 PHP 小程序的开发，以及操作 MySQL 数据库的方法。

在接下来的工作中，团队成员将运用所学知识，进一步完善农产品销售管理系统的功能，为农产品销售提供更加高效、便捷的管理手段。同时，通过本次项目的经验，他们也积累了在其他项目中快速学习和掌握新技术的方法和经验，为团队的成长和发展打下了坚实的基础。

【思考与练习】

一、单选题

1. PHP 定义变量正确的是（　　　）。
   A. var a = 5　　　　　　　　　　B. $a = 10
   C. int b = 6　　　　　　　　　　D. var $a = 12
2. PHP 指的是（　　　）
   A. Preprocessed Hypertext Page　　B. Hypertext Markup Language
   C. PHP：Hypertext Preprocessor　　D. Hypertext Transfer Protocol
3. 使用 PHP 创建注释的方法下面正确的是（　　　）
   A. // 注释写在这里　　　　　　　B. /* 注释写在这里 */
   C. # 注释写在这里　　　　　　　D. 以上全部正确
4. 使用 PHP 输出"hello world"的代码是（　　　）
   A. "Hello World"　　　　　　　　B. echo "Hello World"
   C. Document.Write（"Hello World"）　D. System.out.print（"Hello World"）

二、判断题（对的打√，错的打×）

1. 当使用 POST 方法时，变量显示在 URL 中。（　　　）
2. PHP 中布尔类型数据只有两个值：true 和 false。（　　　）
3. PHP 中连接两个字符串的符号是"+"。（　　　）
4. MySQL 数据库中查询数据用 SELECT 语句。（　　　）
5. while 和 do-while 语句都是先判断条件再执行循环体。（　　　）
6. continue 语句则是中断循环过程，不再判断执行循环的条件是否成立。（　　　）
7. PHP 变量名必须以字母或下划线"_"开头，不可以用数字开头。（　　　）

三、填空题

1. Apache 的 http 服务程序使用的是_____端口。
2. 在 PHP 中，_____函数能将数组转化为字符串。
3. PHP 标识符允许包含字母、下划线字符和_____。
4. 从循环体内跳出循环外，即结束循环的语句是_____。

四、实操题

根据教务系统数据库中的学生表，把表中的数据填充到数据库中，使用 PHP 代码方式完成以下操作。

1. 创建一个数据库连接，连接到"数据库教务系统"；
2. 新增一条学号为"00011"的学生信息记录；
3. 把学号为"00010"的学生从数据库中删除掉；
4. 把学号为"00007"的学生手机号修改为"15348531756"；
5. 查询学生表中性别为"女"的所有学生并显示到页面上。

项目八
数字管理——农产品销售管理系统实现

项目综述

农产品销售管理系统是一款基于 PHP 语言开发的系统,该系统由商品管理、用户管理、订单管理模块构成。

李小明等团队成员在学习了 MySQL 数据库和 PHP 操作 MySQL 数据库之后,需要使用所学知识完成农产品销售管理系统的开发。他们将从系统功能需求分析着手,完成系统总体设计、功能模块划分、数据库设计等工作。完成系统设计后,开始设计制作系统页面所需要的页面。最后通过 DW 可视化操作方式完成系统功能模块开发。

项目任务

任务一　分析系统功能
任务二　实现用户管理模块
任务三　实现农产品管理模块
任务四　实现订单管理模块

素养目标

(1) 培养管理意识;
(2) 引导学生懂得"实践出真知"的道理;
(3) 培养精益求精的工匠精神。

思维导图

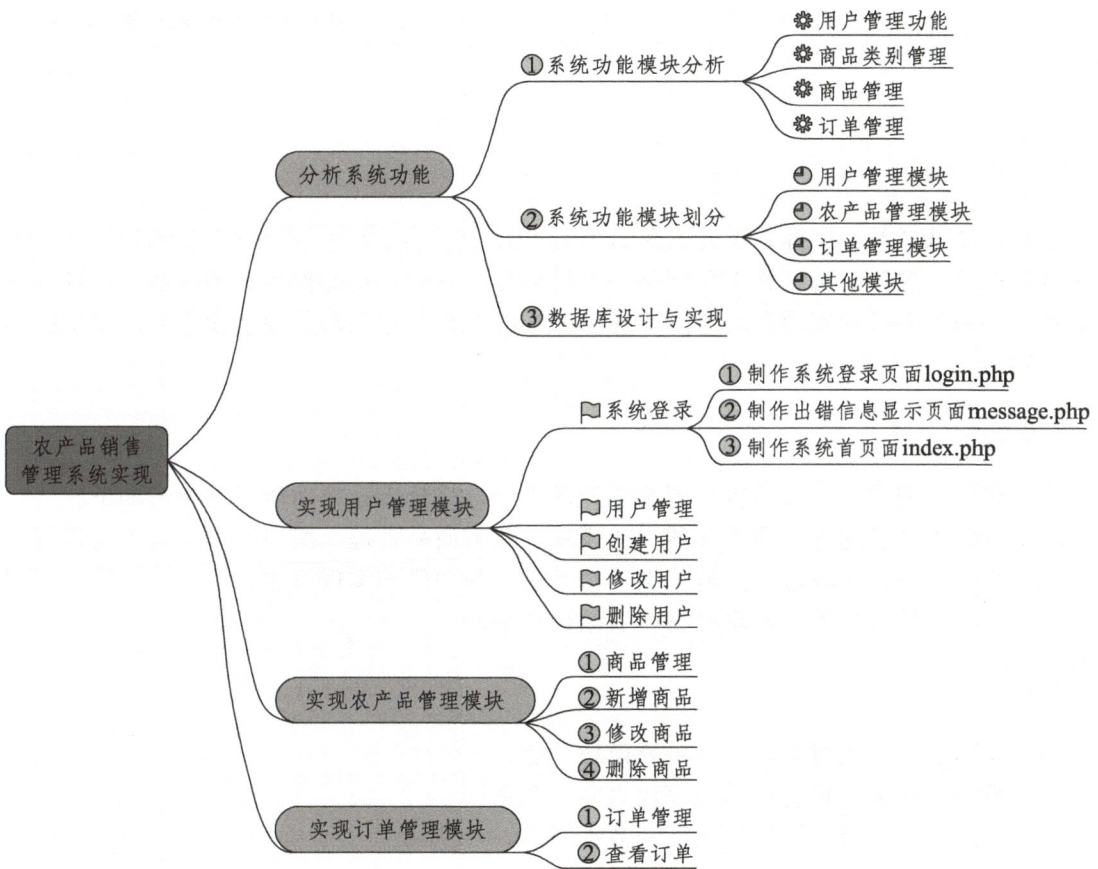

任务一 分析系统功能

【情景导入】

李小明团队成员已掌握系统开发所需要的 PHP 技术点，着手进行农产品销售管理系统的代码开发工作。农产品销售管理系统是一个什么样的系统？功能模块包括哪些？不同模块之间有什么关系？系统的实现需要数据库提供怎样的支撑？这些都是他们接下来需要掌握和了解的内容。

【任务分解】

为了更好地完成农产品销售管理系统开发工作，将分析系统功能任务分解如下。
（1）确定农产品销售管理系统的功能模块，包括商品管理、用户管理、订单管理等；
（2）将系统功能模块进行分解，确定每个模块的功能和实现方法；
（3）设计系统数据库，确定数据库表结构和字段。

【任务目标】

（1）了解农产品销售管理系统主要模块功能；
（2）理解农产品销售管理系统模块之间的关系；
（3）学会设计系统所需要的页面和数据库。

【任务实施】

步骤一　确定农产品销售管理系统的功能模块。

同学们以小组方式，仔细分析农产品销售管理系统的需求，确定系统需要具备哪些功能模块。

步骤二　确定每个模块的功能和实现方法。

组员对每个功能模块进行详细分解，确定每个功能模块需要完成的具体功能和实现方法。

步骤三　设计系统数据库，确定数据库表结构和字段。

组员根据系统功能模块的需求，设计系统所需的数据库结构。确定每个功能模块对应的数据库表，以及每个表需要包含的字段。

步骤四　成果展示。

过程 1：同学们对农产品销售管理系统功能分析中出现的问题进行归纳和记录。
过程 2：同学们以小组方式展示系统设计结果和数据库表字段信息。
过程 3：教师讲解任务并点评各小组成果。
过程 4：各小组展开自评和互评，并完成技能评价表。

表 8-1-1　技能评价表

序号	评价内容与目标	评价等级
1	通过分析系统功能，能够了解农产品销售管理系统的主要功能模块	A B C D
2	能够理解农产品销售管理系统各个模块之间的关系，包括数据的交互和流动	A B C D
3	能够学会设计系统所需要的页面和数据库，包括页面布局、表单设计以及数据库表结构和字段设计	A B C D

【知识链接】

一、系统功能模块分析

农产品销售管理系统是一款面向农产品销售企业开发的信息化系统，旨在解决传统农产品销售方式中存在的一系列问题，如信息不透明、交易成本高等。该系统利用现代信息技术，实现了从农产品生产、销售，再到物流配送的全程信息化管理，为企业提供了更加高效、便捷、安全的销售服务。

该系统主要包括以下模块：

（1）用户管理：实现用户列表查询、用户新增、更新和删除操作。
（2）商品类别管理：实现商品类别的列表查询、新增、更新和删除操作。
（3）商品管理：实现商品列表查询、新增、更新和删除操作。
（4）订单管理：实现订单列表查询和订单明细情况查询。

二、系统功能模块划分

农产品销售管理系统按照功能可以划分为用户管理、农产品管理模块、订单管理模块和其他模块，每个模块各由若干个页面组成。各个模块包含的主要页面及其文件名对应关系如表 8-1-2 所示。

表 8-1-2　系统功能模块划分

模　块	页　面	文　件　名
用户管理模块	系统登录页面	login.php
	用户管理页面	userlist.php
	创建用户页面	createuser.php
	修改用户页面	updateuser.php
	删除用户页面	deleteuser.php
农产品管理模块	商品管理页面	goodslist.php
	新增商品页面	creategoods.php
	更新商品页面	updategoods.php
	删除商品页面	deletegoods.php

续表

模块	页面	文件名
订单管理模块	订单管理页面	orderlist.php
	订单详情页面	orderDetail.php
其他	系统首页	index.php
	系统信息提示页面	message.php
	系统样式文件	pd.css
	农产品销售管理系统logo	logo.png

三、数据库设计与实现

在农产品销售管理系统中,需要用到的表有用户表、商品表、商品分类表、订单表和订单明细表。为了提升商品管理模块开发效率,创建了一个商品表视图。系统需要的表、表之间的约束关系和视图创建语句如下。

```
CREATE TABLE `商品分类表`(
    `分类号` char(10)   NOT NULL,
    `分类名称` varchar(20)   DEFAULT NULL,
    PRIMARY KEY(`分类号`)   USING BTREE
)ENGINE=InnoDB DEFAULT CHARSET=utf8mb4 ROW_FORMAT=DYNAMIC;
CREATE TABLE `商品表`(
    `商品号` char(10)   NOT NULL,
    `分类号` char(10)   NOT NULL,
    `商品名` varchar(30)   DEFAULT NULL,
    `进货价` decimal(10,2)   DEFAULT NULL,
    `销售价` decimal(10,2)   DEFAULT NULL,
    `库存` int(11)   NOT NULL,
    `单位` char(10)   NOT NULL,
    `商品描述` text,
    PRIMARY KEY(`商品号`)   USING BTREE,
    KEY `catid`(`分类号`)   USING BTREE,
    CONSTRAINT `商品表_ibfk_1` FOREIGN KEY(`分类号`)REFERENCES `商品分类表`(`分类号`)
)ENGINE=InnoDB DEFAULT CHARSET=utf8mb4 ROW_FORMAT=DYNAMIC;
CREATE TABLE `用户表`(
    `用户号` char(6)   NOT NULL,
    `用户名` varchar(10)   NOT NULL,
    `密码` varchar(20)   NOT NULL,
    `性别` char(2)   NOT NULL,
    `地址` varchar(40)   DEFAULT NULL,
```

`邮箱` varchar(20)　　DEFAULT NULL,
　　`电话` varchar(11)　　NOT NULL,
　　PRIMARY KEY(`用户号`)　　USING BTREE
)ENGINE=InnoDB DEFAULT CHARSET=utf8mb4 ROW_FORMAT=DYNAMIC;
　　CREATE TABLE `订单明细表`(
　　`订单号` int(11)　　NOT NULL,
　　`商品号` char(10)　　NOT NULL,
　　`数量` int(11)　　NOT NULL,
　　`单价` decimal(10,2)　　NOT NULL,
　　PRIMARY KEY(`订单号`,`商品号`)　　USING BTREE,
　　KEY `itemid`(`商品号`)　　USING BTREE,
　　CONSTRAINT　`订单明细表_ibfk_1`　FOREIGN KEY(`商品号`)　　REFERENCES `商品表`(`商品号`)　　ON DELETE CASCADE ON UPDATE CASCADE,
　　CONSTRAINT　`订单明细表_ibfk_2`　FOREIGN KEY(`订单号`)　　REFERENCES `订单表`(`订单号`)　　ON DELETE CASCADE
)ENGINE=InnoDB DEFAULT CHARSET=utf8mb4 ROW_FORMAT=DYNAMIC;
　　CREATE TABLE `订单表`(
　　`订单号` int(11)　　NOT NULL AUTO_INCREMENT,
　　`用户号` char(6)　　NOT NULL,
　　`订单日期` datetime NOT NULL,
　　`订单总价` decimal(10,2)　　DEFAULT NULL,
　　`订单状态` tinyint(1)　　DEFAULT NULL COMMENT'0:待付款;1:待发货;2:待支付;3:交易成功',
　　PRIMARY KEY(`订单号`)　　USING BTREE,
　　KEY `userid`(`用户号`)U　SING BTREE,
　　CONSTRAINT　`订单表_ibfk_1`　FOREIGN KEY(`用户号`)　　REFERENCES `用户表`(`用户号`)
　　)ENGINE=InnoDB AUTO_INCREMENT=20230437 DEFAULT CHARSET=utf8mb4 ROW_FORMAT=DYNAMIC;
　　CREATE　ALGORITHM=UNDEFINED　DEFINER=`root`@`localhost`　SQL　SECURITY DEFINER VIEW `商品表视图` AS select `s`.`商品号` AS `商品号`,`s`.`分类号` AS `分类号`,`s`.`商品名` AS `商品名`,`s`.`商品描述` AS `商品描述`,`s`.`进货价` AS `进货价`,`s`.`销售价` AS `销售价`,`s`.`库存` AS `库存`,`f`.`分类名称` AS `分类名称` from(`商品表` `s` left join `商品分类表` `f` on((`s`.`分类号` = `f`.`分类号`)));

【任务评价】

　　本任务，同学们仔细分析农产品销售管理系统的需求，明确系统需要具备哪些功能模块，确定每个模块需要完成的具体功能和实现方法。同时，根据系统功能模块的需求，设计系统所需的数据库结构，明确每个表需要包含的字段。这表明大家掌握了系统分析和设计的基本方法和技能，能够有效地将需求转化为可实现的系统。看着同学们在台上展示自己的学习操作成果，王组长非常高兴，他要综合地对大家此次工作内容进行评价。

系统分析能力　　　☆☆☆☆☆
数据库设计能力　　☆☆☆☆☆
产品设计能力　　　☆☆☆☆☆
解决问题能力　　　☆☆☆☆☆

任务二 实现用户管理模块

【情景导入】

李小明团队成员已经完成了对农产品销售管理系统的系统模块分析和数据库设计，接下来需要完成系统代码开发工作。系统必须由登录入口验证后才能正常操作，因此，他们需要创建一个登录入口，实现系统的登录逻辑。完成用户管理相关的页面和 PHP 代码功能开发，实现用户的增、删、改、查等操作。

管理不论对于数据库，还是我们的工作生活都有重要的意义。数据库如果缺少管理，将混乱不堪，漏洞百出，不能使用；我们的工作生活如果缺少管理，那么也将没有目标，不知方向。很多人由于缺乏管理意识，从而在职业与生活中经常处于不利的境地。

在工作中缺少职业管理，会造成随意挑选工作和跳槽，甚至是挑选到不合适自己的工作，步入错误的行业领域，让自己的职场之路充满变化和坎坷；在生活中缺少人生管理，那么人生就没有明确的方向，更没有进步。所以只有做好人生管理，确定人生目标，才能知道下一步要做什么，才有前进的方向和动力。

同样的，我们在学习数据库管理时，也需要对使用用户进行管理，明确各个用户的权限，才能保证使用的顺畅与数据库的安全。

【任务分解】

根据业务需求和功能模块分析，将任务分解如下。
（1）实现用户登录功能，包括登录表单的设计、输入验证、用户信息验证等。
（2）实现用户管理功能，包括用户列表查询、新增、删除、修改用户信息等。

【任务目标】

（1）掌握 PHP 实现网站登录的方法；
（2）掌握 PHP 实现用户新增、删除、修改和列表查询的方法。

【任务实施】

步骤一　实现用户登录功能。
过程 1：设计登录表单，创建一个 HTML 表单，包含用户名和密码输入框以及登录按钮。
过程 2：输入验证，使用 JavaScript 或 PHP 对用户输入进行验证，确保输入的合法性，如不为空、长度符合规定等。
过程 3：用户信息验证，在后台使用 PHP 代码，通过查询数据库验证用户输入的用户名和密码是否正确。若正确，则跳转到系统主页；否则返回错误提示并要求重新输入。

步骤二　实现用户管理功能。

过程 1：用户列表查询，在系统主页中，创建一个用户列表页面，通过查询数据库获取所有用户的信息，并以表格形式展示出来。

过程 2：用户新增，提供一个表单，包含输入用户信息的各个字段，通过提交表单将新用户的信息插入到数据库中。

过程 3：用户删除，为每个用户在用户列表中提供一个删除按钮，点击后弹出确认对话框，确认删除后将该用户从数据库中删除。

过程 4：用户修改，为每个用户在用户列表中提供一个修改按钮，点击后跳转到用户信息编辑页面，用户可以修改需要修改的信息，保存后更新数据库中的用户信息。

步骤三　展示成果。

过程 1：各小组派成员代表上台展示系统开发后的成果。

过程 2：教师点评各小组成果。

过程 3：各小组展开自评和互评，并完成技能评价表。

表 8-2-1　技能评价表

序号	评价内容与目标	评价等级
1	掌握 PHP 实现网站登录的方法：通过完成用户登录功能，学会使用 PHP 编写登录验证逻辑，了解用户输入验证和安全性控制	A B C D
2	掌握 PHP 实现用户新增、删除、修改和列表查询的方法，使用 PHP 对数据库进行增删改查操作，掌握基本的数据库管理方法	A B C D

【知识链接】

一、系统登录

系统管理员在操作系统功能时，必须经过系统登录页面 login.php，验证用户名和密码，登录页面如图 8-2-1 所示。如果提交的用户名和密码与存储在数据库中的信息匹配，则登录成功，将跳转到系统首页 index.php，系统首页如图 8-2-2 所示。如果提交的用户名或者密码错误，则登录失败，将被重定向到出错信息页面 message.php，如图 8-2-3 所示。

图 8-2-1　系统登录界面

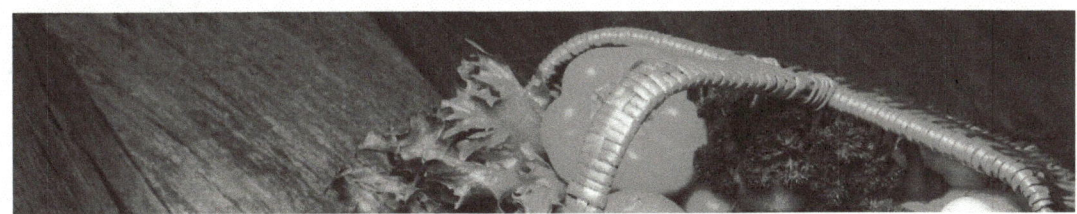

图 8-2-2　系统首页

图 8-2-3　用户验证失败页面

1. 制作系统登录页面 login.php

系统登录页面 login.php 的主要功能是对输入的用户名和密码进行检查，即以用户名和密码作为筛选条件从用户表中查询记录，如果所得到的记录集不为空，则将用户信息保存到会话变量中，然后跳转至系统首页，否则转向登录失败页面。在 DW 中制作登录页面时，首先制作一个用于输入用户名和密码的登录表单，然后使用"登录用户"服务器行为来实现账户信息验证功能。设计步骤如下。

系统登录

（1）在 PHP 站点中创建一个名为 pd 的文件夹，在该文件夹中创建一个 PHP 页面并保存为 login.php；在站点中创建一个 images 文件夹，用于存放系统需要的图片文件。在站点中创建一个 style 文件夹，用于存放样式文件，在 style 文件夹中创建 CSS 样式表文件 pd.css，用于定义整个网站使用 CSS 样式，pd.css 源码请参考右侧二维码视频。

（2）创建导航条。在登录页面中链接到样式表 pd.css；添加一个 nav 元素，在该 nav 元素中插入一个一行两列表格，在该表格的两列中分别插入农产品销售管理系统 logo 图像和当前系统日期（用 PHP 代码实现）；在表格下方插入一个"<p>"标签以文字方式显示当前位置。nav 元素代码如下。

```
<nav>
    <table>
        <tr>
            <td><img src="../images/logo.png"
                width="185" height="29">
</td>
            <td>
```

```
                <?php echo date("Y 年 n 月 j 日");?>
            </td>
        </tr>
    </table>
    <p>
        当前位置:<span id="current">系统登录</span>
    </p>
</nav>
```

（3）创建登录表单。在导航条下插入表单 form1，在该表单中插入一个表格，利用该表格来分布一些表单控件。这些表单控件包括：用于输入用户名的文本框 username；用于输入密码的密码框 password；提交按钮 submit 和重置按钮 reset；系统登录页面的最终布局效果如图 8-2-4 所示。

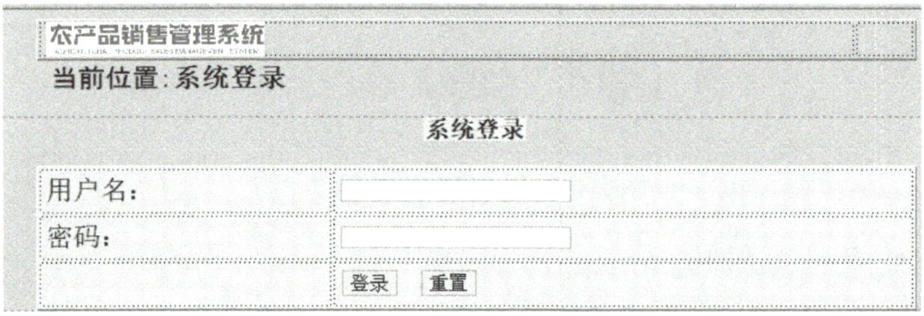

图 8-2-4 登录页面表单

登录表单代码如下所示：

```
<form name="form1" method="POST" >
<h1>系统登录</h1>
  <table>
    <tr>
        <td><label for="username">用户名:</label></td>
        <td>
        <input type="text" name="username" id="username" required autofocus placeholder="输入用户名"></td>
    </tr>
    <tr>
        <td><label for="password">密码:</label></td>
        <td><input type="password" name="password" id="password" required placeholder="输入密码"></td>
    </tr>
    <tr>
        <td> </td><td><input type="submit" name="login" id="login" value="登录">
         
```

```
            <input type="reset" name="reset" id="reset" value="重置">
          </td>
        </tr>
     </table>
  </form>
```

（4）在数据库面板中创建一个 MySQL 数据库连接，连接名为"pd"，连接到"农产品销售管理数据库"。创建方式参考"项目七：管理系统开发预备技术→任务 3：创建 MySQL 数据库连接"。

（5）添加"登录用户"服务器行为。打开登录页面，在 DW 菜单中，选择"插入"→"数据对象"→"用户身份验证"→"登录用户"，在"登录用户"窗口中进行对应的设置，完成设置后窗口如图 8-2-5 所示。现对窗口中的字段信息说明如下。

设置访问者在输入登录信息时所使用的表单为 form1，而且用户名和密码分别来自表单控件 username 和 password。

设置使用 MySQL 连接 pd 来验证用户信息；指定包含所有注册用户的数据库表为"用户表"，而且用户名和密码字段分别来自该表的"用户名"和"密码"字段。

设置在登录成功时跳转到系统首页 index.php。

勾选"转到前一个 URL（如果它存在）"复选框。

设置在登录失败时所打开的页面为 message.php，并且向该页传递一个 URL 参数，参数的名称为 errno，参数的值为 2。

根据用户名、密码来授予对页面的访问权，基于以下项限制访问选择"用户名和密码"。

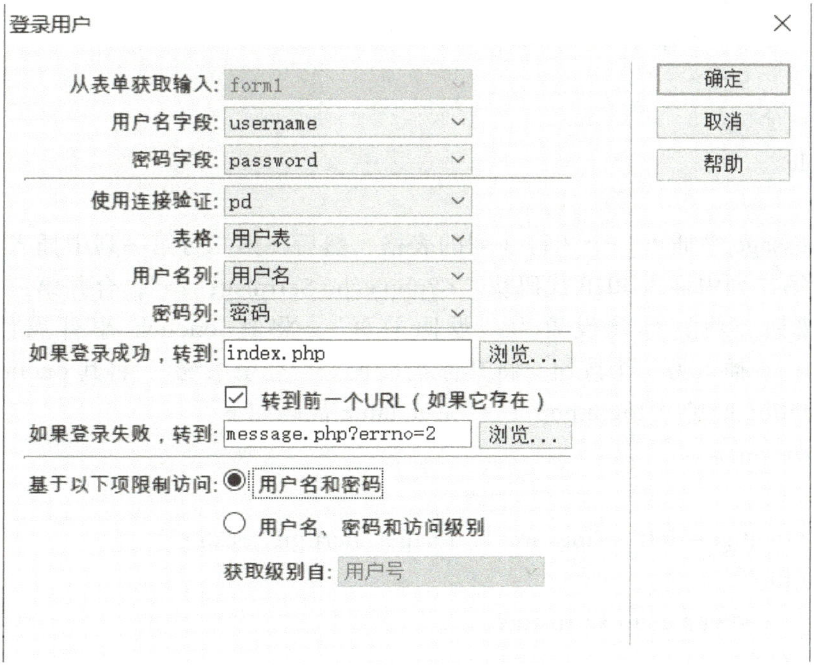

图 8-2-5　登录用户行为设置

（6）完成以上设置后，单击"确定"按钮，DW 自动生成的代码默认在页面顶部，需要把 DW 自动生成的 PHP 代码移动到 body 元素中。检查生成的查询用户表的 SQL 语句，如果 WHERE 语句中的用户名和密码条件没有加引号的话，给两个字段加上引号，示例代码如下。

```
sprintf("SELECT `用户名`,`密码` FROM `用户表` WHERE `用户名`='%s' AND `密码`='%s'",
        GetSQLValueString($loginUsername,"-1"),GetSQLValueString($password,"-1")
```

（7）访问登录页面，对登录逻辑进行测试，检测是否能正常跳转。

2. 制作出错信息显示页面 message.php

如果提交的用户名和密码与存储在数据库中的信息不匹配，则登录失败，将被重定向到出错信息显示页面 message.php，或者当访问受限页面被拒绝时也将调用该页面。设计步骤如下。

（1）在 pd 文件夹中创建一个 message.php 页面。

（2）创建导航 nav 页面导航条，在导航条中新增一个 table，添加出错信息提示和一个返回系统登录页面的超链接，完成后的 nav 元素代码如下。

```html
<nav>
    <table>
        <tr>
            <td><a href="login.php"> <img src="../images/logo.png"
                    width="166" height="28"></a></td>
            <td><a href="login.php">系统登录页</a></td>
            <td>
                <?php echo date("Y 年 n 月 j 日");?>
            </td>
        </tr>
    </table>
</nav>
```

（2）在 message 中插入一个 3 行 3 列的表格，然后在第二行第一列中插入一个感叹号图像，在第二行第二列中插入 PHP 代码块"<?php echo $errmsg；?>"；合并第三行的二列，然后插入一个按钮，将其标题设置为"返回前页"，将其 onclick 事件属性设置为语句"history.back();"。插入另一个按钮，将其标题设置为"登录系统"，将其 onclick 事件句柄属性设置为"location.href='login.php'；"。完成 table 代码如下。

```html
<table id="error">
    <tr>
        <th align="left"><img src="../images/alert.gif"></th>
        <th>
            <?php echo $errmsg;?>
        </th>
    </tr>
    <tr>
```

```html
            <td> </td>
            <td> </td>
        </tr>
        <tr>
            <th colspan="2"><input type="button" value="返回前页"
                onclick="history.back();">  <input type="button"
                value="登录系统" onclick="location.href='login.php';"></th>
        </tr>
</table>
```

（3）切换到代码视图，在 HTML 中 body 标签开始处输入以下 PHP 代码。

```php
<?php
$errno = $_GET["errno"];
switch( $errno) {
case "1":
    # sprintf 函数输出一个格式化后的字符串
    $errmsg = sprintf( "用户%s 已被创建,请重新输入!",$_GET["requsername"]);
    break;
case "2":
    $errmsg = "用户名或密码错误,请核实后重新登录!";
    break;
}
?>
```

（4）将文档标题设置为以下动态内容。

```
<title><?php echo $errmsg;?></title>
```

（5）部署系统，访问登录页面进行测试，如果登录成功则进入系统首页；如果登录失败，则进入错误信息显示页面。

3. 制作系统首页面 index.php

系统首页为登录系统成功时访问的页面，创建步骤如下。

（1）创建 index.php 文件，添加"目录导航条"和"页面图片轮播"效果，目录导航条用于显示系统功能入口，把 index.php 链接到 pd.css 样式文件，完成后的 index.php 的源代码如下。

```html
<!doctype html>
<html>
<head>
<meta charset="utf-8">
<title>系统首页</title>
<link rel="stylesheet" type="text/css" href="../style/pd.css">
</head>
```

```php
<body>
<?php
if(!isset($_SESSION)) {
    //如果没有开启 session,在使用 session_start()函数开启
    session_start();
}
?>
<nav>
    <table>
      <tr>
        <td>
          <a href="index.php">
             <img src="../images/logo.png" width="166" height="28">
          </a>
        </td>
        <td>
           <a href="index.php">系统首页</a>|
           <a href="userlist.php">用户管理</a>|
           <a href="goodslist.php">商品管理</a>|
           <a href="orderlist.php">订单管理</a>|
           <a href="<?php echo $logoutAction ?>">注销</a>
        </td>
        <td>当前登录用户:
<strong><?php echo $_SESSION["MM_Username"];?></strong>
</td>
           <td><?php echo date("Y 年 n 月 j 日");?></td>
       </tr>
    </table>
    <p>当前位置:<a href="userlist.php">系统首页</a>   </p>
</nav>
<div class="imgBox">
    <!--寻找四张图片作为图片切换效果图-->
    <img class="img-slide img1"    src="../images/shucai1.jpg" alt="1">
    <img class="img-slide img2"    src="../images/shucai2.jpg" alt="2">
    <img class="img-slide img3"    src="../images/shucai3.jpg" alt="3">
    <img class="img-slide img4"    src="../images/shucai4.jpg" alt="4">
</div>
</body>
<script type="text/javascript">
```

```
        var index=0;
        //设置首页图片自动切换效果
        function ChangeImg() {
            index++;
            var a=document.getElementsByClassName("img-slide");
            if(index>=a.length)index=0;
            for(var i=0;i<a.length;i++){
                a[i].style.display='none';
            }
            a[index].style.display='block';
        }
        //设置定时器,每隔3秒切换一张图片
        setInterval(ChangeImg,3000);
    </script>
</html>
```

（2）添加"限制对页的访问"服务器行为。限制对页的访问用于限制非登录用户对系统首页的访问。设置方法为：打开 index.php 页面，在 DW 菜单中选择"插入"→"数据对象"→"用户身份验证"→"限制对页的访问"，然后在"限制对页的访问"对话框中选择"用户名和密码"单选框，把拒绝访问跳转设置为 login.php 页面，设置效果如图 8-2-6 所示。

图 8-2-6　首页限制对页的访问

（3）添加"注销用户"服务器行为。"注销用户"用于销毁会话变量并结束当前会话的服务器行为。在 index.php 页面中选中"注销"超级链接，在 DW 菜单中选择"插入"→"数据对象"→"用户身份验证"→"注销用户"。在设置对话框中选择"单击链接"注销，完成注销后跳转到 login.php 页面，设置效果如图 8-2-7 所示。

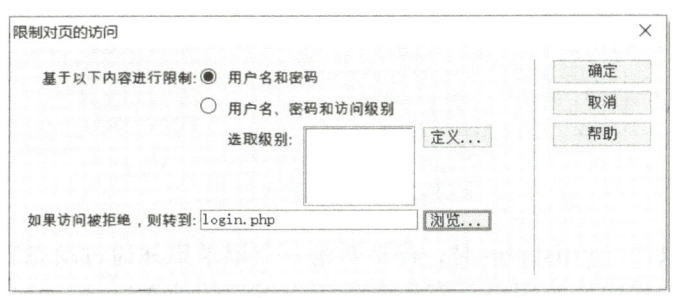

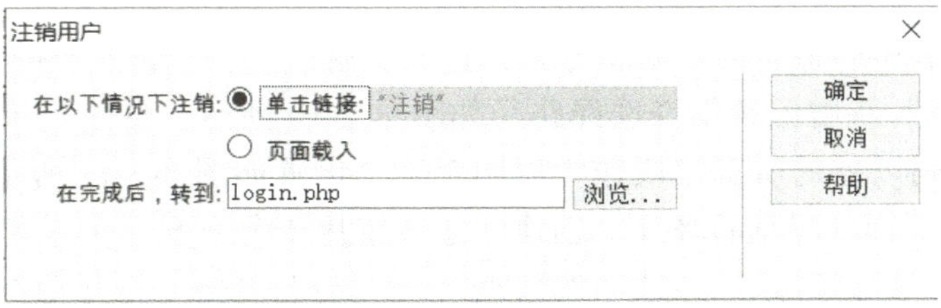

图 8-2-7　首页注销用户

（4）部署系统，从登录页面登录后测试首页是否正常。首页显示效果如图 8-2-8 所示。

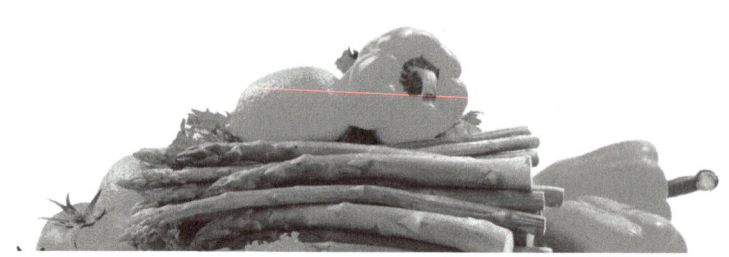

图 8-2-8　系统首页显示效果

二、用户管理

用户管理页面 userlist.php 用于实现用户的新增、修改、删除和查询操作。当在首页点击“用户管理”链接时，即可进入用户管理页，用户管理页面如图 8-2-9 所示。

农产品销售管理系统　系统首页 | 创建用户　当前登录用户：admin　2023年3月19日

当前位置：**用户管理**

用户号	用户名	性别	地址	邮箱	电话	操作	
u0001	admin	男	广东深圳市	liuxh@163.com	15712169448	修改用户	删除用户
u0002	张嘉庆	男	广东深圳市	zhangjq@163.com	15712169448	修改用户	删除用户
u0003	罗红红	女	广东深圳市	longhh@163.com	15712169448	修改用户	删除用户
u0004	李昊华	女	广东广州市	lihh@163.com	15712169448	修改用户	删除用户
u0005	吴美霞	女	广东珠海市	wumx@163.com123	15812345678	修改用户	删除用户

下一个　最后一页

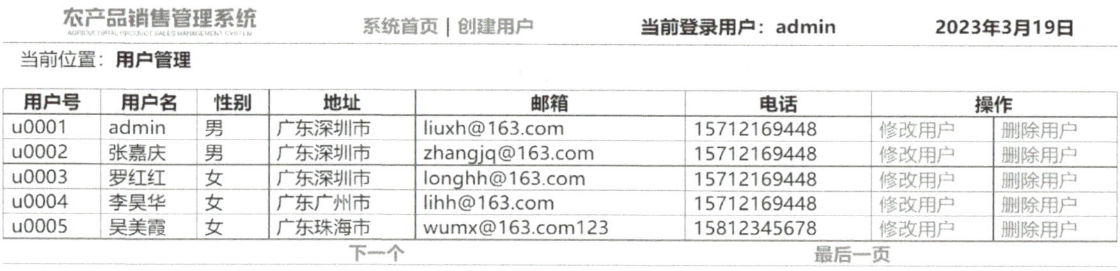

图 8-2-9　用户管理页面

制作用户管理页面 userlist.php 时，需要创建一个记录集并通过动态表格来分页显示该记录集，在表格中添加指向修改用户页面和删除用户页面的动态链接，通过单击这些链接可对选定用户进行修改或删除操作。

用户管理页面的设计步骤如下。

（1）在站点的 pd 文件夹中创建一个 PHP 文件 userlist.php，然后将该页链接到 CSS 样式表文件 pd.css。

（2）创建导航条。在 index.php 页面中复制 nav 元素，将其粘贴到 userlist.php 页中；在导航条中增加一个“创建用户”链接，指向创建用户页面 createuser.php。

（3）创建记录集和动态表格。创建方式：打开“窗口”→“服务器行为”，在服务器行为控制面板中点击“+”新增记录集。选择路径如图 8-2-10 所示。创建记录集并命名为 rs，选择用户表中除了密码以外的所有字段作为返回字段，设置如图 8-2-11 所示。

在 userlist.php 页面的导航标签下，创建动态表格用于分页显示记录集 rs 的内容，从菜单中选择“插入”→“数据对象”→“动态数据”→“动态表格”打开动态表格设置窗口，从记录集选择“rs”，每页显示 5 条记录，点击“确定”完成设置，设置如图 8-2-12 所示。

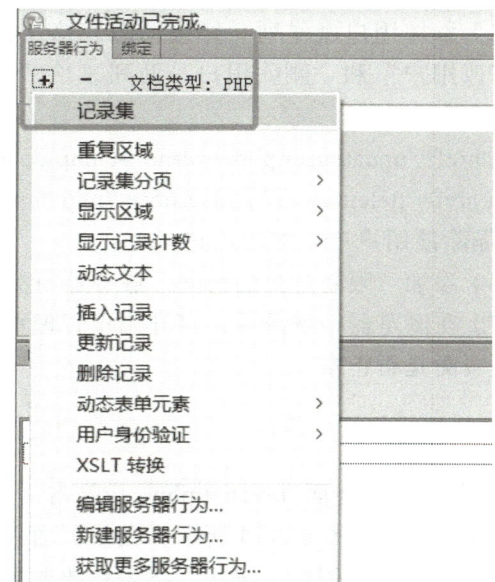

图 8-2-10　创建记录集路径

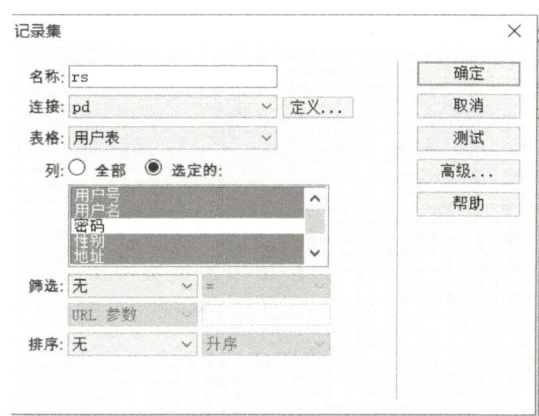
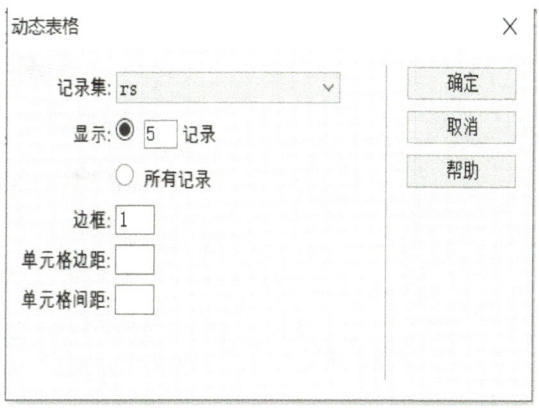

图 8-2-11　用户管理记录集设置　　　　图 8-2-12　动态表格设置

（4）创建记录集导航条。在显示用户列表 table 下，选择"插入"→"数据对象"→"记录集分页"→"记录集导航条"，设置窗口如图 8-2-13 所示。

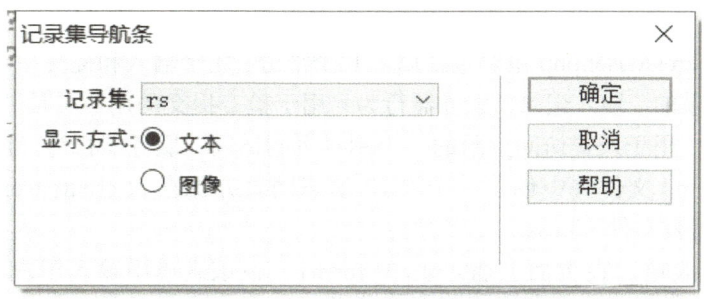

图 8-2-13　记录集导航条设置

（5）添加用户操作列。修改动态表格，在表格右侧新增一列"操作"表头，数据行增加"修改用户"和"删除用户"两列，给"修改用户"和"删除用户"添加超级链接地址如下。

<a href="updateuser.php?userno=<?php echo $row_rs['用户号'];?>">修改用户</a>

<a href="deleteuser.php?userno=<?php echo $row_rs['用户号'];?>" onclick="return confirm('确认删除该用户?')">删除用户</a>

（6）添加"限制对页的访问"服务器行为，限制只有登录用户才能访问当前页面。

（7）在浏览器中登录后，打开用户管理页面 userlist.php，对各个链接进行测试，验证用户管理页面是否正常。

三、创建用户

在用户管理页面 userlist.php 上单击"创建用户"链接时，将会进入创建用户页面 createuser.php，如图 8-2-14 所示。在该页面上可以创建新的用户，通过输入用户名、密码和电子信箱并单击"创建"按钮，将表单数据提交到服务器端进行处理。如果提交的用户名尚未使用，则成功创建新用户，然后转到用户管理页面，否则转到出错信息页面 message.php 并传递 URL 参数 errno 值为 1，表示已存在该用户名的用户。

图 8-2-14　创建用户页面

创建用户页面 createuser.php 主要包括以下几个部分：用于输入和提交用户信息的插入表单；用于向表中添加记录的"插入记录"服务器行为；用于检查提交的用户名是否可用的"检查新用户名"服务器行为；用于设置访问权限的"限制对页的访问"服务器行为。设计步骤如下。

（1）在站点的 pd 文件夹中创建一个 PHP 动态网页并保存为 createuser.php，然后将该页面链接到 CSS 样式表文件 pd.css。

（2）创建插入表单。在页面上插入表单 form1，在该表单中输入用户表需要生成的字段标签、一个提交按钮和一个重置按钮。form1 表单代码如下：

<form name="form1" method="POST" action="">

```html
<h1>创建用户  </h1>
<table border="0">
<tr>
    <td><label for="用户号"> 用户号:</label></td>
    <td>
      <input type="text" name="userno" id="userno">
    </td>
</tr>
<tr>
  <td><label for="username"> 用户名:</label></td>
  <td>
    <input type="text" name="username" id="username">
   </td>
</tr>
 <tr>
   <td><label for="sex"> 性别:</label></td>
   <td>
     <input type="radio" name="sex" id="sex" value="男" checked>男
     <input type="radio" name="sex" id="sex" value="女" >女
   </td>
</tr>
<tr>
   <td><label for="password">密码:</label></td>
   <td>
     <input type="password" name="password" id="password">
   </td>
</tr>
<tr>
   <td><label for="confirm">确认密码:</label></td>
   <td>
     <input type="password" name="confirm" id="confirm">
    </td>
</tr>
<tr>
   <td><label for="eamil">信箱:</label></td>
   <td>
     <input type="text" name="eamil" id="eamil">
   </td>
</tr>
```

```html
            <tr>
              <td><label for="phone">电话:</label></td>
              <td>
                <input type="text" name="phone" id="phone">
              </td>
            </tr>
            <tr>
              <td><label for="address">地址:</label></td>
              <td><span id="sprytextfield2">
                <input type="text" name="address" id="address">
                </span></td>
            </tr>
            <tr>
              <td> </td>
              <td><input type="submit" name="create" id="create" value="创建">
                  
                <input type="reset" name="reset" id="reset" value="重置"></td>
            </tr>
          </table>
        </form>
```

（3）添加"插入记录"服务器行为。选择"插入"→"数据对象"→"插入记录"→"插入记录"命令，然后在"插入记录"对话框中设置相关选项，选择用户表字段和form表单中元素取值的对应关系，在插入成功后跳转到用户管理列表，设置效果如图8-2-15所示。

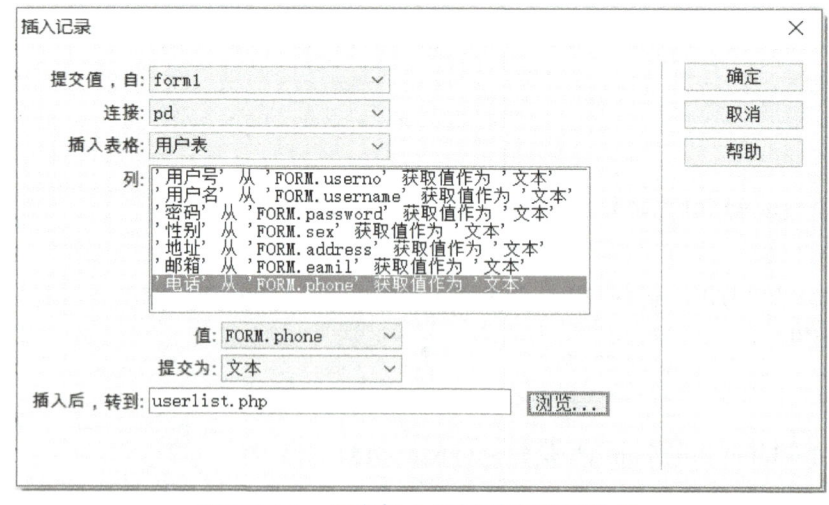

图 8-2-15　用户插入记录对应关系设置

（4）添加"检查用户名"服务器行为，对于已经存在的用户名，不允许第二次插入。选择"插入"→"数据对象"→"用户身份验证"→"检查新用户名"命令，然后在"检查新用户名"对话框中设置相关选项，如图 8-2-16 所示，如果新增时出现重复用户名，将跳转到 message.php 页面，并在 URL 参数中传递 errno=1，表示用户名重复。

（5）添加"限制对页的访问"服务器行为。

（6）把自动生成的 PHP 代码剪切到 body 元素中，避免页面运行出现乱码。在浏览器中打开创建用户页面 createuser.php，对其功能进行测试。

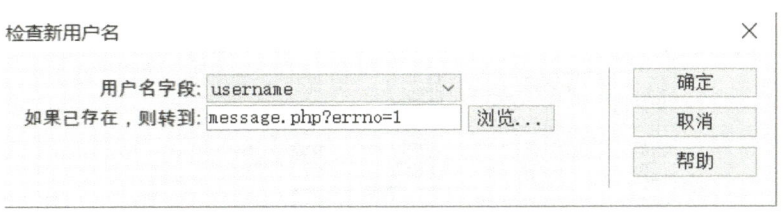

图 8-2-16　检查新用户名

四、修改用户

在用户管理页面上单击"修改用户"链接时将进入用户修改页面 updateuser.php。在该页面上可以修改用户的密码、电子信箱等信息。当单击"更新"按钮时，修改后的用户信息将被保存到后台数据库中，然后转到用户管理页面，修改用户页面如图 8-2-17 所示。

修改用户页面 updateuser.php 主要包括以下几个部分：用于获取待修改用户信息的记录集；用于显示和修改记录集内容的更新表单；用于在后台数据库中修改记录的"更新记录"服务器行为。具体设计步骤如下。

（1）在站点的 pd 文件夹中创建一个 PHP 动态网页面并保存为 updateuser.php，然后将该页面链接到样式表文件 pd.css，并添加当前位置的 nav 元素。

（2）创建记录集。利用简单记录集对话框创建一个记录集并命名为 rs，用于获取待修改用户的信息，设置相关对话框选项如图 8-2-18 所示。

图 8-2-17　修改用户信息页面

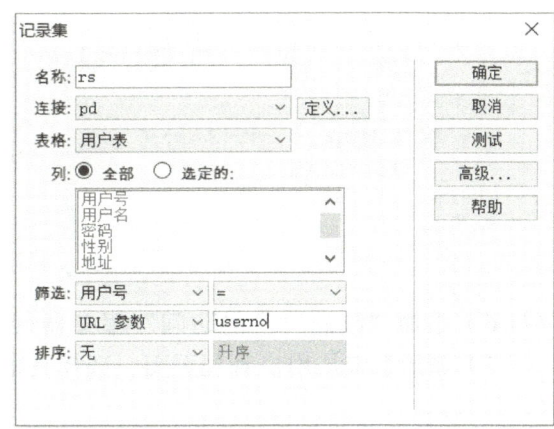

图 8-2-18　修改用户记录集

（3）添加"更新记录"服务器行为，在 DW 菜单栏中，点击"插入"→"数据对象"→"更新记录"→"更新记录表单向导"命令，弹出更新记录对话框，把相关选项设置为如图 8-2-19 所示，需要把"用户号"设置为隐藏域，"性别"设置为单选框并添加单选选项值，设置效果如图 8-2-20 所示。

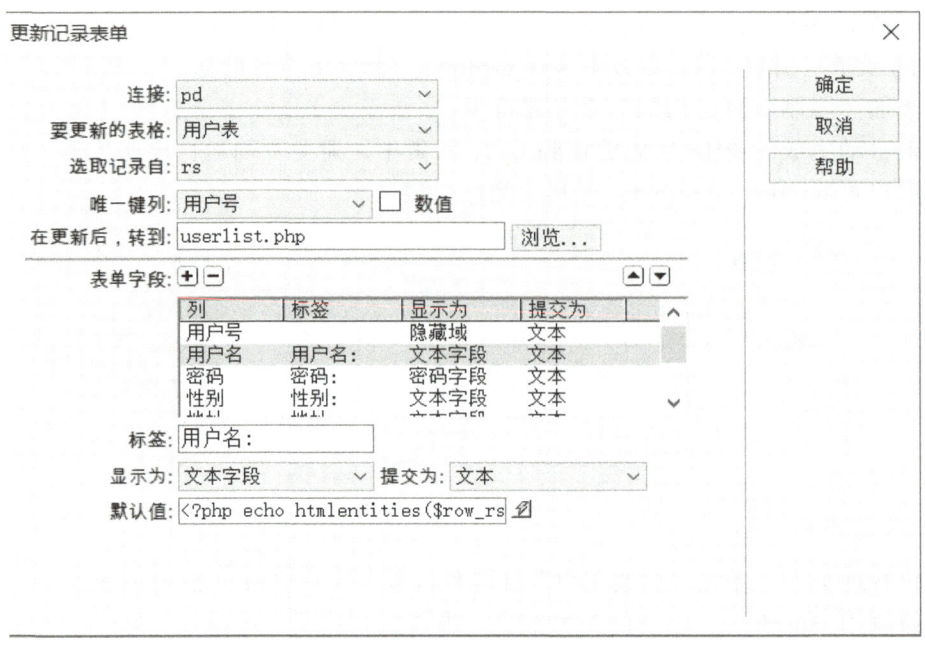

图 8-2-19　更新记录设置

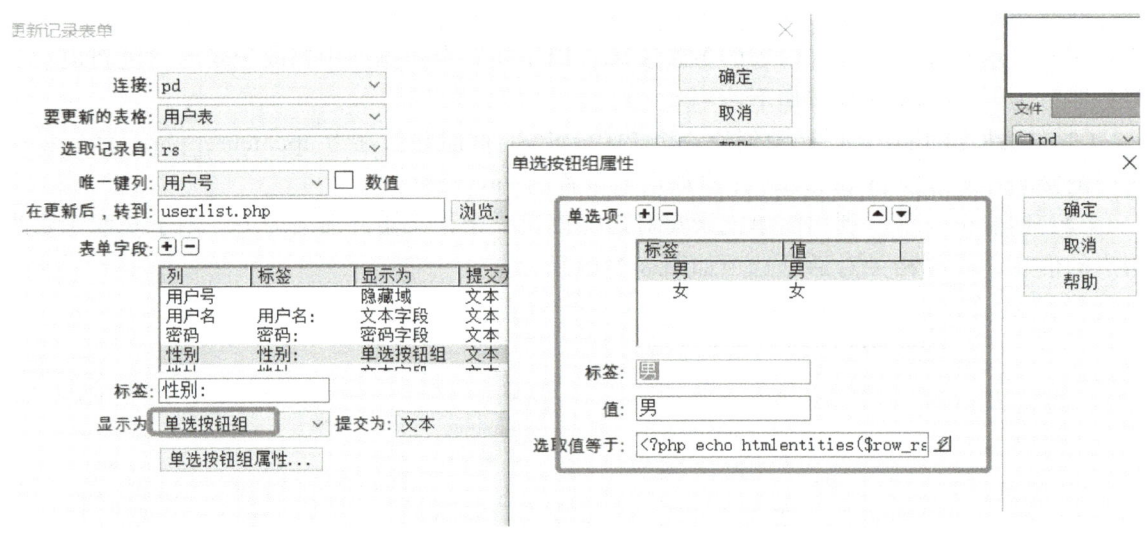

图 8-2-20　性别单选属性值设置

（6）添加"限制对页的访问"服务器行为。

（7）登录系统从用户管理页面，选择其中一条用户信息进行修改，测试功能是否完整。

五、删除用户

用户删除页面 deleteuser.php 的功能是删除选定的用户，该页仅包含"删除记录"服务器行为，不包含任何可见的内容。当在用户管理页面中单击"删除用户"链接时，将会弹出一个"确认删除该用户？"确认框，如果单击"确定"按钮，则会调用用户删除页 deleteuser.php，从而将所选用户从数据库中删除，删除成功后跳转到用户管理页。设计步骤如下。

（1）在站点的 pd 文件夹中创建一个 PHP 动态页，保存为 deleteuser.php，切换到代码视图，删除所有源代码。

（2）添加"删除记录"服务器行为。选择"插入"→"数据对象"→"删除记录"命令，在"删除记录"对话框中对以下选项进行设置：从"首先检查是否已定义变量"列表框中选择"主键值"；从"连接"列表框中选择 MySQL 连接 pd；从"表格"列表框中选择数据库表格为"用户表"；从"主键列"列表框中选择"用户号"列；从"主键值"列表框中选择"URL 参数"并指定该参数名称为 userno；在"删除后，转到"文本框中输入 userlist.php。完成设置后，单击"确定"按钮，设置如图 8-2-21 所示。因为用户表与订单表存在关联关系，如果操作的用户已经关联了订单记录，则不能删除用户。

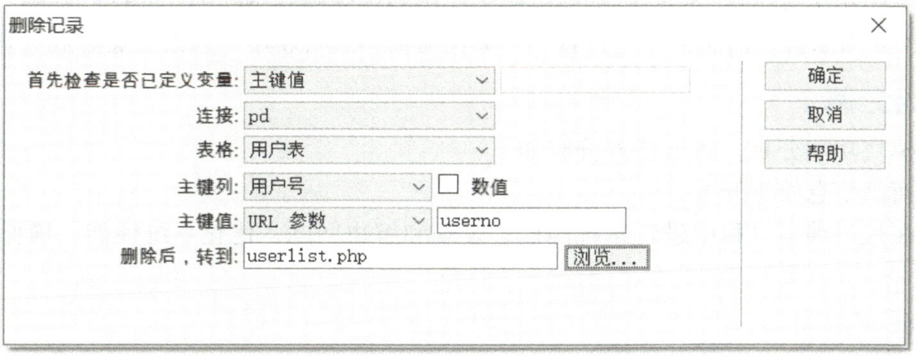

图 8-2-21　添加删除记录

（3）添加"限制对页的访问"服务器行为。

（4）访问用户管理页面 userlist.php，选择未关联订单表的用户，单击"删除用户"链接，对删除用户功能进行测试。

完成农产品系统登录和用户管理模块的任务需要先学习 MySQL 数据库和 PHP 理论知识，然后初次使用 PHP 语言实现。然而，在实践操作中，会发现想要更好地理解和掌握编程语言，仅仅掌握理论知识还远远不够。例如，本教材所介绍的 MySQL 数据库知识和 PHP 编程语言，只有通过实际编写程序、进行调试等实践操作，才能熟练掌握并发挥其优势。由此可见，真正的知识是通过实践积累而得，即实践出真知。因此，在实际开发过程中，不断积累经验才是更好地理解和掌握编程语言的关键，只有这样才能更好地实现各项功能。

【任务评价】

同学们在实施该任务中表现出了扎实技术基础和良好的学习态度。他们成功实现了用户登录功能和用户管理功能，通过 PHP 实现网站登录并熟练操作数据库。王组长在评价大家的完成情况时，综合考虑基础知识、实践能力和自主学习能力等因素，并给予适当的指导和帮助，以促进同学们的全面发展。

代码开发能力　　☆☆☆☆☆
前端设计能力　　☆☆☆☆☆
模块分析能力　　☆☆☆☆☆
解决问题能力　　☆☆☆☆☆

任务三
实现农产品管理模块

【情景导入】

李小明团队成员已完成用户的系统登录和用户的创建、修改、删除、列表管理开发。通过用户管理模块开发实践后，他们已基本掌握了使用 DW 来操作 MySQL 的技巧。接下来，他们将要实现的是对系统中商品信息进行管理，如何对商品进行新增、修改、删除和管理操作。

【任务分解】

根据模块功能分析，将该任务分解如下：

（1）商品信息管理开发；

（2）在代码编写过程中进行系统测试，发现和解决问题，优化系统性能，确保系统稳定和可靠。

【任务目标】

（1）掌握 PHP 实现商品列表查询的方法；

（2）掌握 PHP 实现商品新增、删除、修改的方法。

【任务实施】

步骤一　商品信息管理开发。

过程 1：商品列表查询，在系统主页中创建一个商品列表页面，通过查询数据库获取所有商品的信息，并以表格形式展示出来。

过程 2：商品新增，设计一个表单，包含输入商品信息的各个字段，通过提交表单将新商品的信息插入到数据库中。使用 PHP 编写 SQL 插入语句，并对用户输入进行验证。

过程 3：商品删除，为每个商品在商品列表中提供一个删除按钮，点击后弹出确认对话框，确认删除后将该商品从数据库中删除。使用 PHP 编写 SQL 删除语句，并处理用户的确认操作。

过程 4：商品修改，为每个商品在商品列表中提供一个修改按钮，点击后跳转到商品信息编辑页面，用户可以修改需要修改的信息，保存后更新数据库中的商品信息。使用 PHP 编写 SQL 更新语句，并将商品信息展示在编辑页面上。

步骤二　系统测试和优化。

同学们需要对代码进行测试，确保功能的正确性和稳定性。他们可以模拟各种场景下的操作，验证系统的响应和结果。如果发现问题，需要积极解决并优化代码，提高系统的性能和可靠性。

步骤三　展示成果。

过程 1：各小组派成员代表上台展示系统商品信息管理功能模块。

过程 2：教师点评各小组成果。

过程 3：各小组展开自评和互评，并完成技能评价表。

表 8-3-1　技能评价表

序号	评价内容与目标	评价等级
1	掌握 PHP 实现商品列表查询、新增、删除和修改的方法	A B C D
2	通过代码编写和系统测试来提高自己的开发和解决问题的能力	A B C D

【知识链接】

一、商品管理

商品管理

商品管理页面 goosdlist.php 可对商品进行管理操作，商品管理可从系统首页点击"商品管理"进入，商品管理页面如图 8-3-1 所示。系统管理员可以在商品管理页上单击"新增商品"完成商品新增。商品管理页面主要包括以下几个部分：用于获取所有商品信息的记录集；用于显示该记录集的动态表格及记录集导航条；"编辑商品"和"删除商品"动态链接。设计步骤如下。

图 8-3-1　商品管理页面

（1）在站点的 pd 文件夹中创建一个 PHP 动态网页并保存为 goodslist.php，然后将该页面链接到样式表文件 pd.css。

（2）创建记录集。打开 goodslist.php 页面，利用简单记录集对话框创建记录集 rs，从"商品表视图"中获取所有商品的字段信息，设置对话框选项如图 8-3-2 所示。

（3）创建动态表格。把光标放入页面 <body> 元素中，插入一个动态表格，用于显示记录集 rs 的内容，设置相关选项如下图 8-3-3 所示。

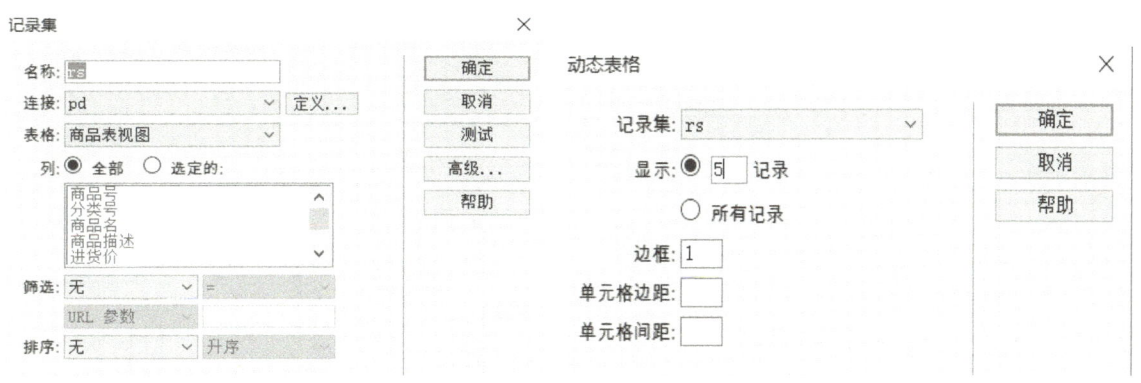

图 8-3-2　创建商品记录集　　　　图 8-3-3　创建商品动态表格

（4）打开动态表格源代码，在该动态表格右侧新增两列，分别添加"编辑商品"和"删除商品"链接，单击这些链接时将转到相应页面并传递 URL 参数为商品号，源代码如下。

<a href="updategoods.php?goodsNo=<?php echo $row_rs['商品号'];?>">修改商品</a>
<a href="deletegoods.php?goodsNo=<?php echo $row_rs['商品号'];?>" onclick="return confirm('确实要删除该商品吗?')">删除商品</a>

（5）在动态表格下方插入记录集导航条。操作方法把光标移动到动态表格尾部，选择"插入"→"数据对象"→"记录集分页"→"记录集导航条"命令，设置窗口如图 8-3-4 所示。

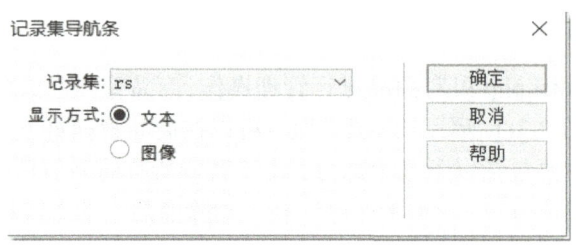

图 8-3-4　创建商品记录导航条

（6）添加"限制对页的访问"服务器行为。
（7）登录系统，从系统首页进入商品管理页面，测试商品列表数据显示和链接是否正常。

二、新增商品

当用户在商品管理页面上单击"新增商品"链接时，即可进入新增商品页面 creategoods.php，如图 8-3-5 所示。该页面只能由登录用户访问，如果匿名用户试图通过输入网址来访问该页面，将被重定向到错误信息显示页面。当用户在该页面上输入商品号、选择商品类别、进货价、销售价、库存、商品名称和商品描述后，点击"提交"按钮，提交的商品信息将被添加到后台数据库中，然后转到商品管理页。

图 8-3-5　新增商品页面

新增商品页面 creategoods.php 主要包括以下几个部分：用于输入和提交数据的插入表单；

用于获取商品类别并为列表框提供条目的记录集；用于保存数据库记录的"插入记录"服务器行为；用于设置访问权限的"限制对页的访问"服务器行为。设计步骤如下。

（1）在站点的 pd 文件夹中创建一个 PHP 动态网页并保存为 creategoods.php，然后将样式表文件 pd.css 链接到该页面。

（2）创建插入记录表单。在页面中插入表单 form1，在该表单中插入一个表格；在该表格中插入以下表单控件：用于输入商品号的文本框 goodNo；用于选择商品类别的列表框 goodsId；用于输入商品名的文本框 goodsName；用于输入商品描述的文本区域 description；用于输入商品单位的下拉选择框 unit；用于输入商品进货价的 buyingprice 文本框；用于输入商品销售价的 salesprice 文本框；用于输入商品库存的 amount 文本框；一个提交按钮和一个重置按钮。设计完成后的表单如图 8-3-6 所示。

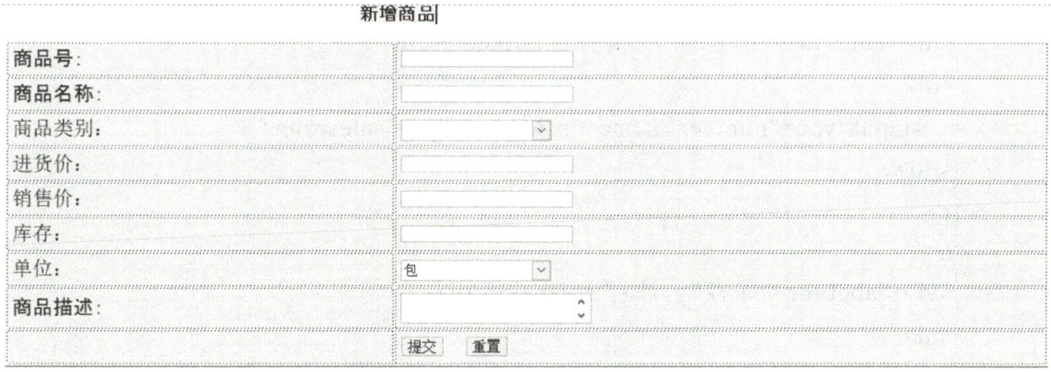

图 8-3-6　新增商品类页面设计图

新增商品表单代码如下。

```
<form action="" name="form1" method="POST">
   <h1>新增商品</h1>
   <table border="0">
   <tr>
       <td><label for="商品号"> 商品号:</label></td>
       <td>
         <input type="text" name="goodsNo" id="goodsNo">
       </td>
   </tr>
   <tr>
       <td><label for="goodsName"> 商品名称:</label></td>
       <td><input type="text" name="goodsName">
       </td>
   </tr>
   <tr>
       <td><label for="goodsId"> 商品类别:</label></td>
       <td>
```

```html
            <select name="goodsId" id="goodsId" style="width:23.5%">
            </select>
        </td>
    </tr>
    <tr>
        <td><label for="进货价"> 进货价:</label></td>
        <td>
            <input type="number" name="buyingprice" id="buyingprice">
        </td>
    </tr>
    <tr>
        <td><label for="销售价"> 销售价:</label></td>
        <td>
            <input type="number" name="salesprice" id="salesprice">
        </td>
    </tr>
    <tr>
        <td><label for="库存"> 库存:</label></td>
        <td>
            <input type="number" name="amount" id="amount">
        </td>
    </tr>
    <tr>
        <td><label for="单位"> 单位:</label></td>
        <td>
            <select name="unit" id="unit" style="width:23.5%">
                <option value="包">包</option>
                <option value="斤">斤</option>
                <option value="盒">盒</option>
                <option value="束">束</option>
                <option value="盆">盆</option>
                <option value="只">只</option>
            </select>
        </td>
    </tr>
    <tr>
        <td><label for="description"> 商品描述:</label></td>
        <td>
            <textarea name="description" id="description" style="width:23%">
```

```
          </textarea>
        </td>
    </tr>
    <tr>
        <td> </td>
        <td><input type="submit" name="create" id="create" value="提交">
            
          <input type="reset" name="reset" id="reset" value="重置"></td>
    </tr>
  </table>
</form>
```

（3）创建记录集。打开 creategoods.php 页面，利用简单记录集对话框创建记录集 rs，从"商品分类表"中获取所有商品类别信息，设置相应对话框选项的情形如图 8-3-7 所示。

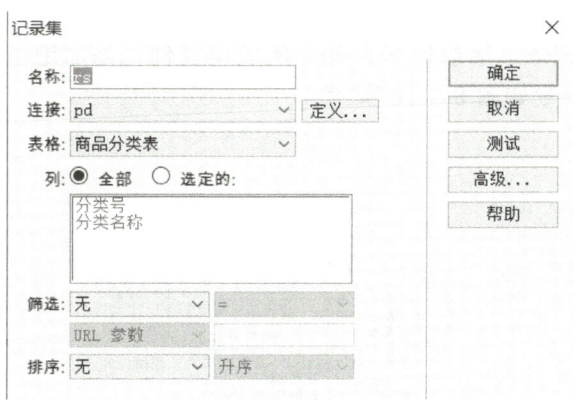

图 8-3-7　新增商品类别记录集

（4）实现表单控件动态化。切换到代码视图，在页面上单击商品类别列表框"goodsId"，在如图 8-3-8 所示的属性检查器中单击"动态"按钮，然后设置相关对话框选项，如图 8-3-9 所示。

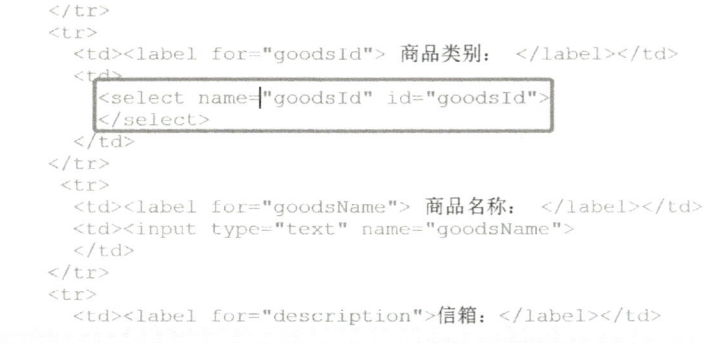

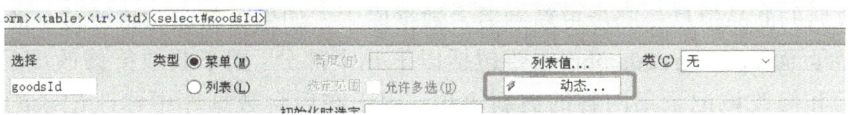

图 8-3-8　商品类别动态链接入口

273

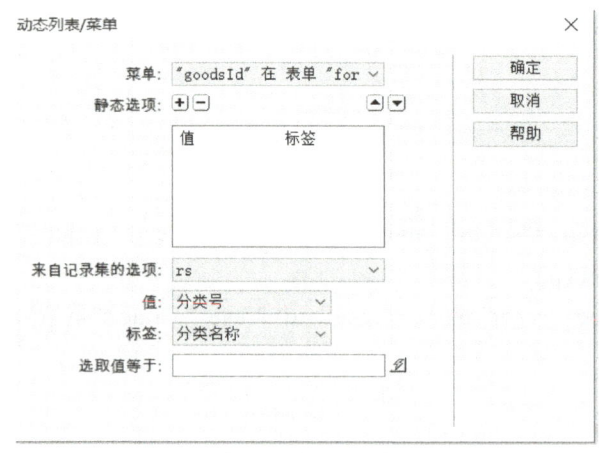

图 8-3-9　商品分类表动态列表/菜单

（5）添加"插入记录"服务器行为。选择"插入"→"数据对象"→"插入记录"→"插入记录"命令，在"插入记录"对话框中设置提交值来自表单 form1，使用 MySQL 连接 pd，设置向表商品表中插入记录，字段值来自相应的表单控件，添加记录成功后转到商品管理页面 goodslist.php，选项设置如图 8-3-10 所示。

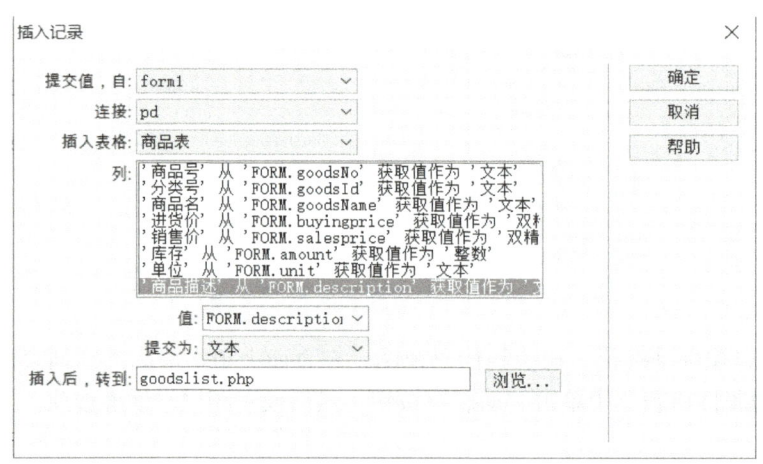

图 8-3-10　商品插入记录设置

（6）添加"限制对页的访问"服务器行为。
（7）登录系统，从商品管理页面进入新增商品页面，测试新增商品功能是否正常。

三、修改商品

在商品管理页面上单击"修改商品"链接时将进入商品修改页面 updategoods.php。在该页面上可以修改商品的描述、商品类别、商品名称、进货价、销售价、单位、库存。当单击"更新"按钮时，修改后的商品信息将同步更新到后台数据库中，如果更新成功将跳转至商品管理页面。

修改商品页面 updategoods.php 主要包括以下几个部分：用于获取待修改商品信息的记录集；用于显示和修改该记录集内容的更新表单；用于在后台数据库中修改记录的"更新记录"服务器行为。设计步骤如下。

（1）在站点的 pd 文件夹中创建一个 PHP 动态网页并保存为 updategoods.php，然后将该页面链接到样式表文件 pd.css。

（2）创建记录集。利用简单记录集对话框创建一个记录集并命名为 rs，用于获取待修改商品的信息，设置相关对话框选项的情形如图 8-3-11 所示。

利用简单记录集对话框创建记录集 rsCatg，从商品分类表中获取所有商品类别的信息，记录集选择如图 8-3-12 所示。

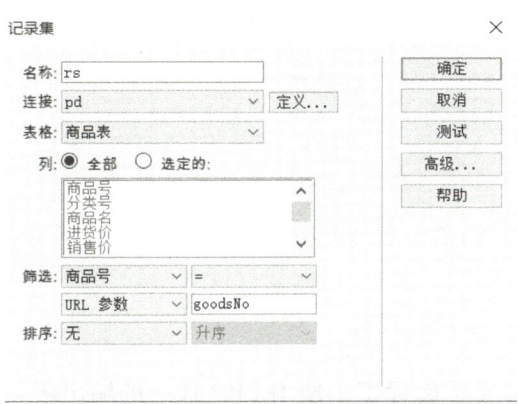

图 8-3-11　商品记录集　　　　　　图 8-3-12　商品分类记录集

（3）创建更新表单。插入表单 form1，在该表单中插入表格，在该表格中插入以下表单控件：用于输入商品号的文本框 goodNo（设置为只读，不能修改）；用于选择商品类别的列表框 goodsId；用于输入商品名的文本框 goodsName；用于输入商品描述的文本区域 description；用于输入商品单位的下拉选择框 unit；用于输入商品进货价的 buyingprice 文本框；用于输入商品销售价的 salesprice 文本框；用于输入商品库存的 amount 文本框；一个提交按钮和一个重置按钮。

（4）实现表单控件动态化。通过以下操作实现列表框 goodsId 的动态化：在页面上单击列表框 goodsId，在属性检查器中单击"动态"按钮，如图 8-3-13 所示。

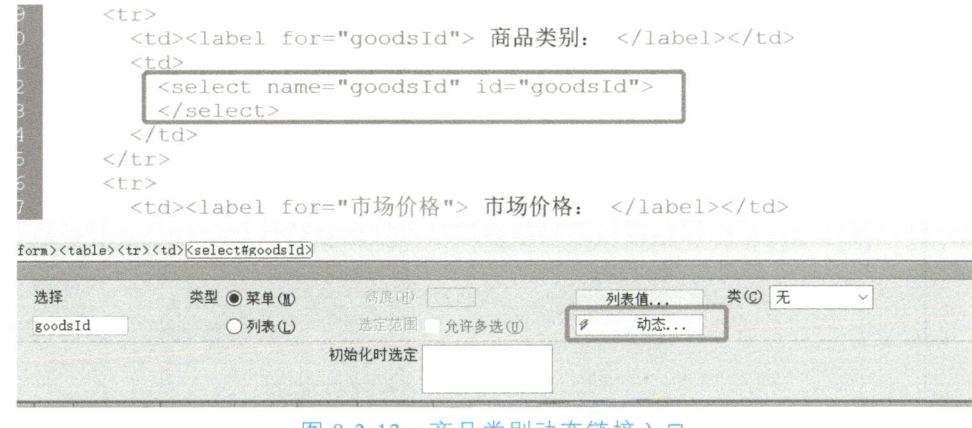

图 8-3-13　商品类别动态链接入口

在"动态列表/菜单"对话框中设置记录集 rsCatg 为该列表框提供选项，指定选项的值和标签分别来自该记录集的"分类号"和"分类名称"字段。单击"选取值等于"文本框右侧的闪电按钮，在"动态数据"对话框中展开记录集 rs，选择该记录集中的"分类号"字段，然后单击"确定"按钮，设置效果如图 8-3-14 所示；

图 8-3-14　商品分类动态列表/表单

（5）添加修改字段值回显。在 form1 表单中对显示的标签中使用 PHP 代码的输出语句输出对应数据库表字段的值，下面以"商品编号"字段回显为例进行讲解。选中商品号输入框，点击属性面板下的初始值设置右边的闪电按钮，打开动态数据选择窗口，打开 rs 记录集，选中需要显示的默认值，如选择 rs 记录集下的"商品号"后，会在代码框中看到获取值的 php 代码，设置方式如图 8-3-15 所示。

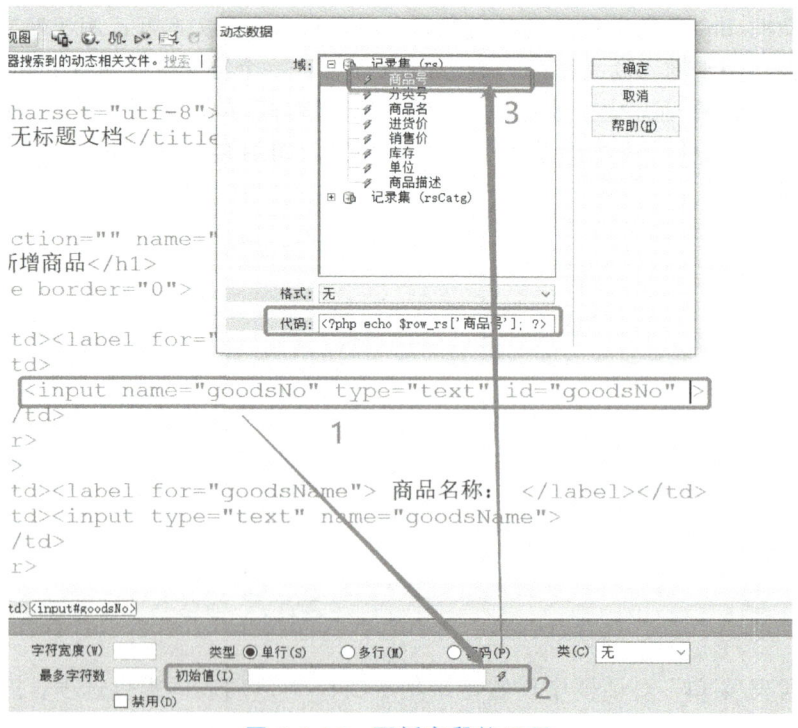

图 8-3-15　更新字段值回显

修改商品页面中的单位下拉列表框代码，使页面在回显值时会根据商品单位值使对应的单位项被选中，操作方式为：选中 unit 下拉列表框，点击属性面板的"绑定到数据源"，打开"动态列表/菜单"设置窗口，在对话框中点击"选取值等于"右边的闪电按钮，打开动态数据对话框，点击记录集中的"单位"字段，选中下拉列表的默认值，具体设置方式如图 8-3-16 所示。

（6）添加"更新记录"服务器行为。选择"插入"→"数据对象"→"更新记录"→"更新记录"命令，在"更新记录"对话框中设置以下选项：指定从表单 form1 为更新记录提供值，使用 MySQL 连接 pd，更新的表为商品表，指定为各个字段提供值的表单控件，设置更新后转到商品管理页面 goodslist.php，如图 8-3-17 所示。

（7）添加"限制对页的访问"服务器行为。

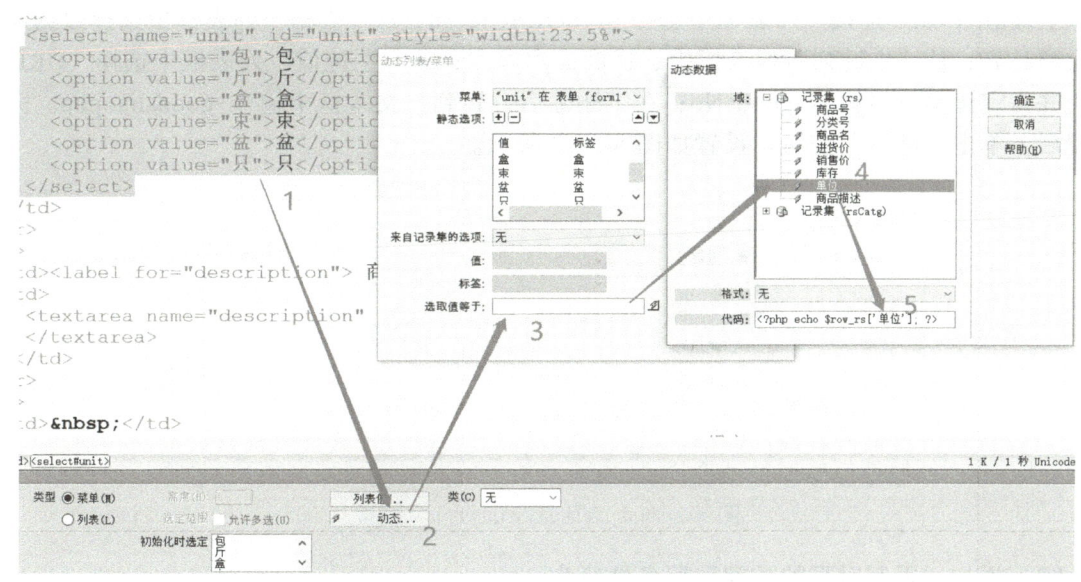

图 8-3-16　下拉列表框默认值设置

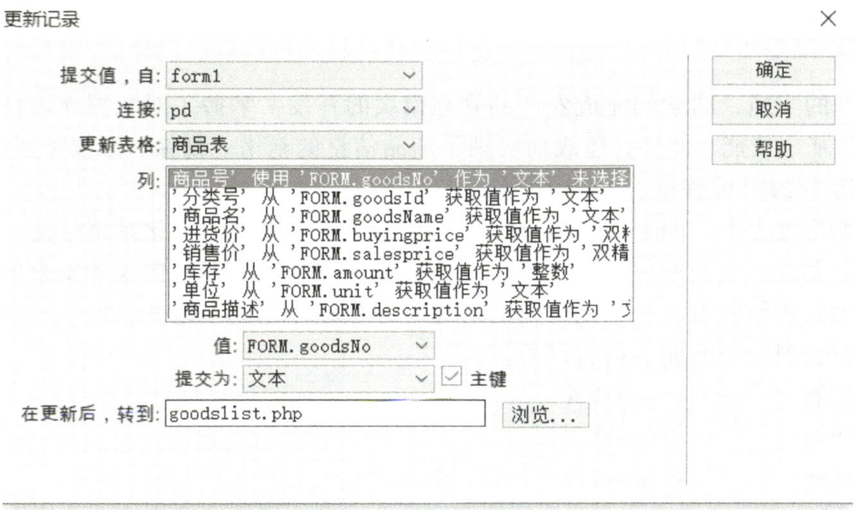

图 8-3-17　商品更新记录行为

（8）保存页面，从商品管理页面点击"修改商品"测试功能是否正常。

四、删除商品

当在商品管理页面中单击"删除商品"，将会弹出一个确认是否删除对话框，如果单击"确定"按钮，则会执行商品删除页面 deletegoods.php，从而将所选用户从数据库中删除，删除成功转到商品管理页面。设计步骤如下。

（1）在站点的 pd 文件夹中创建一个 PHP 动态页，保存为 deletegoods.php，切换到代码视图，删除所有源代码。

（2）添加"删除记录"服务器行为。选择"插入"→"数据对象"→"删除记录"命令，在"删除记录"对话框中对以下选项进行设置：从"首先检查是否已定义变量"列表框中选择"主键值"；从"连接"列表框中选择 MySQL 连接 pd；从"表格"列表框中选择数据库表格为商品表；从"主键列"列表框中选择商品户号列；从"主键值"列表框中选择"URL 参数"并指定该参数名称为 goodsNo；在"删除后，转到"文本框中输入 goodslist.php。完成设置后，单击"确定"按钮，设置如图 8-3-18 所示。

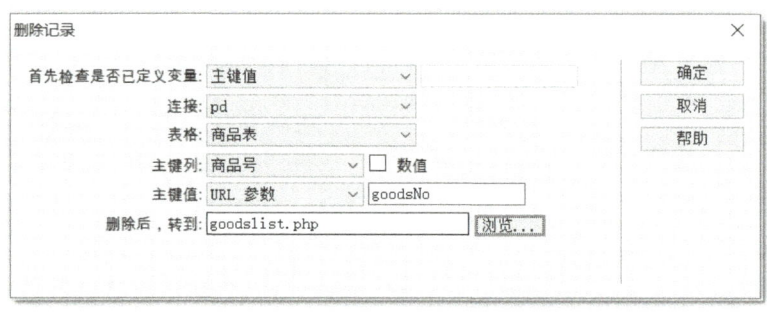

图 8-3-18　商品删除记录行为设置

（3）添加"限制对页的访问"服务器行为。

（4）在商品管理页面 goodslist.php 中单击"删除商品"链接，对删除商品功能进行测试。

【任务评价】

通过任务的实施，同学们完成农产品管理模块的开发，掌握了对数据库表格的增、删、改、查操作的基本技能。此外，还成功实现了商品信息的新增、删除、修改和列表查询功能，展示了熟练运用 PHP 编程语言的能力。

在代码编写过程中，同学们积极进行系统测试并解决问题，优化系统性能，确保了系统的稳定性和可靠性。他们对用户输入进行有效验证，避免了潜在的错误和安全隐患。同时展现了良好的团队协作能力，在分工合作的情况下，顺利地完成了任务目标。王组长将对大家在实施任务中表现出来的能力进行评价。

代码开发能力　　　☆☆☆☆☆
前端设计能力　　　☆☆☆☆☆
模块分析能力　　　☆☆☆☆☆
解决问题能力　　　☆☆☆☆☆

任务四 实现订单管理模块

【情景导入】

李小明团队成员已完成用户管理和商品管理的开发工作,已熟练掌握使用 DW 来实现系统开发方法。该任务将按照前面任务的操作方式实现订单的列表查询和订单详情管理功能。

【任务分解】

根据订单管理模块功能,对该任务分解如下。
(1)实现订单的列表查询;
(2)实现订单的详情页面。

【任务目标】

(1)掌握 PHP 实现订单列表查询和分页功能的方法;
(2)掌握 PHP 实现订单详情页面的方法。

【任务实施】

步骤一 实现订单的列表查询。
过程1:学习 PHP 实现数据库查询和分页功能的方法。
过程2:创建订单列表页面,在系统中创建一个订单列表页面,通过查询数据库获取所有订单的信息,并以表格形式展示出来。
过程3:添加分页功能,对订单列表进行分页展示。使用 PHP 编写分页算法,将订单列表分成多个页面,并提供翻页功能。
步骤二 实现订单的详情页面。
过程 1:创建订单详情页面,为每个订单在订单列表中提供一个详情按钮,点击后跳转到订单详情页面。设计并创建订单详情页面的布局,展示订单的详细信息。
过程2:查询订单详情,在订单详情页面中,需要通过订单 ID 查询数据库,获取该订单的详细信息,并将其展示在页面上。
步骤三 展示成果。
过程1:各小组派成员代表上台展示系统订单管理功能模块。
过程2:教师点评各小组成果。
过程3:各小组展开自评和互评,并完成技能评价表。

表 8-4-1　技能评价表

序号	评价内容与目标	评价等级
1	掌握 PHP 实现订单列表查询和分页功能的方法	A B C D
2	学会创建订单详情页面，实现通过订单 ID 查询数据库并展示订单详细信息的功能	A B C D

【知识链接】

订单管理

一、订单管理

在订单管理模块中，实现订单的查询与查看功能。订单管理功能实现后台管理员查看已经提交的订单相关信息，包括订单编号、下单时间、订单状态、订单总额、商品信息、支付情况、订单关联的商品明细等，页面显示效果如图 8-4-1 所示。订单管理页面主要包括以下几个部分：用于获取所有订单信息的记录集；用于显示该记录集的动态表格及记录集导航条；订单详细信息查看；用于设置访问权限的"限制对页的访问"服务器行为。设计步骤如下。

图 8-4-1　订单管理页面

（1）在站点的 pd 文件夹中创建一个 PHP 动态网页并保存为 orderlist.php，然后将该页面链接到样式表文件 pd.css。

（2）创建导航条。在 index.php 页面中复制 nav 元素，将其粘贴到 orderlist.php 页面的 <body> 标签中。

（3）创建记录集。打开 orderlist.php 页面，利用简单记录集对话框创建记录集 rs，从订单表中获取所有订单的相关信息，设置相关对话框选项的情形如图 8-4-2 所示。

（4）创建动态表格。在页面中插入一个动态表格，用于显示记录集 rs 的内容，设置相关对话框选项的情形如图 8-4-3 所示：

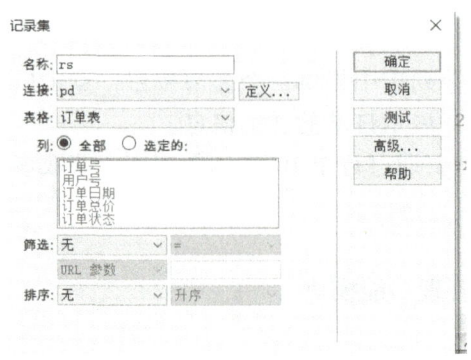

图 8-4-2　订单记录集

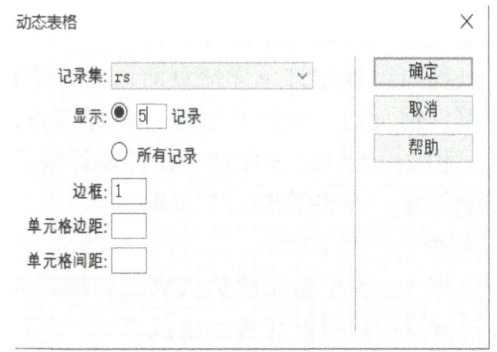

图 8-4-3　订单动态表格

（5）添加完动态表格后，修改订单状态显示代码，根据订单状态显示为对应的中文，代码如下。

```php
<?php $status =  $row_rs['订单状态'];
            //待付款,待发货,待支付、交易成功
            if($status == 0){
                echo "待付款";
            }else if($status == 1){
                echo "待发货";
            }else if($status == 2){
                echo "待支付";
            }else if($status == 3){
                echo "交易成功";
            }
?>
```

（6）插入记录集导航条。光标定位在动态表格下方，在 DW 中选择"插入"→"数据对象"→"记录集分页"→"记录集导航条"命令，对话框如图 8-4-4 所示。

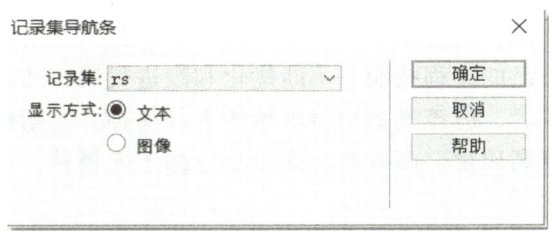

图 8-4-4　订单管理记录集导航条

（7）添加"限制对页的访问"服务器行为。
（8）登录系统，从系统首页进入订单管理页面，测试订单管理页面是否正确。

二、查看订单

查看订单功能主要实现用户查看每个订单所关联的订单商品明细，该功能实现步骤如下。

（1）对上述订单列表中的订单号添加超级链接，通过订单管理列表的订单号，跳转到对应的明细页面，通过 URL 方式把订单号传输到订单详情页面，把订单管理列表的订单号改成如下代码。

```html
<a href="orderDetail.php?orderNo=<?php echo $row_rs['订单号'];?>"><?php echo $row_rs['订单号'];?></a>
```

（2）在 pd 文件夹中创建 orderDetail.php 文件，将该页面链接到样式表文件 pd.css，在文件中创建记录集如图 8-4-5 所示。

（3）在页面 orderDetail.php 中 body 元素中插入动态表格，显示记录方式选择"所有记录"，不再进行分页显示，设置方式如图 8-4-6 所示。

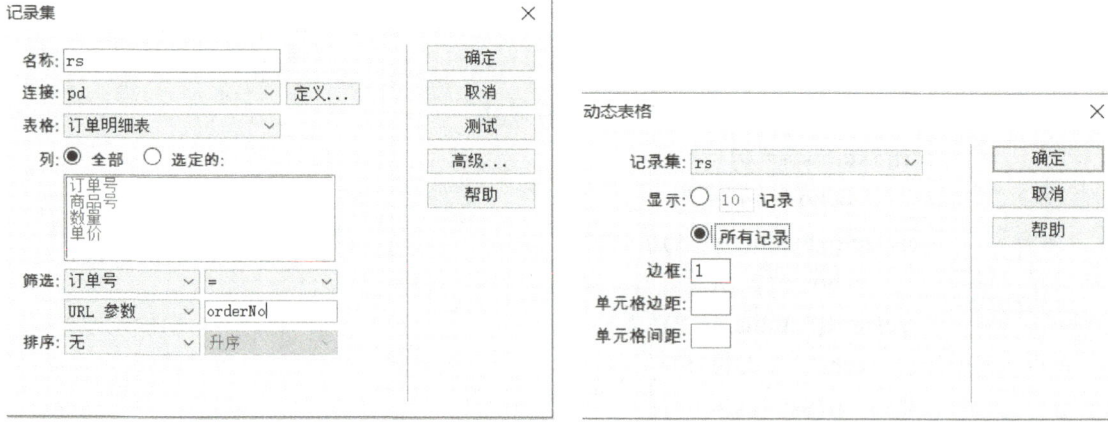

图 8-4-5 订单明细记录集　　　　图 8-4-6 订单明细动态表格

（4）完成后访问订单管理页面，点击订单号"超链接"进入订单详情页面，测试功能是否正常。

完成订单管理模块后，本教材中规定的功能代码已全部实现。在农产品销售系统的开发过程中，会不断面临各种问题并逐一解决。然而，无论进行何种优化，系统都可能存在漏洞或无法满足用户需求的情况。只有通过不断学习新技术、深入了解编程语言特性、结合项目实际需求等方式，提高自己的编程技能并不断优化和改进代码，才能实现更高效、更可靠的程序。作为一个程序开发者，应该具备精益求精的工匠精神，不断追求更高水平、更高品质的代码，并在实践中培养高质量、高效率、高可靠性的工匠精神，注重细节和品质，为社会创造更多的价值。

【任务评价】

根据完成任务的实施步骤，同学们已经掌握了 PHP 实现订单列表查询和分页功能，以及 PHP 实现订单详情页面的方法。同学在任务实施过程中表现出色，展现了较强的学习能力和实践能力。王组长对大家的工作态度和结果给予了肯定，他要综合地对大家此次工作内容进行评价。

代码开发能力　　☆☆☆☆☆
前端设计能力　　☆☆☆☆☆
模块分析能力　　☆☆☆☆☆
解决问题能力　　☆☆☆☆☆

【项目总结】

李小明团队成员通过农产品销售管理系统开发以后,对系统开发和对应的数据库设计和操作有一个完整的认识。该项目从系统功能需求分析开始,对网站进行总体设计,并先实现网页的设计与制作。随后,再实现动态网站的基本功能模块。该系统既包括 WEB 前端设计及制作技术,又包括网站编程及数据库技术。该系统实现商品管理、用户管理、订单管理等方面的全流程管理,使企业更加高效地管理销售业务。相信李小明等人在接下来的工作和学习中一定会得心应手。

参考文献

[1] 陈承欢，汤梦娇. MySQL 数据库应用、设计与管理任务驱动教程[M]. 北京：人民邮电出版社，2021.

[2] 石坤泉，汤双霞，王鸿铭. MySQL 数据库任务驱动式教程[M]. 北京：人民邮电出版社，2019.

[3] 王英英. MySQL8 快速入门[M]. 北京：清华大学出版社，2020.